低碳绿色发展丛书
DITAN LUSE FAZHAN CONGSHU

低碳城乡

Low-Carbon Urban and Rural Areas

范恒山 郝华勇 ◎主编

人 民 出 版 社

总　序

中国迈向低碳绿色发展新时代

党的十八大明确提出，“着力推进绿色发展、循环发展、低碳发展，形成节约资源和保护环境的空间格局、产业结构、生产方式、生活方式。”“低碳发展”这一概念首次出现在我们党代会的政治报告中，这既是我国积极应对全球气候变暖的庄严承诺，也是协调推进“四个全面”战略布局，主动适应引领发展新常态的战略选择，标志着我们党对经济社会发展道路以及生态文明建设规律的认识达到新高度，也充分表明了以习近平同志为总书记的党中央高度重视低碳发展，正团结带领全国各族人民迈向低碳绿色发展新时代。

一

2009 年 12 月，哥本哈根气候会议之后，“低碳”二字一夜之间迅速成为全球流行语，成为全球经济发展和战略转型最核心的关键词，低碳经济、低碳生活正逐渐成为人类社会自觉行为和价值追求。我们常讲“低碳经济”，最早出现在 2003 年英国发表的《能源白皮书》之中，主要是指通过提高能源利用效率、开发清洁能源来实现以低能耗、低污染、低排放为基础的经济发展模式。它是一种比循环经济要求更高、对资源环境更为有利的经济发展模式，是实现经济、环境、社会和谐统一的必由之路。它通过低碳技术研发、能源高效利用以及低碳清洁能源开发，实现经济发展方式、能源消费方式和人类生活方式的新变革，加速推动人类由现代工业文明向生态文明的重大转变。

当前，全球社会正面临“经济危机”与“生态危机”的双重挑战，经济复苏缓慢艰难。我国经济社会也正在步入“新常态”。在当前以及今后相当长的一段时期内，由于新型工业化和城镇化的深入推进，我国所需要的能源消费都将呈现增长趋势，较高的碳排放量也必将引起国际社会越来越多的关注。面对目前全球减排压力和工业化、城镇化发展的能源、资源等多重约束，我们加快转变经济发展方式刻不容缓，实现低碳发展意义重大。为此，迫切需要我们准确把握国内外低碳发展之大势，构建适应中国特色的低碳发展理论体系，树立国家低碳发展的战略目标，找准加快推进低碳发展的重要着力点和主要任务，走出一条低碳发展的新路子。

走低碳发展的新路子，是我们积极主动应对全球气候危机，全面展示负责任大国形象的国际承诺。伴随着人类社会从工业文明向后工业文明社会的发展进程，气候问题已越来越受到世人的关注。从《联合国气候变化框架公约》到《京都议定书》，从“哥本哈根会议”到2015年巴黎世界气候大会，世界各国政府和人民都在为如何处理全球气候问题而努力。作为世界上最大的发展中国家，中国政府和人民在面临着艰巨而又繁重的经济发展和改善民生任务的同时，从世界人民和人类长远发展的根本利益出发，根据国情采取的自主行动，向全球作出“中国承诺”，宣布了低碳发展的系列目标，包括2030年左右使二氧化碳排放达到峰值并争取尽早实现，2030年单位国内生产总值二氧化碳排放比2005年下降60%—65%等。同时，为应对气候变化还做出了不懈努力和积极贡献：中国是最早制定实施《应对气候变化国家方案》的发展中国家，是近年来节能减排力度最大的国家，是新能源和可再生能源增长速度最快的国家，是世界人工造林面积最大的国家。根据《中国应对气候变化的政策与行动2015年度报告》显示，截至2014年底，中国非化石能源占一次能源消费比重达到11.2%，同比增加1.4%，单位国内生产总值二氧化碳排放同比下降6.1%，比2005年累计下降33.8%，而同期发达国家降幅15%左右。党的十八大以来，新一届中央领导集体把低碳发展和生态文明写在了中华民族伟大复兴的旗帜上，进行了顶层设计，制定了行动纲领。基于此，我们需要进一步加强低碳发展与应对气候变化规律研究，把握全球气候问题的历史渊源，敦促发达国家切实履行法定义务和道义责任，在国际社会上主动发出“中国声音”，展示中国积极应对气候危机的良好形象，为低碳发展和生态文明建设创造良好的国际环境。

走低碳发展的新路子，是我们加快转变经济发展方式，建设社会主义生态文明的战略选择。经过30多年快速发展，我国经济社会取得了举世瞩目的成绩，但同样也面临着资源、生态和环境等突出问题，传统粗放的发展方式已难以为继。从1990到2011年，我国GDP增长8倍，单位GDP的能源强度下降56%，碳强度下降58%。但同期我国碳排放总量也增长到3.4倍，而世界只增长50%。预计2015年我国原油对外依存度将首次突破60%，超出了美国石油进口的比例，能源对外依存度将超过14%，2014年我国能源总消费量约42.6亿吨标准煤，占世界的23%以上，而GDP总量10万亿美元只占世界15%左右，单位GDP能耗是发达国家的3—4倍，此外化石能源生产和消费产生的常规污染物排放和生态环境问题也难以得到根本遏制。当前这种资源依赖型、粗放扩张的高碳发展方式已难以为继。如果继续走西方国家"先污染，再治理"传统工业化老路，则有可能进入"环境恶化"与"经济停滞"的死胡同，不等经济发达就面临生态系统的崩溃。对此，党的十八大把生态文明建设纳入中国特色社会主义事业"五位一体"总体布局，首次将"美丽中国"作为生态文明建设的宏伟目标。党的十八届三中全会提出加快建立系统完整的生态文明制度体系；党的十八届四中全会要求用严格的法律制度保护生态环境；党的十八届五中全会更是明确提出"五大发展理念"，将绿色发展作为"十三五"乃至更长时期经济社会发展的一个重要理念，成为党关于生态文明建设、社会主义现代化建设规律性认识的最新成果。加快经济发展方式转变，走上科技创新型、集约型的绿色低碳发展路径，是我国突破资源环境的瓶颈性制约、保障能源供给安全、实现可持续发展和建设生态文明的内在需求和战略选择。基于此，我们需要进一步加强对低碳发展模式的理论研究，全面总结低碳经验、发展低碳能源、革新低碳技术、培育低碳产业、倡导低碳生活、创新低碳政策、推进低碳合作，从而为低碳发展和生态文明建设贡献力量。

走低碳发展的新路子，是我们充分发挥独特生态资源禀赋，聚集发展竞争新优势的创新之举。当今世界，低碳发展已成为大趋势，势不可挡。生态环境保护和低碳绿色发展已成为国际竞争的重要手段。世界各国特别是发达国家对生态环境的关注和对自然资源的争夺日趋激烈，一些发达国家为维持既得利益，通过设置环境技术壁垒，打生态牌，要求发展中国家承担超越其发展阶段的生态环境责任。我国是幅员辽阔，是世界上地理生态资源最为丰富的国家，各类型土地、草场、森林资源都有分布；水能资源居世界第一位；是世界上拥有野生动物种类最多的国家之一；几乎具有北半球的全部植被类型。同时，我国拥有碳交易市场优势，是世界上清洁发展机制（CDM）项目最大的国家，占全球市场的32%以上，并呈现出快速增长态势。随着中国碳交易市场逐步形成，未来将有望成为全球最大碳交易市场。此外，我国还在工业、建筑、交通等方面具有巨大的减排空间和技术提升潜力。我国已与世界紧密联系在一起，要充分利用自己独特的生态资源禀赋，主动作为，加快低碳发展体制机制创新，完善低碳发展制度体系，抢占全球低碳发展的制高点，聚集新优势，提升国际综合竞争力。基于此，我们需要进一步深入研究世界低碳发展的新态势、新特征，全面总结世界各国特别是发达国家在低碳经济、低碳政策和碳金融建设方面的典型模式，充分借鉴其成功经验，坚定不移地走出一条具有中国特色和世界影响的低碳发展新路子。

二

近年来，我国低碳经济理论与实践研究空前活跃，不同学者对低碳经济发展过程中出现的诸多问题给予了密切关注与深入研究，发表了许多理论成果，为低碳经济理论发展与低碳生活理念的宣传普及、低碳产业与低碳技术的发展、低碳政策措施的制定等作出了很大贡献。湖北省委党校也是在全国较早研究低碳经济的机构之一。从 2008 年开始，湖北省委党校与国家发改委地区司、华中科技大学、武汉理工大学、中南民族大学、湖北省国资委、湖北省能源集团、湖北省碳交易所等单位联合组建了专门研究低碳经济的学术团队，围绕低碳产业、低碳能源、低碳技术和碳金融等领域开展了大量研究，并取得了不少阶段性成果。其中，由团队主要负责人陶良虎教授等撰写的关于加快设立武汉碳交易所的研究建议，引起了国家发改委和湖北省委、省政府的高度重视，为全国碳交易试点工作的开展提供了帮助。同时，2010 年 6 月由研究出版社出版的《中国低碳经济》一书，是国内较早全面系统研究低碳经济的学术专著。党的十八大召开之后，随着生态文明建设纳入到“五位一体”的总布局中，低碳发展迎来了新机遇新阶段，这使得我们研究视野得到了进一步拓展与延伸，基于此，人民出版社与我们学术团队决定联合编辑出版一套《低碳绿色发展丛书》，以便汇集关于当前低碳发展的若干重要研究成果，进一步推动我国学术界对低碳经济的深入研究，有助于全社会对低碳发展有更加系统、全面的认识，进一步推动我国低碳发展的科学决策和公众意识的提高。

《低碳绿色发展丛书》的内容结构涵括低碳发展相关的 10 个方面，自然构成了相互联系又相对独立的各有侧重的 10 册著述。在《丛书》的框架设计中，我们主要采用了“大板块、小系统”的思路，主要分为理论和实务两个维度，国内与国外两个层次:《低碳理论》、《低碳经验》、《低碳政策》侧重于理论板块，而《低碳能源》、《低碳技术》、《低碳产业》、《低碳生活》、《低碳城乡》、《碳金融》、《低碳合作》则偏向于实务。

《低碳绿色发展丛书》作为入选国家“十二五”重点图书、音像、电子出版物出版规划的重点书系，相较于国内外其他生态文明研究著作，具有四大鲜明特点：一是突出问题导向、时代感强。本书系在总体框架设计中，始终坚持突出问题导向，入选和研究的10个重点问题，既是当前国内外理论界所集中研究的前沿问题，也是社会公众对低碳发展广泛关注和亟待弄清的现实问题，具有极强的时代感和现实价值。如《低碳理论》重点阐释了低碳经济与绿色经济、循环经济、生态经济的关系，有效解决了公众对低碳发展的概念和相关理论困惑；《低碳政策》吸纳了党的十八届三中全会关于全面深化改革的最新政策；《低碳生活》分析了当前社会低碳生活的大众时尚和网络新词等。二是全面系统严谨、逻辑性强。本书系各册著述既保持了各自的内涵、外延和风格，又具有严格的逻辑编排。从整个书系来看，既各自成册，又相互支撑，实现了理论性、政策性和实务性的有机统一；从单册来看，既有各自的理论基础和分析框架，又有重点问题和实施路径，还包括有相应的典型案例分析。三是内容详实权威、实用性强。本书系是当前国内首套完整系统研究低碳发展的著作，倾注了编委会和著作者大量工作时间和心血，所有数据和案例均来自国家权威部门，对国内外最新研究成果、中央最新精神和全面深化改革的最新部署都认真分析研究、及时加以吸收，可供领导决策、科学研究、理论教学、业务工作以及广大读者参阅。四是语言生动平实、可读性强。本书系作为一套专业理论丛书，始终坚持服务大众的理念，要求编撰者尽可能地用生动平实的语言来表述，让普通读者都能看得进去、读得明白。如《碳金融》为让大家明白碳金融的三大交易机制，既全面介绍了三大机制的理论基础和各自特点，又介绍了三大机制的“前世今生”，让读者不仅知其然、而且知其所以然。

三

本丛书是集体合作的产物，更是所有为加快推动低碳发展做出贡献的人们集体智慧的结晶。全丛书由范恒山、陶良虎教授负责体系设计、内容安排和统修定稿。《低碳理论》由王能应主编，《低碳经验》由张继久、李正宏、杜涛主编，《低碳能源》由肖宏江、邹德文主编，《低碳技术》由邹德文、李海鹏主编，《低碳产业》由陶良虎主编，《低碳城乡》由范恒山、郝华勇主编，《低碳生活》由陈为主编，《碳金融》由王仁祥、杨曼、陈志祥主编，《低碳政策》由刘树林主编，《低碳合作》由卢新海、张旭鹏、刘汉武主编。

本丛书在编撰过程中，研究并参考了不少学界前辈和同行们的理论研究成果，没有他们的研究成果是难以成书的，对此我们表示真诚的感谢。对于书中所引用观点和资料我们在编辑时尽可能在脚注和参考文献中一一列出，但在浩瀚的历史文献及论著中，有些观点的出处确实难以准确标明，更有一些可能被遗漏，在此我们表示歉意。

最后，在本书编写过程中，人民出版社张文勇、史伟给予了大量真诚而及时的帮助，提出了许多建设性的意见，陶良虎教授的研究生杨明同志参与了丛书体系的设计、各分册编写大纲的制定和书稿的审校，在此我们表示衷心感谢！

《低碳绿色发展丛书》编委会

2016.01 于武汉

目　录

前 言

随着世界工业化进程的快速推进，社会各界对资源、环境、气候的关注日益成为焦点，尤其是温室气体二氧化碳的大量排放被认为是导致气候变化的主要因素，在此背景下，低碳发展理念成为共识，培育低碳产业、发展低碳经济、建设低碳城市与乡村是世界各国顺应发展趋势需要解决的紧迫任务。中国作为发展中国家，目前仍处于工业化中期，我国面临国内低碳发展转型的动力与国际期望中国担负大国责任的压力，在科学发展、转变发展方式的时代命题中，融入低碳发展理念，促进能源结构、产业结构、生活方式的低碳化转型，是我国全面建成小康社会、提高国家竞争实力的必然途径。2012 年 11 月召开的中国共产党第十八次全国代表大会提出，面对资源约束趋紧、环境污染严重、生态退化的严峻形势，必须树立尊重自然、顺应自然、保护自然的生态文明理念，把生态文明建设放在突出地位，融入经济建设、政治建设、文化建设、社会建设各方面和全过程，纳入建设中国特色社会主义“五位一体”总体布局，并着力推进绿色发展、循环发展、低碳发展。这让我们更加明确，通过发展低碳经济、建设低碳社会是促进生态文明进步的现实路径。

低碳经济的发展需要落实在具体的地域空间上，城市与农村作为两类地域单元，承担着不同职能，但从低碳发展的趋势看，低碳城市、低碳乡村是普遍趋势，唯有城市与农村两类地域单元均按照符合各自特征的发展模式推动低碳发展，才能实现整体的低碳发展转型。我国目前处于城镇化快速推进的机遇期，2013 年我国整体城镇化率达到 53.7%，城镇化进程带来的人口迁移、产业结构升级、空间结构重组、社会结构转换都需要注入低碳发展理念，才能适应资源环境现状与世界发展趋势。2014 年 3 月发布的《国家新型城镇化规划（2014—2020 年）》也提出，新型城镇化的健康发展需要坚持生态文明、绿色低碳的原则。因此，统筹城乡低碳发展、走低碳型城镇化道路具有紧迫的现实意义。

本书首先介绍了城乡发展的新理念，阐释了低碳城乡发展的内涵，认为低碳城乡发展是低碳理念模式与中国推进城乡统筹发展任务的有机结合，在城市与农村两类地域单元上探索符合区域特色的低碳发展模式，将低碳理念融入统筹城乡发展进程，在城乡协调发展过程中贯彻低碳减排目标，实现低碳减排与城乡统筹的同步合一与协调推进。其次对低碳城乡发展与中国推进新型城镇化道路做了融合分析，构建了低碳城镇化的发展模式、生态文明融入城镇化全过程的发展模式。再次，从低碳城乡发展的规划、建设、管理各环节探讨了需要把握的主要矛盾和推进的主要方向。最后以我国省域单元和城市为研究对象，分析了低碳城市、低碳乡村的影响因素、实证评价、实践探索和今后完善的对策，并借鉴世界低碳城市发展的经验与启示。

限于作者水平，本书对低碳城乡发展的研究广度和深度有限，希望广大同仁能够关注低碳城乡的理论研究和实践推广，实现我国城乡一体化和低碳发展的目标。

第一章　城乡发展新理念

城乡发展问题是一个世界性的普遍问题，尤其是发展中国家在工业化过程中都需要面临和解决的历史任务，但中国的城乡发展问题，既有与其他发展中国家相似的共同性，如城乡差距拉大、农业比较效益低下、农村生产要素流失等方面，也有中国国情下的特殊性，如人口基数大、城乡二元结构被体制化等问题。因此，实现中国的城乡统筹发展，不仅要借鉴世界经验与规律，更需要立足国情与发展阶段，遵循城乡一体化发展规律及新的发展趋势要求，适时更新城乡发展理念，引导城乡经济、社会、生态一体化发展。

一、城乡一体化发展理念

城乡一体化是解决城乡矛盾和缓解城乡差别的有效途径。城乡一体化发展理念的提出是基于我国工业化、城镇化的快速推进和长期积累，具备了工业反哺农业、城市带动农村的现实条件，在全面建设小康社会的征程中更加关注农村、农民和农业的发展，让广大的农村地区能够同步分享现代化创造的财富与文明，改善农村人居环境、提高农村居民福利、促进传统农业向现代农业升级。城乡一体化发展理念不仅涵盖城乡产业一体化发展、空间一体化布局，在日益关注生态环境的背景下，城乡生态环保一体化也是城乡一体化的应有之义。城乡低碳发展，也需要运用城乡一体化的理念积极推动城市和乡村两类地域单元构建符合各自特点和基础的低碳发展模式，并且强化城市与乡村在产业、能源、交通、建筑等领域的一体化统筹安排，以实现城乡地域系统低碳生态发展的最大化效益。

（一）统筹一体化发展理念的提出背景

现有城乡对立的二元经济结构的格局，反映在城镇居民与农村居民收入的差距上，见表 1—1 所示。自上世纪 90 年代以来，随着改革开放的逐步深入和我国经济的快速发展，城乡居民的收入水平总体上有了很大的提高，但是城乡居民收入差距过大的问题日益凸显。从整体上看，我国城乡居民收入差距的变化并没有呈现出倒“U”形特征，却有不断上升的趋势。①

表 1—1　全国城乡居民收入及差距状况表（1990—2013 年）

年份	城镇居民家庭人均可支配收入（元）	农村居民家庭人均纯收入（元）	城乡人均收入比
1990	1510.2	686.3	2.2
1991	1700.6	708.6	2.4
1992	2026.6	784	2.58
1993	2577.4	921.6	2.8
1994	3496.2	1221	2.86
1995	4283	1577.7	2.71
1996	4838.9	1926.1	2.51
1997	5160.3	2090.1	2.47
1998	5425.1	2162	2.51
1999	5854	2210.3	2.65
2000	6280	2253.4	2.79
2001	6859.6	2366.4	2.9
2002	7702.8	2475.6	3.11
2003	8472.2	2622.2	3.23
2004	9421.6	2936.4	3.21
2005	10493	3254.9	3.22
2006	11759.5	3587	3.28
2007	13785.8	4140.4	3.33
2008	15780.8	4760.6	3.31
2009	17174.7	5153.2	3.33
2010	19109.4	5919	3.23
2011	21809.8	6977.3	3.13
2012	24565	7917	3.1

① 孙少华:《基于城乡居民收入差距视角的城乡文化产业发展研究》，南华大学 2013 年硕士论文，第 32 页。

续表

年份	城镇居民家庭人均可支配收入（元）	农村居民家庭人均纯收入（元）	城乡人均收入比
2013	26955	8896	3.03

资料来源：历年《中国统计年鉴》及2013年统计公报。

从最近22年间的平均水平来看，我国城乡居民人均收入比也达到了2.9，这些都充分说明了目前我国城乡居民收入差距仍然很高。

随着学术界研究的不断深入和改革开放的不断推进，中央破解城乡二元结构、推进城乡经济社会一体化的思路也不断明晰。2002年，党的十六大在制定全面建设小康社会战略的同时，针对城乡二元结构提出了“统筹城乡经济社会发展”的方针。2003年，党的十六届三中全会把“统筹城乡发展”作为“科学发展观”的重要内容，并将其列为五个统筹（统筹城乡发展、统筹区域发展、统筹经济社会发展、统筹人与自然和谐发展、统筹国内发展和对外开放）之首。2005年中央做出了建设社会主义新农村的战略部署。2007年，党的十七大提出要“建立以工促农、以城带乡长效机制，形成城乡经济社会发展一体化新格局”。同年，国家批准成都和重庆作为统筹城乡综合配套改革试验区。2008年，党的十七届三中全会提出加快“建立城乡经济社会一体化制度，尽快在城乡规划、产业布局、基础设施建设、公共服务一体化等方面取得突破，促进公共资源在城乡之间均衡配置、生产要素在城乡之间自由流动，推动城乡经济社会发展融合”。①十七届五中全会在全面总结十六大以来科学发展、统筹城乡发展实践以及对中国未来发展趋势客观、准确判断的基础上，提出了“三化同步”，即“在工业化、城镇化深入发展中同步推进农业现代化”的战略思想，同时从现代农业发展、城乡基本公共服务均等化、农村社会事业发展、体制改革和制度建设等方面对加快形成城乡发展一体化格局进行部署规划。

十年发展的历史轨迹清晰表明，从“二元结构”松动到政策和公共资源配置向“三农”倾斜，从大力促进农村社会事业发展到城乡基本公共服务均等化，从农村税费改革到城乡教育、医疗卫生、文化、社会保障制度衔接统一，工农关系协调发展逐步深入，城乡融合渐次推进。据此，党的十八大明确提出实施城乡一体化发展战略，这是我国经济社会发展战略实质内容的再一次深化，是一次质

① 白永秀、王颂吉、吴振磊：《城乡经济社会一体化发展研究文献述评》，《经济纵横》2010年第10期。

的飞跃。第一，由“三化同步”深化到“四化同步”。提出，坚持走中国特色新型工业化、信息化、城镇化、农业现代化道路，推动信息化与工业化深度融合、工业化和城镇化互动、城镇化和农业现代化相互协调，促进工业化、信息化、城镇化、农业现代化同步发展。将农业农村发展真正融合在国民经济社会整体发展之中。第二，将城乡发展一体化作为解决“三农”问题的根本途径。既要加强农业基础地位，加快新农村建设，同时要加大城乡统筹发展力度，逐步缩小城乡差距，着力促进农民增收，让广大农民平等参与现代化进程，促进城乡共同繁荣。第三，从制度建设上保障城乡一体化发展。十八大提出，加快完善城乡发展一体化体制机制，着力在城乡规划、基础设施、公共服务等方面推进一体化，促进城乡要素平等交换和公共资源均衡配置，形成以工促农、以城带乡、工农互惠、城乡一体的新型工农、城乡关系。这是城乡发展一体化的关键。

（二）十八届三中全会对城乡一体化发展的部署①

党的十八届三中全会是在全面建成小康社会征程中召开的一次全面深化改革的重要会议。这次全会着眼于“两个一百年”目标的战略全局，制定了全面深化改革的总体方案，提出了全面深化改革的指导思想、总体思路、目标任务，从经济、政治、文化、社会、生态五位一体层面提出系统性、整体性、协同性改革的战略部署和具体路径。全会通过的《中共中央关于全面深化改革若干重大问题的决定》（以下简称《决定》）是我国新时期全面深化改革的纲领性文件，对深化理论研究、指导实践工作具有重大意义。《决定》中对城乡发展问题单列一条，在第二大板块中第六条“健全城乡发展一体化体制机制”中提出。正是基于实现城乡一体化发展，需要在制度层面建立健全体制机制的现实，从“加快构建新型农业经营体系”、“赋予农民更多财产权利”、“推进城乡要素平等交换和公共资源均衡配置”、“完善城镇化健康发展体制机制”四个方面做出部署，体现了从农业、农民、农村、城镇化四个方面着力推进城乡互补发展、共促发展的制度安排。

1. 加快构建新型农业经营体系

实现城乡一体化发展，需要有农业的现代化做产业支撑，巩固农村内生的

① 郝华勇：《城乡一体化发展开启新篇章——学习党的十八届三中全会精神体会》，《宁夏党校学报》2014 年第 1 期。

自我发展能力。构建新型农业经营体系正是基于我国农业发展现代化进程缓慢、农业劳动力流失、农业发展方式转变滞后的现实国情，从工业化、信息化、城镇化与农业现代化“四化”同步的背景下提出的课题。《决定》中提到，“坚持家庭经营在农业中的基础性地位，推进家庭经营、集体经营、合作经营、企业经营等共同发展的农业经营方式创新。坚持农村土地集体所有权，依法维护农民土地承包经营权，发展壮大集体经济。”现代农业在产业主体上表现出多元化的特征，即市场主体由不同成分构成，既有家庭经营，也有互助式的集体经营、合作经营，还有对技术、资金集约程度要求更高的农业行业，需要由企业经营。但我国目前发展阶段，在构建新型农业经营体系中，需要立足人多地少的基本国情，突出家庭经营在转变农业生产方式、保障农民利益、推进农业社会化服务方面的作用与贡献，同时促进集体经营、合作经营、企业经营等不同的经营方式。不同地区的农业区情、发展基础、规模化程度不尽相同，全国层面不可能有统一的规模化标准，而需要根据各区域实际来因地制宜，但可以肯定，家庭经营的形式可以发挥农民的主体作用，保障农业生产方式转变和效益提高后，增加的收益让农民分享，也有助于逐步培育新型农民，壮大农业生产的本土生力军。

构建新型农业经营体系，需要注重顶层设计和体制保障，《决定》中对农村土地制度深化改革提到“稳定农村土地承包关系并保持长久不变，在坚持和完善最严格的耕地保护制度前提下，赋予农民对承包地占有、使用、收益、流转及承包经营权抵押、担保权能，允许农民以承包经营权入股发展农业产业化经营。鼓励承包经营权在公开市场上向专业大户、家庭农场、农民合作社、农业企业流转，发展多种形式规模经营”。这些表述针对目前土地承包经营权权能不完善、农民对承包地的处分权有限的现实，提出基于排他的使用权、独享的收益权及充分的处分权的体制改革目标，为推进传统农业向现代农业转变、促进农业产业化经营、规范土地流转、保障农民对土地享有的权益进行了规定，并将在制度和体制上予以规范和设计，对推进农业发展方式转变、深化农业体制改革将发挥重要的引领作用。

在形成以工促农、以城带乡、工农互惠、城乡一体的新型工农城乡关系方面，《决定》提到“鼓励农村发展合作经济，扶持发展规模化、专业化、现代化经营，允许财政项目资金直接投向符合条件的合作社，允许财政补助形成的资产转交合作社持有和管护，允许合作社开展信用合作。鼓励和引导工商资本到农村发展适合企业化经营的现代种养业，向农业输入现代生产要素和经营模式”。这些表述，首先明确了“家庭经营＋合作组织＋社会化服务”是适合我国国情的农业生产形式，在体制机制上将予以引导和扶持；其次，为保障财政支农资金的使用效率，提高政策对扶持农业生产的指向性和针对性，允许财政项目资金直接投向符合条件的合作社，并且为提高财政补助形成的资产的使用效益，允许财政补助形成的资产转交合作社持有和管护。同时，对城市工商资本进入农业生产领域进行了界定，鼓励和引导工商资本到农村发展适合企业化经营的现代种养业，例如现代化设施农业和规模化养殖场，对技术、投资、管理和营销等方面的要求，超越了大多数农户和农民专业合作社的能力，适合引入社会资本实行企业化的经营，而瓜果蔬菜花卉等鲜活农产品的生产效率，主要取决于品种选择、栽培技术和市场营销等，通过组织农民专业合作社，能够最大限度地发挥这方面少数"能人"的带动作用，而且能让更多的增值收益留在农村、赋予农民①。

2. 赋予农民更多财产权利

化解三农问题、提高农民收入，不仅需要发展现代农业提高家庭经营纯收入，也需要提高农民的财产性收入，拓宽农民收入来源渠道。2012 年我国农民人均纯收入为 7917 元，其中，家庭经营收入 3533 元，占 44.6%；工资性收入 3447 元，占 43.5%；财产性收入 249 元，占 3.1%；转移性收入 687 元，占 8.7%，可见财产性收入在农民收入结构中所占比例是最低的，而要增加农民的财产性收入，需要在体制上建立健全农村产权，逐步规范产权流转、交易，保障农民的财产收益权。农民享有的财产权利包括对集体经济的分享收益、对宅基地的用益物权、对土地承包经营权的收益。《决定》在"赋予农民更多财产权利"中提到"保障农民集体经济组织成员权利，积极发展农民股份合作，赋予农民对集体资产股份占有、收益、有偿退出及抵押、担保、继承权。保障农户宅基地用益物权，改革完善农村宅基地制度，选择若干试点，慎重稳妥推进农民住房财产权抵押、担保、转让，探索农民增加财产性收入渠道。建立农村产权流转交易市场，推动农村产权流转交易公开、公正、规范运行。"这将为保障农民财产权益、界定财产范围、规范财产的占有、使用、收益、处置等权能提供体制和政策支持。

3. 推进城乡要素平等交换和公共资源均衡配置

城乡一体化发展，并非单纯通过政府调节来强行安排城市与农村实现统一的发展速度与水平，而是发挥城市与农村在地域经济系统中各自的职能定位与比较优势实现互补发展，衡量城乡一体化发展着重评价城乡居民是否享有均等的公共服务。因此，在构建城乡一体化发展体制机制过程中，首先要尊重市场规律，

① 陈锡文：《构建新型农业经营体系刻不容缓》，《求是》2013 年第 22 期。

让市场机制在城乡要素配置中发挥决定性作用，政府调节要基于城乡居民享有均等化的公共服务为目标，克服市场失灵，保护城市与农村在市场中公平竞争。此次《决定》中提到“维护农民生产要素权益，保障农民工同工同酬，保障农民公平分享土地增值收益，保障金融机构农村存款主要用于农业农村”，正是避免政府干预而扭曲农村生产要素参与市场竞争的不公平待遇，保护农村农民拥有的土地、劳动力等生产要素平等参与市场竞争，获得市场收益。对于农村金融服务体系，尽管纵向相比，金融服务的广度和深度都有推进，但仍不能满足现代农业发展和新农村建设的需求。现实中，农户和农村企业仍普遍受到不同程度的信贷约束，农村资金仍在大量外流。因此，需要建立符合农村特点和农民需求的农村金融服务体系，以建成商业金融、政策金融、合作金融“三位一体”的功能互补、相互协作、适度竞争的农村金融组织体系为目标，破解三农发展中的资金约束。

同时，鉴于农业产业特质并借鉴世界各国对农业的保护与扶持经验，我国在推进农业现代化、实现城乡一体化发展过程中，也需要强化政府的扶持与保护，《决定》中明确提出“健全农业支持保护体系，改革农业补贴制度，完善粮食主产区利益补偿机制，完善农业保险制度”。应该认识到，当前我国农业进入了一个高成本的发展阶段，对健全农业支持保护制度提出了新的要求，需要从增加规模、提高标准、扩大范围、完善机制等方面，进一步健全农业补贴制度。2012 年与 2004 年相比，三种粮食平均收购价格上涨了 76.7%，其中稻谷平均涨幅 90%，玉米为 84.2%，小麦为 47.1%，大豆只有 29.8%。2004 年至 2011 年，三种主粮土地成本年均增长 15.7%，人工成本年均增长 10.4%，物质与服务费用年均增长 8.7%，都高于价格增速。种粮比较效益低、农民积极性不高仍是制约粮食生产稳定发展的突出问题。2011 年 13 个粮食主产省产量占全国的 76%，对全国粮食增产贡献 90.5%。13 个粮食主产省人均财政收入 3252 元，为全国平均水平的 83%；列入《全国新增 1000 亿斤生产能力建设规划》的 745 个产粮大县，人均财政收入 1200 元，为全国平均水平的 30%，人均财政支出 3040 元，为全国平均水平的 44%。必须完善支农资金分配和财政转移支付机制，逐步使粮食主产县人均财力达到全省和全国平均水平①。

在改善农村发展环境、公共资源配置上，《决定》提到“鼓励社会资本投向农村建设，允许企业和社会组织在农村兴办各类事业。统筹城乡基础设施建设和社区建设，推进城乡基本公共服务均等化”，这将破解城乡分隔的二元的公共服务体制、克服公共财政资源配置中的城市偏好。2007 年至 2012 年，中央财政

① 韩俊：《构建新型工农城乡关系　破解“三农”发展难题》，《农民日报》2013 年 11 月 22 日。

共安排“三农”投入4.9万亿元，年均增长超过23%，比同期中央财政支出年均增长率高6.6个百分点。中央财政用于“三农”支出占中央财政总支出的比重由2007年的14.6%提高到2012年的19.2%，增加4.6个百分点。尽管如此，公共资源在城乡配置失衡问题仍然突出，公共财政的覆盖范围和力度不够，现有的投入远远不能满足农业农村发展对各种公共品的实际需要，包括公共基础设施建设投资体制、教育卫生文化等公共服务体制、社会保障制度等仍呈“二元”状态。因此，改善农村发展环境需要加快建立覆盖城乡的公共财政体制，提高公共服务和社会保障对农村的覆盖力度与保障水平，统筹城乡基础设施建设，培育农村内生的自我发展能力。

4. 完善城镇化健康发展体制机制

城镇化是化解城乡问题的根本出路，但我国近年来的快速城镇化进程，凸显出城乡差距弥合速度缓慢、城镇化带动城乡一体化发展乏力的不足，制约了城镇化效应的释放。纵观我国城镇化演进与城乡收入差距的变化，城镇化率从1990年的26.4%提高到2012年的52.6%，但城乡收入差距从2.2倍扩大到3.1倍，期间经历了20世纪90年代的先扩大再缩小、新世纪初期开始的不断扩大的演变轨迹，尤其自2002年以来，在城镇化率年均提高1.3个百分点的背景下，城乡收入差距却一直维持在3倍以上，表明我国目前推进城镇化对缩小城乡差距的效应微弱。《决定》中提出“坚持走中国特色新型城镇化道路，推进以人为核心的城镇化，推动大中小城市和小城镇协调发展、产业和城镇融合发展，促进城镇化和新农村建设协调推进。优化城市空间结构和管理格局，增强城市综合承载能力”，指明了推进新型城镇化的方向，要体现科学发展观的要求，以实现人的全面发展、人的城镇化作为核心，立足人口基数大的国情，发挥不同等级规模城市各自的优势，实现互补发展，强化“四化”同步背景下城镇化与工业化的耦合、城镇化与新农村的协调，发挥规划的引导作用实现集约发展，提高城镇的综合承载能力。

城市建设管理方面，新型城镇化必然伴随城市的投资与建设，《决定》中提出，“建立透明规范的城市建设投融资机制，允许地方政府通过发债等多种方式拓宽城市建设融资渠道，允许社会资本通过特许经营等方式参与城市基础设施投资和运营，研究建立城市基础设施、住宅政策性金融机构”。这些表述对创新和规范当前城市建设的投融资体制机制发挥重要引导作用，对拓宽融资渠道、优化投资结构、提高投资效益起到促进作用。并且提出“完善设市标准，严格审批程序，对具备行政区划调整条件的县可有序改市。对吸纳人口多、经济实力强的镇，可赋予同人口和经济规模相适应的管理权。建立和完善跨区域城市发展协调机制。”这将逐步破除行政层级对城镇化发展的束缚，依据县区和乡镇集聚产业与人口的规模赋予相应的管理权限和配置相应的公共资源，这样既可以优化行政层级，又可以发挥中小城市和小城镇在中国特色城镇化道路中的应有作用。

推进农业转移人口市民化方面，我国目前按照常住人口的统计口径，2012年人口城镇化为52.6%，但按照户籍统计的非农业人口比例只有35.3%，二者之间的差额就是2.6亿的农民工和他们的家属，这也是中国城镇化进程中特有的“半城镇化”群体。《决定》提出，“推进农业转移人口市民化，逐步把符合条件的农业转移人口转为城镇居民。创新人口管理，加快户籍制度改革，全面放开建制镇和小城市落户限制，有序放开中等城市落户限制，合理确定大城市落户条件，严格控制特大城市人口规模。”这将为不同等级城市承载我国城镇人口提出差异化的引导方向，体现大中小城市和小城镇协调发展的人口管理政策。并且在保障城镇内部居民的市民待遇和公共服务均等化上，《决定》提出“稳步推进城镇基本公共服务常住人口全覆盖，把进城落户农民完全纳入城镇住房和社会保障体系，在农村参加的养老保险和医疗保险规范接入城镇社保体系。建立财政转移支付同农业转移人口市民化挂钩机制，从严合理供给城市建设用地，提高城市土地利用率。”这些改革思路将全面系统地推动农民工市民化、化解“半城镇化”现象。2012年，我国城镇基本养老保险的常住人口覆盖率为63.9%，城镇基本医疗保险的常住人口覆盖率为75.5%，农民工随迁子女进入公办学校就读的比例为80.2%。这些数据显示的差距正是当前推进农业转移人口市民化的重要内容。而要给予新增城镇人口以市民待遇，政府必须担负起职责，加大公共服务配置与财政投入，在农业转移人口市民化的机制上建立成本共担、转移支付挂钩、人口与土地匹配等机制，实现健康的、有质量的城镇化。

二、以人为本发展理念

以人为本的发展理念，是科学发展观的核心，强调发展的目的是实现人的全面发展，而非单纯地追求物质财富或GDP的增长。统筹城乡一体化发展中贯彻以人为本的理念要求，即无论城市居民还是农村居民都享有平等的发展机会和分享现代化成果的资格，城市居民和农村居民在经济社会发展中能够不断改善生活水平、提高社会福利，实现人的全面发展。城乡低碳发展也是体现以人为本的理念要求，因为若以牺牲生态环境换取经济增长，这样的发展结果只能是经济增长较快、居民收入提高，但居民的生存权、基本的健康福利都会受到影响。因此，低碳城乡发展不仅是缓解气候变化、建设生态文明，也是保障城乡居民健康福利、提高预期寿命、实现人的全面发展的现实路径。

（一）“以人为本”发展理念的提出背景①

1. 基于对当代科技革命及社会发展特征的准确把握

随着知识经济时代的到来以及当今科技革命的深刻变革，知识成为实现经济增长的主要驱动力，科学技术成了第一生产力。生产力是人类全部历史的基础，是最活跃最革命的因素，是社会发展的最终决定力量。而人是生产力中最活跃和最具有决定性意义的力量，因而人的主观能动性对于社会发展具有巨大作用，人力资源成为第一资源。人的主观能动性的发挥有赖于人的素质包括思想道德素质、科学文化素质和健康素质的提高。人的科学文化素质对于人的主观能动性的发挥具有最直接的作用。包含在科学文化素质中的人的知识和技能尤其是人的创新能力（包括知识创新、技术创新、体制创新和其他方面的创新能力）成为社会发展的主导力量。因此要想在科技进步日新月异的当今时代抢占发展的先机，抓住发展的本质和关键，就必须首先重视人的需求、发挥人的价值并且充分发展人自身。

2. 基于对改革开放和市场经济发展变化的全面分析

随着改革开放的深入和社会主义市场经济的发展，我国的社会群体结构出现了新的变化。一方面，我国工人阶级队伍不断壮大，素质不断提高；另一方面，在社会变革中涌现出了一大批民营科技企业的创业人员和技术人员、受聘于外资企业的管理技术人员、个体户、私营企业主、中介组织的从业人员、自由职业者等社会阶层。能否最广泛最充分地调动一切积极因素，直接关系着党和国家事业的兴衰成败。因而在尊重劳动、尊重知识、尊重人才、尊重创造的方针指引下，妥善处理各方面的利益关系，充分调动和凝聚一切积极因素，始终把包括知识分子在内的工人阶级、农民阶级作为推动我国先进生产力发展和社会全面进步的根本力量，同时把其他一切推动社会主义中国向前发展的社会阶层吸纳为中国特色社会主义事业的建设者，吸纳为我国当代社会的发展主体，不断为中华民族的伟大复兴增添新力量。

---

① 陈云芝：《论以人为本的发展理念》，中共中央党校 2006 年博士学位论文，第 1—2 页。

3. 基于对传统发展理念和我国发展代价的深刻反思

以追求单纯的经济增长、实现财富的增长为目的的经济发展观曾经极大地促进了西方一些发达国家战后经济的崛起和繁荣，创造了前所未有的经济奇迹，也一度成为发展中国家现代化道路的示范。但随之而来的经济危机以及贫富悬殊、社会动荡、环境恶化、资源衰竭等一系列严重的社会问题，促使人们不得不沉痛反思以往的“增长等于发展”的简单化思维以及“以物为本”的发展理念，并且努力探寻新的发展思路。

改革开放以来，我国在社会主义建设过程中也在一定程度上存在“见物不见人”的现象。由于历史发展的必然性内在地要求我们必须把创造人的社会物质条件作为首要工作，加之一些地方片面理解以经济建设为中心，只注重经济增长，简单地把经济发展视为追求 GDP 增长的项目和数字，在一定程度上忽视了科教卫生等社会发展，造成了资源过度开采和生态环境的破坏等。改革开放至今，我们虽然在发展实践中取得了卓越成就，但也为发展付出了沉重代价，如环境破坏、生态失衡、人受到物的支配等等。这些代价和问题督促我们反思那些不合时宜的、片面的发展理念，要求重建新的、科学的发展理念。

（二）“以人为本”城乡发展理念内涵

“以人为本”发展观可以归结为四句话：依靠人是发展的根本前提、提高人是发展的根本途径、尊重人是发展的根本要求、为了人是发展的根本目标。①

1. 依靠人是发展的根本前提

依靠人，就是要看到人是发展的主体，是实现发展的根本力量。不论是坚持全面发展、协调发展还是可持续发展，都要依靠人来进行，通过人来实现。离开了人，发展就成了无源之水，无本之木。这里所说的人，就其主体而言，就是作为绝大多数的人民群众。

2. 提高人是发展的根本途径

提高人，就是要不断提高全民族的思想道德素质、科学文化素质和健康素质，努力造就数以亿计的高素质劳动者，把全面、协调、可持续发展建立在提高劳动者素质的基础上，建立在提高全民族素质的基础上。为此就要大力开发人才

① 庞元正:《如何理解以人为本的科学内涵》,《解放日报》2006 年 3 月 13 日。

资源，为各类人才成长创造有利的社会环境和条件，努力造就数以千万计的专门人才和一大批拔尖创新人才，建设规模宏大、结构合理、素质较高的人才队伍，开创人才辈出、人尽其才的新局面。以人为本就必须把提高人作为我国发展的根本动力和根本途径，通过科教兴国战略的实施，把发展转移到提高劳动者素质的轨道上来，努力通过人力资源的开发，为我国的经济社会发展提供强大动力。

3. 尊重人是发展的根本要求

尊重人，就要尊重劳动、尊重知识、尊重人才、尊重创造。不论是体力劳动还是脑力劳动，不论是简单劳动还是复杂劳动，都应该得到承认和尊重。确立劳动、资本、技术和管理等生产要素按贡献参与分配的原则，一切合法的劳动收入和合法的非劳动收入，都应该得到保护，得到尊重。尊重人，就要尊重人权，包括公民的政治、经济、文化权利。实现充分的人权，是中国改革与发展的重要内容和目标。不仅要尊重人的生存权、发展权，而且要尊重人受教育的平等权利，尊重人的政治知情权和政治参与权。尊重人，还必须尊重人的需求、人的生命、人的价值。人的需求与生俱来，是社会发展的原初动力。人的生命弥足宝贵，是人进行一切活动的前提。人的价值无法估量，是任何物的东西所不能取代的。满足人的需求、珍爱人的生命，实现人的价值，是尊重人的起码要求。

4. 为了人是发展的根本目的

为了人，就是要把人民的利益作为一切工作的出发点和落脚点，实现好、维护好、发展好人民群众的利益，使全体人民共享发展成果，实现国家富强、人民幸福。不断满足人民群众日益增长的物质文化需要。在满足生存需要的基础上，还要满足安全、发展和享受的需要。不仅要满足人们的物质生活需要，而且要满足人们的精神文化需要。

综上所述，以人为本就是要把人民的利益作为一切工作的出发点和落脚点，不断满足人们多方面的需求和实现人的自由而全面的发展。具体地说，就是在经济发展的基础上，不断提高人民群众的物质文化生活和健康水平；尊重和保障人权，包括公民的政治、经济、文化权利；不断提高公民的思想道德素质、科学文化素质和健康素质；要创造人们充分发挥聪明才智的社会环境。同时，以人为本是科学发展观的核心，是顺应当代人类社会发展趋势的必然选择。①

① 陈云芝：《论以人为本的发展理念》，中共中央党校 2006 年博士学位论文，第 58—63 页。

三、可持续发展理念

可持续发展理念由来已久，自20世纪60年代以来，人类已经明显感受到许多威胁其生存和发展的世界性危机。如何化解危机，走出困境，寻找一条人类社会与地球系统协同进化的永恒发展道路，一直是摆在世界人们面前的一项紧迫任务，这也是可持续发展思想形成的全球背景。[①] 低碳城乡发展也是秉承可持续发展理念的一个方面，要求城市与乡村在经济社会发展中更加尊重自然、顺应自然、保护自然，协调人与自然、资源与环境的关系，以节约能源、减少排放维护良好的自然生态关系，实现可持续发展的目标。

（一）可持续发展思想的形成背景

1. 可持续发展思想形成的全球背景

（1）人口增长过快。

在地球人口发展史上，人口增长的速率与人类生产力的发展是正相关的。在旧石器时代，整个地球的人口不过一两万。到距今一万年前后的新石器时代，由于定居农业的发展，人类开始在自然生态系统中打下自己的烙印，人口发展的步伐也因之逐渐加速。到距今约2500年的时候，地球的人口突破1亿。到公元1年，地球的人口达到2.5亿。此后人口缓慢发展，到欧洲工业革命前夕的1650年，世界人口达到5亿。工业革命后，由于生产力的加速发展，世界人口增长的速率显著加快，1804年世界人口达到10亿，1927年达到20亿，1960年达到30亿，1974年达到40亿，1987年达到50亿，1999年达到60亿。2008年6月19日美国人口普查局发表的一份报告称，全球人口已达67亿，至2012年，世界人口将达到70亿。地球人口从5亿到10亿花了154年，从10亿到20亿花了123年，从20亿到40亿则只花了47年。人口规模膨胀之快，可以用“爆炸”二字来形容。然而，人口迅猛增长的步伐并没有放慢的迹象，人类活动对地球生态系统的压力有增无减。据联合国人居署2006年预测，世界人口在2025年会达到80亿，2050年达到92亿，最后稳定在105亿—110亿。

这意味着在现有67亿人口的基础上，地球还将需要增加抚养近50亿人。

① 龚胜生、敖荣军:《可持续发展基础》，科学出版社2009年版，第1—6页。

这些新增的人口几乎全部分布在发展中国家，将对地球的土地、水、能源和其他自然资源造成比现在更加巨大的压力。庞大的人口规模和迅猛的人口增长，不仅给地球生态系统带来了难以承受的负荷，而且给人类社会的生存和发展带来了无以复加的压力。

（2）自然资源枯竭。

全球面临着人类赖以生存和发展的水资源、土地资源、森林资源、能源资源等资源枯竭的巨大挑战。

水资源是人类的生命之源、生存之本，一切生命形式都离不开水的滋润。1999 年，世界 21 世纪水资源委员会主席在斯德哥尔摩警告：全球有 29 个国家约 4.5 亿人严重缺水，14 亿人喝不到干净的饮用水，23 亿人缺少卫生设备，每年有 700 万人死于因水问题带来的疾病，因干旱而遭受饥荒折腾的人则更多。世界用水量在 20 世纪增加了 6 倍，其增长速度是人口增长速度的 2 倍。水荒问题在 21 世纪已变得越来越严重，到 2025 年，全世界严重缺水的人口将激增至 25 亿，全世界农业灌溉用水即使得到充分有效的利用，仍将出现 17% 的缺口。在人口不断增长的情况下，有限的淡水资源将成为许多地区和城市可持续发展的主要限制因素。

随着人口增长和工业化、城市化的发展，土地资源短缺已成为经济社会可持续发展的重要制约因素。全球 50 亿公顷可耕地中，已有 84% 的草场、59% 的旱土和 31% 的水浇地明显贫瘠。目前，全球水土流失面积达陆地总面积的 30%，每年流失有生产力的表土 250 亿吨，每年损失 500 万—700 万公顷耕地。国家统计局统计，2007 年我国人口达到 13 亿，约占世界总人口的 22%，而人均耕地仅有 1.43 亩，不到世界人均水平的 40%。

森林资源虽然是一种可再生资源，但 20 世纪以来，地球森林资源也在迅速减少。历史上曾有 77 亿公顷的森林面积，到 1980 年，已减少到 26 亿公顷，20 世纪末进一步减少到 20 亿公顷左右。

工业革命以来，煤炭、石油和天然气等化石能源的消费量都在不断增长。世界主要能源消费国的能源消费结构中，石油一般占 38% 左右，天然气一般占 23% 左右。化石能源是不可再生资源，但当前世界能源消费结构仍以化石燃料为主，能源紧张已经成为许多地区制约经济发展的瓶颈，有些地区甚至因为争夺化石能源而引发战争。化石能源的大规模消耗还是地球气候变暖的主要原因。

（3）生态环境恶化。

全球变暖与海平面上升。全球变暖不是一个均衡分布的过程，而是有的地方变暖，有的地方变冷，常常伴有极端和激烈的天气变化，从而导致大范围的气候灾害。

水土流失与土地荒漠化。随着森林的砍伐和草原的退化，土地沙漠化和土壤侵蚀将日益严重。

生物多样性锐减。森林过度砍伐对生物多样性的威胁，一是减少森林群落类型，二是森林生境破坏所引起的动、植物种类的消失和迁移。森林的破坏，导致某些地区气候变化、降水量减少以及自然灾害（如旱灾、鼠虫害等）日益加剧。

湿地损失。湿地是“地球之肾”，集土地资源、生物资源、水资源、矿产资源和旅游资源于一体。在长期人类活动的影响下，湿地被不断的围垦、污染和淤积，面积日益缩小。全球一半的湿地已经消失，在全世界 1 万多种已知被水物种中，超过 20% 的物种已经灭绝或濒临灭绝。

臭氧层空洞。臭氧层是地球系统的天然保护层，没有它，太阳紫外线和其他宇宙射线可以长驱直入，地球上的生物就很难生存下去。1979 年，科学家首次在南极上空观察到臭氧层空洞，从那时起，臭氧空洞逐年扩大，到现在，南极上空的臭氧已经损耗近 50%。据研究，臭氧每减少 1%，到这地球表面的紫外线辐射就会增加 2%，全球的皮肤癌发病率就可能上升 25%，白内障发病率上升 7%。

酸雨区的蔓延。全球受酸雨危害严重的有欧洲、北美洲及东亚地区。20 世纪 80 年代，酸雨主要发生在我国西南地区，到 90 年代中期，已发展到长江以南、青藏高原以东及四川盆地的广大地区。

（4）“南北差距”过大。

在全球范围内，发达国家与发展中国家之间严重的贫富悬殊已经成为人类社会动乱的根源，尤为可怕的是，这种南北差距还将进一步扩大。2000 年联合国贸易和发展会议等国际机构公布的数字则进一步显示，占全球人口 20% 的发达国家拥有全球生产总值的 86% 和出口市场份额的 82%。而占全球人口 75% 的发展中国家只分别拥有 14% 和 18% 的份额。2000 年，联合国开发计划署（UNDP）发布《2000 年贫困报告》指出，富国人均年收入超过 2 万美元，而穷国还有 28 亿人每天生活费不到 2 美元。

2. 可持续发展思想的演进脉络

可持续发展道路的寻找和选择与人类困境的演化是密切相关而又与时偕行的。自 20 世纪 60 年代以来，世界经历了两次大的环境运动。20 世纪 60—70 年代，人们基本上把环境保护和经济发展对立起来；到 80 年代以后，人们发现环境保护和经济发展其实是可以兼容的，而且正是在这一次环境运动中，找到了解决人类困境的钥匙，选择了可持续发展的道路。

在可持续发展思想的形成过程中，联合国多次召开里程碑式的国际会议，出版了多部里程碑式的经典著作，发布了多个里程碑式的政治宣言。从 1972 年瑞典斯德哥尔摩的《人类环境宣言》到 1992 年巴西里约热内卢的《环境与发展宣言》，再到 2002 年南非约翰内斯堡的《可持续发展承诺》，可持续发展思想正一步一步地走向成熟。①

1962 年，美国海洋生物学家蕾切尔 · 卡逊出版了《寂静的春天》，引起了公众对环境问题的注意，各种环境保护组织纷纷成立，环境保护问题提到了各国政府面前。联合国于 1972 年 6 月 12 日在瑞典斯德哥尔摩召开了“人类环境大会”，并由各国签署了“人类环境宣言”，环境保护事业由此开始。

由欧美学术界、企业界、政界人士组成的未来学研究机构——罗马俱乐部，首先将“全球问题”研究称作“人类困境研究”。1972 年，罗马俱乐部公布了著名的《增长的极限》报告。该报告把全球性问题归结为人口、粮食、工业增长、环境污染、不可再生资源的消耗 5 个方面。同年，世界环境大会于瑞典斯德哥尔摩召开，提出了“合乎环境要求的发展”、“无破坏情况下的发展”、“生态的发展”、“连续的或持续的发展”等关于发展的概念。在以后的有关会议和文件中，逐渐选定了“可持续发展”的提法。

1980 年国际自然保护同盟的《世界自然资源保护大纲》提出，必须研究自然的、社会的、生态的、经济的以及利用自然资源过程中的基本关系，以确保全球的可持续发展。

1987 年联合国环境与发展委员会在其学术报告《共同的未来》中对“可持续发展”做出明确的界定，定义为“既满足当代人的需要，又不对后代人满足其需要的能力构成危害的发展”；并提出了“今天的人类不应以牺牲今后几代人的幸福而满足其需要”的总原则，从此“可持续发展”开始广泛使用。

1992 年 6 月，在巴西的里约热内卢召开了“联合国环境与发展大会”，183 个国家和 70 多个国际组织的代表出席了大会，其中有 102 位国家元首或政府首脑。会议通过了《里约宣言》和《21 世纪议程》，阐述了关于可持续发展的 40 个领域的问题，提出了 120 个实施项目。这是可持续发展理论走向实践的一个转折点。② 此后，“可持续发展”作为一种战略观念被越来越多的国家所接受，形

---

① 龚胜生、敖荣军:《可持续发展基础》，科学出版社 2009 年版，第 8 页。

② 崔亚伟、梁启斌、赵由才:《可持续发展——低碳之路》，冶金工业出版社 2012 年版，第 2—3 页。

成了一个国际化的战略观念，成为当今世界各国共同面临的发展主题。

（二）可持续发展理念的基本内涵

1. 可持续发展的定义

由于可持续发展涉及人口、资源、环境、经济和社会等诸多方面，不同的研究者因研究角度的不同，对其所作的定义也就不同。挪威首相布伦特兰夫人在《共同的未来》中的定义：可持续发展是既满足当代人的需求，又不对后代人满足其需求的能力构成危害的发展。这个定义是当前被广泛引用和普遍认同的定义，它强调的是时间维的代际公平，而忽视了空间维的代内公平或区际公平。

龚胜生（2009）在综合分析了现有各种侧重于可持续发展系统要素定义的基础上，将可持续发展定义为：在生态承载力范围内，人类通过合理高效地利用自然资源，保持生态系统的完整性，维持资本系统的稳定性，维护社会系统的公平性，在不断提高人类生活质量的同时，实现生态系统、经济系统和社会系统的协同进化。在这个定义中，生态承载力是限制，人类需求的满足不能突破地球的生态承载力。生态系统的完整性、资本系统的稳定性、社会系统的公平性是中介，其中生态系统的完整性隐含生物的多样性；资本系统包括自然资本、人造资本和人力资本，资本结构可以变化，但资本总量则应保持恒定甚至与时俱增；社会系统的公平性包括代际公平、代内公平和区际公平。协同进化不是自发的，而是人类自觉的和有意识的广义的进化。①

2. 可持续发展的基本原则

（1）公平性原则。

这是可持续发展“需求”基本概念要求遵循的要素维原则，也可称为平等性原则。可持续发展不仅要求缩小地区之间发展的差距，促进区域间的平衡发展，满足当代全体人民的需求，求得空间维的同代人的公平；而且要求不损害后代人满足其需求的能力，求得时间维的代际之间的公平。公平性原则应该是“代内关系公平、代际关系公平、人地关系公平三者的统一”。公平的内容主要是经济政治权利的平等和资源分配利用的公平。

（2）持续性原则。

这是可持续发展“限制”基本概念要求遵循的时间维原则。可持续发展

---

① 龚胜生、敖荣军：《可持续发展基础》，科学出版社 2009 年版，第 24—25 页。

“不是一条仅能在若干年内在若干地方支持人类进步的道路，而是一条一直到遥远的未来都能支持全球人类进步的道路”①。可持续发展要求满足需求，同时也要求人类保护与加强资源基础的负荷能力，即在满足需求时不损害后代满足需求的能力，不超出资源与环境的承载能力，不损害支持地球生命的自然系统，把对大气质量、水和其他自然因素的不利影响减少到最小程度，保持生态系统的完整性，从而达到资源的永续利用和生态、经济、社会的可持续发展。持续性原则体现了代际关系的协调与公平。

（3）区域性原则。

这是可持续发展系统本质特性要求遵循的空间维原则。时间总是一定空间上的历史，空间总是一定时间里的范围。可持续发展的区域性原则和持续性原则犹如时间和空间，既不可分割又不可替代。可持续发展要求在不均衡的地球表层建立良好的区际关系，促进共同的利益，缩小区域的差异。如果不消除工业化国家与发展中国家之间或国家内部地区之间的经济政治权利不平等和资源分配利用不公平，如果不妥善解决跨界的环境污染问题和公共领域的资源环境管理问题，作为“可持续发展核心”的和平与安全就会受到严重威胁，可持续发展最终将成为泡影。区际关系一定程度上是人类集团代内关系的表现，在此意义上，区域性原则体现了代内关系的公平和协调。

（4）协调性原则。

这是可持续发展系统功能优化要求遵循的关系维原则。可持续发展系统是由人口、资源、环境、经济、社会等要素组成的协同系统，为使该系统达到整体功能最优，必须使经济社会发展同资源利用与环境保护相适应，协调经济社会发展同人口、资源、环境之间的关系。可持续发展系统的协调性原则就是系统内在关系的协调，包括人地关系协调、区际（代内）关系协调、代际关系协调。平常我们所说的生态恶化与环境压力主要是人地关系不协调，贫富分化与地区冲突主要是区际（代内）关系不协调，滥用、浪费“从后代那里借用的环境资本”主要是代际关系不协调。

（5）共同性原则。

这是可持续发展系统整体性要求遵循的综合维原则。可持续发展的共同性原则包括相互关联的三个方面：①基本原则的共同性。无论何种空间尺度的可持续发展，都必须遵循公平性原则、持续性原则、区域性原则、协调性原则等基本原则。②总体目标的共同性。世界各国为了当代和后代的利益必须保护和利用环

---

① 世界环境委员会：《我们共同的未来》，王之佳、柯金良等译，吉林人民出版社 1997 年版。

境及自然资源，走可持续发展的新的进步道路是人类共同的未来，“可持续发展不仅是发展中国家的目标，而且也是工业化国家的目标”。③利益与责任的共同性。地球生态系统是一个相互依赖的整体，区域性环境与发展问题的影响不只局限于区域内部，而可能影响到全球范围。尽管人类是在不同的区域里和不同的政治制度下，以不同的措施和途径满足不同的需求，但人类面临的危机是共同的，迎接的挑战是共同的，维护的利益是共同的，必须采取共同的行动，承担共同的责任。①

四、绿色生态低碳发展理念

改革开放以来，伴随着中国城市化和工业化进程的突飞猛进，中国经济社会发展的可持续性正面临严峻挑战，传统工业文明的发展模式对我国和全球的能源、资源、环境等物质要素构成极大压力。另一方面，全球对气候变化的严峻性逐渐达成共识，温室气体减排和能源安全成为影响当今各国发展的重要因素，贯彻绿色发展、生态发展、低碳发展理念的发展模式日益成为发展模式转型的目标选择。

（一）绿色生态低碳发展理念的提出背景

作为快速工业化的发展中大国，中国也面临愈加严峻的能源安全问题。根据预测，到2020年，我国石油对外依存度将达到60%。可以说，全球温室气体减排的压力和自身发展的能源安全是中国在21世纪面临的重大挑战。因此，探索可持续的城乡发展模式是中国实现应对全球气候变化和快速城市化压力、落实节能减排和建设有中国特色生态文明的重要基础。②

党的十八大把生态文明建设作为一项历史任务，纳入了中国特色社会主义事业“五位一体”的总布局，这是顺应国际绿色、循环、低碳、生态发展潮流，实现科学发展做出的必然选择。蕴含着绿色、生态、低碳发展理念的生态文明建设上升为国家战略有其深刻的现实背景。

---

①　龚胜生：《论可持续发展的区域性原则》，《地理学与国土研究》1999年第2期。

②　王富平：《低碳城镇发展及其规划路径研究》，清华大学2010年博士学位论文，第27页。

1. 绿色发展、生态发展思想的形成背景

党的十七届五中全会在审议《中华人民共和国国民经济和社会发展第十二个五年规划纲要》中，特别强调要坚持把建设资源节约型、环境友好型社会作为加快转变经济发展方式的重要着力点，加大生态和环境保护力度，提高生态文明水平，增强可持续发展能力。

绿色发展、生态发展思想是针对我国改革发展成果背后的环境代价进行深刻战略反思的结果。我国环境污染问题严重，生态环境总体恶化趋势尚未得到根本扭转。2011 年 11 月，世界卫生组织公布了首个空气质量数据库，在全球 91 个国家和地区首都城市和人口超过 10 万的近 1100 个城市中，中国最好的城市是海口，排名 830 位，北京排名 1053 位。2013 年 1 月份我国从东北、华北到中部乃至黄淮、江南地区，出现大范围、长时间严重雾霾，影响面积 130 多万平方公里，受影响人口达 6 亿。饮用水安全受到威胁，我国有 2.98 亿农村人口喝不上安全的饮用水。重金属、持久性有机污染物和土壤污染加重。环境污染给人民群众身体健康带来严重危害，环境群体性事件频发。生态系统退化，森林生态系统质量不高，水土流失、土地沙化和石漠化严重，自然湿地萎缩，草原退化，农田质量下降。海洋生态形势严峻，2009 年严重污染海域面积约 4 万平方公里。①

我国环境问题原因复杂，有产业结构、能源结构、技术水平、监督管理、气象条件等多方面的因素。但只要把环境保护放在首位，坚持实施绿色发展、生态发展、循环发展战略，坚持保护优先、防治结合、综合治理，强化水、大气、土壤等污染防治，坚持不懈，就能在推动经济持续健康发展的同时，实现环境质量的好转。

绿色发展、生态发展要求把资源利用、环境保护、生态建设和绿色产业的发展纳入城乡一体化的大格局中进行统筹。这是在传统发展基础上的一种模式创新，是建立在生态环境容量和资源承载力的约束条件下，将资源集约利用、环境保护与生态建设及其相关产业作为实现城乡可持续发展重要支柱的一种新型的发展模式。

2. 低碳发展、低碳城市理念的提出背景

低碳概念是在应对全球气候变化、提倡减少人类生产生活活动中温室气体排放的背景下提出的。英国在其 2003 年《能源白皮书》中首次正式提出“低碳经济”的概念。日本也紧随其后开始致力于低碳社会的建设，力图通过改变消费

---

① 解振华:《我国生态文明建设的国家战略》,《行政管理改革》2013 年第 6 期。

理念和生活方式，实行低碳技术和制度来保证温室气体排放的减少。

国内学者针对低碳城市和低碳经济也提出了各自的见解，例如强调“低碳生产”和“低碳消费”，以“低碳经济”为发展模式，以“低碳生活”为理念和行为特征，构建“低碳城市”。减少温室气体排放、改变理念和生活方式、以低的能源消耗获得最大产出等已经成为对低碳发展的共识。①

低碳概念的提出，并能够在发达国家中获得的广泛响应，是基于以下几方面原因：一是全球应对气候变化的客观需要，二是发达国家保障能源安全的国家发展要求，三是发达国家基本可以摆脱依赖高碳化石能源的经济发展形势，四是欧美国家在科技领导力和国际影响力方面的竞争。②

低碳发展对中国来说，既是挑战也是机遇。2009 年 8 月，全国人大十次会议听取和审议了国务院《关于应对气候变化工作情况的报告》，通过了积极应对气候变化的有关决议。决议认为，要紧紧抓住当今世界开始重视发展低碳经济的机遇，加快发展高碳能源低碳化利用和低碳产业，建设低碳型工业、建筑和交通体系，大力发展清洁能源汽车、轨道交通，创造以低碳排放为特征的新的经济增长点，促进经济发展模式向高能效、低能耗、低排放模式转型，为实现我国经济社会可持续发展提供新的持续动力。这是我国最高立法机构首次就应对气候变化和低碳发展问题作出的政府决议，它明确了低碳发展在促进我国经济发展模式转型和增加经济活力方面的重要地位。对城镇发展来说，这也是避免发达国家城镇发展高能耗、高排放的问题，更快实现城镇可持续发展的重要机会。目前全球只有发展中国家如中国和印度的城镇空间结构有较大的可塑性，引入新模式的建设成本相对较低。比如，欧美等发达国家 1 吨 CO_2 的减排成本在 200 欧元以上，而在中国这一成本可能仅为 40 欧元甚至更低。中国的碳减排行动比欧美发达国家具有更低的成本优势。③

2012 年，党的十八大报告中又明确阐述了“生态文明”构思，并且提出了“推进绿色发展、循环发展、低碳发展”、“建设美丽中国”的构想。随着我国经济社会的发展，加快农村建设以缩小城乡差距，是实现全面建成小康社会基本目标的有效途径。④“绿色发展、循环发展、低碳发展”是政府统筹城乡发展的又一伟大举措，是实现“建设美丽中国”的思想保证和行动指南。

---

① 刘志林、戴亦欣、董长贵、齐晔：《低碳城市理念与国际经验》，《城市发展研究》2009 年第 6 期。

② 王富平：《低碳城镇发展及其规划路径研究》，清华大学 2010 年博士学位论文，第 27 页。

③ 王富平：《低碳城镇发展及其规划路径研究》，清华大学 2010 年博士学位论文，第 29 页。

④ 李兵弟：《城乡统筹背景下的美丽乡村建设》，《小城镇建设》2013 年第 2 期。

综上所述，“低碳发展”不仅是国际气候变化的政治、舆论要求，更是中国解决城镇化进程中的能源安全问题，谋求自身可持续发展的现实需要，并且逐渐在中国快速工业化、城镇化的发展背景下，与已有的城镇可持续发展探索成果呈现出整合发展趋势。中国发展低碳城市是科学发展观在“十二五”规划中的具体体现，是建设中国城市资源节约、环境友好、居住适宜、运作安全、经济健康的长期发展之路，着力于推进低碳理念在城市规划、交通系统、节能减排等城市运营核心领域的实施。① 随着生态文明上升为国家战略，未来中国城市的发展方向必然更加坚定地朝着低碳、生态、绿色的方向迈进。

（二）绿色生态低碳发展理念的基本内涵

统筹城乡绿色发展，就是通过构建一体化的资源开发利用通道、均等化的环境保护设施及标准体系、网络化的生态系统，以及要素自由流动的绿色产业集群，统筹城乡绿色发展，实现城乡绿色共荣。随着国际社会加快迈入绿色经济时代，统筹城乡绿色发展已经成为统筹城乡发展的重要支撑②。

统筹城乡生态发展，就是坚持城乡发展必须以当前自然环境资源的实际承载力为限度，充分考虑工作和生活于其间的城乡民众的幸福感和舒适指数，城市空间与乡村空间之间的适度比例，城乡生态空间总体上要有足够的开放度，体现城乡生态空间各自的特质和区分度。建设生态城市，必须运用生态学原理和循环经济理论，以满足人与自然的协调发展为主题，实现经济、社会、环境协调发展，并最终实现城乡一体化发展。

统筹城乡低碳发展，就是实现城市与乡村在低碳发展、低碳经济、低碳社会、低碳生活方面的低碳化转型。

低碳发展，就是以低碳排放为特征的发展，主要是通过节约能源提高能效，发展可再生能源和清洁能源，增加森林碳汇，降低能耗强度和碳强度，实质是解决能源可持续问题和能源消费引起的气候变化等环境问题。③

低碳经济概念最早见诸政府文件是在 2003 年的英国能源白皮书《我们能源的未来：创建低碳经济》，是在应对气候变化，减少碳排放的大背景下提出的。英国低碳经济包括了通过税收、贸易或标准为碳定价、鼓励低碳科技的创新以及

① 《中国低碳城市从“理念”进入实质性发展规划》，《低碳世界》2012 年第 1 期。

② 李红玉：《从绿色发展视角看统筹城乡发展》，《学习与探索》2012 年第 10 期。

③ 解振华：《我国生态文明建设的国家战略》，《行政管理改革》2013 年第 6 期。

减少碳排放的措施，还包括了制止森林砍伐、发展碳汇林业、适应气候变化能力建设等一系列措施。国内学者的观点认为，低碳经济是以低能耗、低污染、低排放为基础的经济模式，其实质是能源高效利用、清洁能源开发、追求绿色GDP的问题，核心是能源技术和减排技术创新、产业结构和制度创新以及人类生存发展观念的根本性转变。①

低碳社会，是一种新型的社会发展模式或整体形态，它以低能耗、低排放、低污染为基本特征，以人与自然与社会的价值和谐为根本的逻辑基础和价值依据，以经济系统、政治系统、文化系统、生活方式系统共同构成的大社会系统的整体性变革为实现路径，最终能够有效降低碳排放、解决全球气候变化问题并以此实现人与自然与社会的全面协调可持续发展的终极目标②。

低碳生活，就是指个人生活作息时所耗用的能量要尽力减少，从而低碳，特别是二氧化碳的排放量，从而减少对大气的污染，减缓生态恶化，主要是从节电节气和回收三个环节来改变生活细节。低碳生活可以简单地理解为，减少二氧化碳的排放，低能量、低消耗、低开支的生活方式。如今，这股风潮逐渐在我国一些大城市兴起，潜移默化地改变着人们的生活。低碳生活代表着更健康、更自然、更安全、返璞归真地去进行人与自然的活动，是一种经济、健康、幸福的生活方式，它不会降低人们的幸福指数，相反会使我们的生活更加幸福。

---

① 汪光焘:《积极应对气候变化，促进城乡规划理念转变》,《城市规划》2010年第1期。

② 赵晓娜:《中国低碳社会构建研究》，大连海事大学2012年博士学位论文，第27—30页。

第二章　低碳城乡与中国特色城镇化

低碳发展作为应对全球气候变化而提出的一种理念模式，需要立足各个国家和区域的发展阶段，依托具体的发展路径来落实和体现。中国作为发展中国家，处于工业化中期和城镇化快速推进阶段，面临工业化、信息化、城镇化、市场化、国际化的多重机遇与任务，需要将低碳理念融入中国当前的新型工业化、新型城镇化轨道，赋予中国特色城镇化道路的低碳内涵，以低碳理念引领城乡协调发展，以城乡协调发展落实低碳减排目标，实现低碳模式与城乡协调发展的同步推进。

一、低碳城乡发展的内涵

低碳城乡发展是低碳理念模式与中国推进城乡统筹发展任务的有机结合，在城市与农村两类地域单元上探索符合区域特色的低碳发展模式，科学评价城市和农村在碳排放中的比例及作用，考察不同城乡协调发展模式对碳排放的影响，扭转在低碳发展中重城轻乡的惯性思维，将低碳理念融入统筹城乡发展进程，在城乡协调发展过程中贯彻低碳减排目标，实现低碳减排与城乡统筹的同步合一与协调推进。

低碳城乡发展的科学内涵可概括为：以低碳生态文明理念引领城乡规划、建设、管理的全过程，以统筹城乡能源消耗与碳排放来实现低碳发展目标，构建城乡低碳意识普及化、产业系统生态化、空间结构集约化、交通联系低碳化、城乡建筑节能化的新型城乡发展模式。如图 2—1 所示。

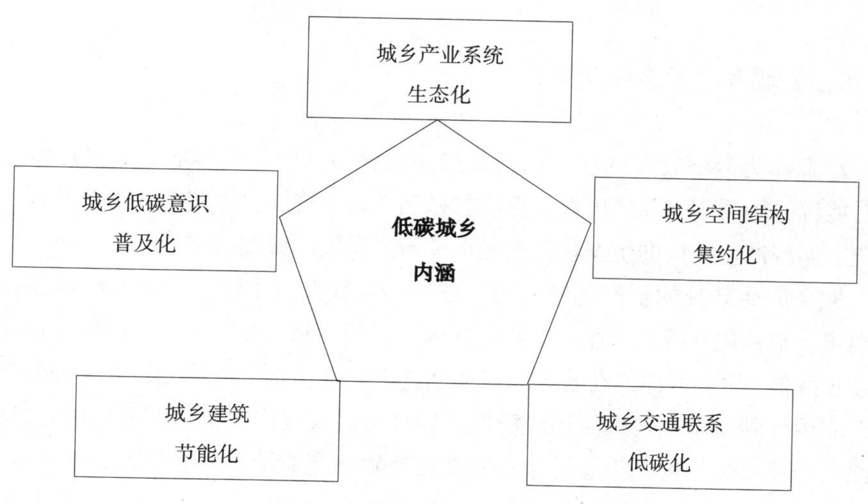

图 2—1 低碳城乡发展的科学内涵

（一）城乡低碳意识普及化

建设低碳社会不仅需要在生产领域应用清洁能源、推广低碳技术、发展低碳产业，在生活领域也需要培养低碳生活理念来贯彻低碳社会建设的目标，而低碳生活理念的培养需要普及低碳意识，让广大居民正确认识低碳经济的本质内涵、导致碳排放的源头及培养绿色低碳的生活习惯。低碳城乡发展，其中内涵之一就是通过广大城乡居民低碳意识的普及与低碳生活习惯的坚持，发挥居民在建设低碳社会中的主观能动性，实现生活领域的节能减排与绿色生态。

目前，社会环保组织、志愿者协会、大学生团体等社团组织利用地球日、环保日等节日契机，走上社会、深入社区宣传低碳知识，倡导居民低碳生活理念，对城市居民普及低碳意识、提高践行低碳生活的自觉性起到了极大的促进作用。但是，这种宣传的覆盖面主要针对人口密集的城市地区，广大农村居民接受这样的宣传机会较少，对低碳社会、低碳生活的认识与城市居民存在较大差距，农村居民会简单地把勤俭节约等同于低碳，或把低碳减排与提高生活水平福利对立起来，缺乏从自己、身边做起，履行低碳社会行为的主动性及正确的低碳生活方式。因此，低碳城乡的发展需要改变低碳意识普及、宣传过程中的重城轻乡现状，依托新农村建设和农家书屋的实施，大力宣传低碳社会的趋势所向与低碳生活习惯，在提高农村居民生活水平、改善农村人居环境过程中同步普及低碳理念，提高农村居民践行低碳社会的主动性与自觉性。

（二）城乡产业系统生态化

产业作为经济发展的主要部门是能源消耗与温室气体排放的主要环节，产业对能源的利用效率及产出效益直接关系到低碳减排的目标实现。构建低碳产业系统、实现产业结构的生态化转型是低碳城乡发展的必然要求。

城乡产业系统的生态化转型与产业结构升级并行不悖，一方面产业结构向高端化、服务化升级是产业发展的内在规律，相伴随的能源消耗与碳排放强度也会逐步降低；另一方面，在既定的产业结构格局下，推广清洁能源、先进生产工艺，应用低碳技术、引入循环经济模式同样可以实现产业部门节能减排的目标。因此，产业系统的低碳生态转型不能单纯地依赖产业结构升级带来的减排效应，我国整体处于工业化中期阶段，决定了工业化、城镇化、市场化、信息化、国际化背景下完成工业化是不可逾越的历史任务，唯有走新型工业化道路、转变传统工业发展方式才是兼顾发展阶段与低碳减排目标的理性选择。

城乡产业系统生态化转型进程中，应该看到，城市在转变经济发展方式、建设两型社会等约束机制下，对能源的利用效率与碳排放强度会明显下降，但农村为应对城镇人口不断增长拉动的农产品需求，会增大对农村土地的耕作力度，加大化肥、农药的施用强度，我国农用化肥施用量由 1978 年的 884 万吨增加到 2011 年的 5704 万吨，如图 2—2 所示，加剧了面源污染和碳排放负荷。因此，

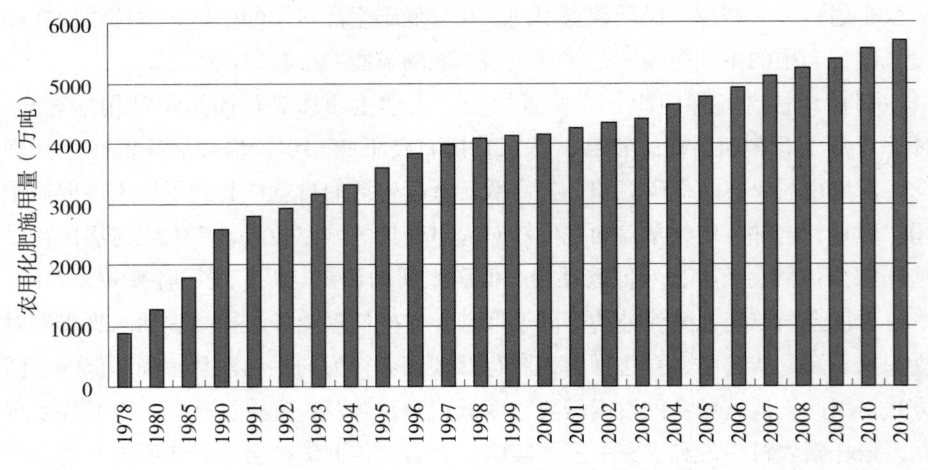

图 2—2　全国历年农用化肥施用量（1978—2011）

数据来源：《中国统计年鉴 2012》。

构建城乡低碳产业系统进程中，不仅要强化对城市、工业的节能减排约束，也要加大对农村、农业的能源消耗、碳排放与面源污染的监测控制，大力发展低碳农业、有机农业、生态农业，推广测土配方施肥，发展有机肥采集利用技术，减少不合理的化肥施用，实现传统农业向现代农业转型中的低碳减排目标。

（三）城乡空间结构集约化

区域空间结构就是各种经济活动在区域内的空间分布状态和空间组合形式，空间结构不仅是区域经济发展阶段的表征，也对区域经济运行效率发挥主宰作用。城乡空间结构包括城镇等级体系结构与城镇的空间布局模式，健全的城镇等级规模结构表现为不同等级城镇的数量合理及匹配科学，可以发挥各自的规模与职能优势，对集聚产业、承载人口、促进城乡关联发展具有正向促进作用，以最小的经济社会成本实现城乡关联互动发展，进而推动城镇化进程；合理的城镇空间布局模式能够高效组织城乡生产要素流动，且最大限度地降低不必要的交通需求和交通运输成本，从而在源头控制能源消耗与碳排放。

当前我国城镇空间结构呈现快速蔓延、无序扩张的势头，造成城市建设规模不断扩大、通勤效率降低、资源利用成本升高、城市化质量下降，农村土地粗放、空心村蔓延、人居环境退化等方面问题。这样的城镇化进程，超出了我国土地资源的承载能力，脱离了我国人均耕地不足的国情。实际上，我国适宜人类居住与生产生活的地域面积只占国土面积的26%，且人均耕地面积只有世界平均水平的1/3①，我国的国情约束不能效仿美国依靠私家车和大量能源供给支撑的低密度蔓延式城镇化模式，因为我国2011年城镇化率刚刚达到51.3%，未来城镇化进程对土地的需求仍然很大，但城镇土地利用模式对能源、资源消耗量的影响非常直观，且受规划刚性影响，这种扩张模式和能源消耗模式，一经形成就难以改变。故符合我国国情的城乡协调发展模式，必然要求推行紧凑型的城镇空间结构，综合体现节地、节能、节水、节材为特征的资源节约、环境友好型社会目标。因此，城乡空间结构集约化要求在低碳城乡发展中，合理发挥不同等级规模城镇在区域城镇化进程中的作用与优势，科学规划各等级城镇在地域空间上的布局，体现集约用地、紧凑型布局的城镇空间格局。

---

① 仇保兴:《应对机遇与挑战——中国城镇化战略研究主要问题与对策》（第二版），中国建筑工业出版社2009年版，第50页。

（四）城乡交通联系低碳化

交通作为连接城乡的重要通道与载体，在城乡经济协作、功能辐射、要素互通等方面发挥重要作用。目前，随着对统筹城乡发展战略的实施，城乡交通一体化规划与布局日益受到各级区域的重视，纷纷提出以城乡交通一体化构筑城乡一体化发展格局的举措。低碳发展理念下的城乡交通，必然要求在城乡交通一体化规划、建设、管理中贯彻低碳减排与生态环保的理念，以发挥城乡交通一体化、网络化的整体效益，合理配置不同交通运输方式的优势与组合效率，科学布局不同运输方式的衔接与枢纽建设，提高交通运输的能源效率，改善交通运输的用能结构，优化城乡交通联系的发展方式。

位于大城市周边郊县及远城区的城乡交通，应纳入大都市交通规划，适时通过轨道交通密切城乡联系，这既能提高这些区域区位优势与通达性，又能为分担中心城区部分城市职能缓解城市病。普通地级城市及县域在城乡一体化交通规划中，应秉承低碳生态、绿色环保的理念，多采用高架桥——经济成本高但节约耕地、符合绿色生态要求的联结通道，在高速公路、高架桥、国道、省道沿线配套绿化建设，通过平面绿化、立体绿化提高道路的生态性与固碳增汇能力。县域内部开行公交线路等公共交通连接城关镇与一般集镇与农村，并根据交通流量提高公交线路的覆盖面与车次频率，确定合理的公交价格，改善公共交通的硬件、软件服务质量，让公共交通成为村镇居民出行的首要选择。这既满足村镇居民生产、生活的交通需求，又能体现公共交通节能减排的要求。

（五）城乡建筑节能化

我国是处于快速工业化和城镇化阶段的人口大国，也是建筑大国，每年新建房屋面积高达 17 亿—18 亿平方米，超过所有发达国家每年建成建筑面积的总和。随着城镇化率的提高，城市建筑和商品房面积快速增长，新农村建设的推进使农村居民改善住房的需求逐步释放，且随着农民收入提高用于住房建筑的投入增长很快，这都带动了城乡建设事业迅猛发展。另一方面，我国节能建筑比例很低，据统计，中国既有的近 400 亿平方米建筑，仅有 1% 为节能建筑，其余无论从建筑围护结构还是采暖空调系统来衡量，均属于高耗能建筑。单位面积采暖所耗能源相当于纬度相近的发达国家的 2—3 倍。这是由于中国的建筑围护结构保温隔热性能差，采暖用能的 2/3 被浪费掉。而每年的新建建筑中真正称得上“节能建筑”的还不足1亿平方米，建筑耗能总量在中国能源消费总量中的份额已超过27%，逐渐接近三成。

因此，低碳城乡发展必然要求在城乡建设过程中，秉承低碳减排与节能环保理念，新增建筑和既有建筑节能改造要遵行建筑能耗与节能要求，按照绿色建筑指标要求来规范建筑的规划与建设管理，提高使用节能材料的比重、应用清洁能源、集中规划热能供应与流量管理，实现从建筑建设、使用、维护全过程的节能降耗。应该看到，城市在推广节能建筑、绿色建筑方面拥有资金、技术等多方面优势，且人口密度高、能源供应集中，城市对光污染等城市病问题的日益重视，都为城市建筑低碳化提供了机遇与条件。相比之下，农村实施建筑低碳节能化遇到认识上不够重视、投入上力不从心、实施上不够坚决等阻力与问题，因此，需要特别重视农村建筑节能化的推广与应用，利用新农村建设契机，推进节能型农宅建设，结合农村危房改造加大建筑节能示范力度，因地制宜、多能互补发展小水电、风能、太阳能和秸秆综合利用。科学规划农村沼气建设布局，完善服务机制，加强沼气设施的运行管理和维护。需要注意的是，各地区需立足各区域的自然环境条件探索符合地理特征的节能建筑式样，切不可盲目效仿和照搬其他区域的现成模式，因为同样的建筑式样与风格在不同地理环境下的能耗水平会差异很大。

二、中国特色城镇化道路

两千多年前，亚里士多德说：“人们为了生活来到城市，为了更好地生活，留在城市”。城市化是世界发展的趋势，全球发达国家都具有较高的城市化率。李克强总理讲：“改革是最大红利，城镇化是最大潜力”。城镇化过程可以拉动投资需求与消费需求、促进发展方式转变，也可以在人口集聚过程中着力改善民生、建成全面小康。

党的十六大报告明确地指出：“农村富余劳动力向非农产业和城镇转移，是工业化和现代化的必然趋势。要逐步提高城镇化水平，坚持大中小城市和小城镇协调发展，走中国特色城镇化道路。”国家“十一五”规划纲要提出：“促进城市健康发展，坚持大中小城市和小城镇协调发展，提高城镇综合承载能力，按照循序渐进、节约土地、集约发展、合理布局的原则，积极稳妥地推进城镇化，逐步改变城乡‘二元结构’。要把城市群作为推进城镇化的主体形态逐步，形成若干城市群为主体，其他城市和小城镇点状分布，永久耕地和生态功能区间隔，高效协调可持续的城市空间格局”。党的十七大报告进一步指出：“走中国特色城镇化道路，按照统筹城乡、布局合理、节约土地、功能完善、以大带小的原则，促进大中小城市和小城镇协调发展”，并强调要“以增强综合承受能力为重点，以特大城市为依托，形成辐射作用大的城市群，培育新的经济增长极”。中国特色城镇化道路的确立为我国未来的城镇化指明了方向

（一）中国特色城镇化道路的内涵

城市化是由农业为主的传统乡村社会向以工业和服务业为主的现代城市社会转变的历史过程，具体包括人口职业的转变、产业结构的转变、土地及地域空间的变化。城市化是经济社会整体进步的体现，不仅表现在城市数目的增多和城镇人口比例的扩大，更需要有产业结构高端化演进、居民生活水平上升、基础设施和公共服务便利、生态环境优良、城乡协调互补发展、人口素质和社会秩序提升等多方面体现。衡量城市化水平，用城市人口占总人口的比重，即城市化率来衡量。我国 2012 年整体城镇化率 52.6%，但我国城镇人口的统计是宽口径，即在城镇居住半年以上的农民工群体也被统计入城镇人口；而真正从户籍统计角度，我国非农业人口比例为 35.1%。35.1% 和 52.6% 之间的差距是 2.6 亿的农民工和他们家属，这是我国城镇化进程中的特殊现象，半城镇化群体，也是农民工市民化的对象。

“城市化”具有世界普遍趋势，也是国际理论界的标准术语；“城镇化”是我国官方的统一提法，出现在国家制定的各类规划（如：“十一五”规划、“十二五”规划）和报告（如：党的十七大报告、十八大报告）中，体现为中国国情下城市化道路的描述，强调小城镇对城镇化的贡献，即大中小城市与小城镇共同承载中国的城市化人口。

结合城镇化道路的基本内涵和中国特色城镇化道路的基本方向，中国特色城镇化道路的基本内涵可概括为：一是在市场化原则指导下，遵循工业化与城镇化、农村与城市、农业与工业协调发展的城镇化规律，以城乡统筹为主线，通过“以工带农”和“以城促乡”，实现农业与工业、农村与城市的协调发展，加强工业化对城镇化的推动作用和城镇化对工业化的带动作用，促进工业化与城镇化协调发展，是一条城乡协调、工农协调、工业化与城镇化协调发展的城镇化道路；二是考虑到后代人的需要和中国人口、资源与环境方面的具体国情，中国特色城镇化道路从过去的外延扩张型转变为内涵提高的集约型，从城市数量的增加转变为城市功能完善，进一步完善土地市场，合理开发和节约使用各种自然资

源，提高资源使用效率，协调城市建设、经济发展和人口、资源、环境之间的关系，走集约型、可持续发展的新型城镇化道路。三是在布局合理，以大带小的原则下，通过大中小城市和小城镇并举、东中西各有差异以及城市群的积极培育等城镇化战略，实现大中小城市和小城镇的协调发展及区域的协调发展。

（二）中国特色城镇化道路的特征

1. 统筹城乡发展的城镇化道路

在城镇化发展的不同阶段，城镇化的侧重点是不同的。在城镇化启动和快速发展时期，城市对人口、产业的吸引和聚集作用处于主导地位；其后，城镇化以城市对农村的扩散和辐射作用为主；而在城镇化的平稳发展阶段，人口和产业在城市和农村之间的转移则处于一种均衡状态，这是世界城镇化进程所表现的一种客观规律。① 党中央在充分认识这一客观规律的基础上，深刻总结新中国成立以来我党处理城乡关系的经验教训，结合我国城乡二元结构突出的具体国情，把城市和农村一起纳入我国城镇化范畴，把两者的统筹发展作为中国特色城镇化道路的一条基本原则，这既是解决“三农”问题的重大战略，也是增强城市发展后劲的有效措施。统筹城乡发展就是要把城市与农村、农业与工业、农民与市民作为一个整体，纳入整个国民经济与社会发展全局之中进行通盘筹划，统筹解决城市和农村经济社会发展中出现的各种问题，充分发挥工业对农业的支持和反哺作用、城市对农村的辐射和带动作用，建立以城带乡、以工促农、城乡互进共促的新机制，促进城乡的协调发展，实现城乡一体化的目标。统筹城乡发展既包括制度层面的统筹，也包括经济发展要素层面的统筹，还包括城乡关系层面的统筹。中国特色城镇化道路按照统筹城乡发展的原则，以户籍制度为突破口，加快推进劳动就业制度、教育制度、社会保障制度、城乡规划、产业布局、基础设施建设、公共服务一体化等方面改革，促进公共资源在城乡之间的均衡配置，生产要素在城乡之间的自由流动，基本公共服务在城乡人口之间的均等享有；加大城市工业对农业的反哺力度，从资金、技术、人才、信息等多方面、多渠道扶助和支持农业，切实做到“以工带农”；加快中心城市和城市群的建设，通过城市群和中心城市的辐射带动作用，推动农村经济和社会的发展，切实做到“以城带乡”。

① 中国科学院可持续发展战略研究所:《2005 年中国可持续发展战略报告》，科学出版社 2005 年版，第 92 页。

2. 可持续发展的城镇化道路

可持续发展是既要满足当代人的需求，又不损害后代满足其需求能力的发展。其核心是人与自然，经济、社会与环境的和谐发展。在城镇化过程中，探寻一条最佳的城镇化道路，实现经济、社会、环境的协调发展，达到经济效益、社会效益和生态效益的最大化，就是可持续发展的城镇化。回顾英、美、法、日等西方发达国家的城镇化历程，可以看到，每次城镇化都带来了生态严重破坏、资源过度利用、环境严重污染等问题。因此，我国的城镇化道路，决不能步西方发达国家对资源环境破坏的后尘，避免走西方国家先污染后治理、先蔓延后整治的弯路，必须走城市与生态、城市与农村、城镇化与新型工业化协调发展的可持续发展的道路。宜居土地有限、水资源短缺是中国的基本国情，而中国的城镇化规模将是人类历史上空前的，如果按照传统的城镇化发展模式，将对资源环境形成较大的压力。中国特色城镇化道路在节约土地、功能完善的原则下，把可持续发展放到突出位置，从过去的外延扩张型道路转变为内涵提高的集约型道路，从促进城市数量的增加转变为促进城市质量的提高，是一条可持续的新型城镇化道路。要进一步完善土地市场，切实保护、合理开发和节约使用各种自然资源，提高资源的使用效率，实现人口、经济、资源、环境之间的协调发展；要加强城市基础设施建设和管理体制改革，完善城市的政治、经济、文化和社会功能，完善中心城市的积聚和扩散功能、生产功能、服务功能、就业功能、创新功能等多项功能。此外，中国特色城镇化道路在市场化原则指导下，遵循工业化与城镇化、农村与城市、农业与工业协调发展的城镇化规律，加强工业化对城镇化的推动作用，强化城市、城镇发展对工业化的带动作用，促进工业化与城镇化协调发展，提出要与科技含量高、经济效益好、资源消耗低、环境污染少、人力资源优势得到充分发挥的新型工业化道路相适应，从实际出发，因地制宜，走一条健康的、结构多元化的，可持续发展的城镇化道路。

3. 协调发展的城镇化道路

由于我国人口众多，农村人口比重大，不可能让大部分人都涌向大城市，只搞集中型的大城镇化。同时，由于小城镇集聚效益和规模效益差，只搞分散型的小城镇化也不符合中国资源的基本国情。中国特色城镇化道路选择了大中小城市和小城镇并举但各有侧重的城镇化发展战略，是大中小城市与小城镇协调发展的城镇化道路。包括超大城市和特大城市在内的大城市，是我国参与国际竞争的重要承载体，今后应大力发展高技术产业的现代服务业，促进产业结构优化和升级，提高其综合竞争力。大中城市绝大多数分布在交通干线上，基础设施相对比较完善，产业基础比较雄厚，服务业发展潜力大，劳动力的需求旺盛。大中城市作为中国特色城镇化道路的核心，应当加快并强化大中城市建设，发挥其区域经济中心和交通中心的优势，增强其经济实力和辐射带动能力。小城市和小城镇是城乡经济发展与交流的桥梁和纽带，小城市和小城镇的发展不仅需要完善和发展大城市带与城市群来引导，使其成为吸纳和接收大城市功能辐射的地区，同时随着大城市产业结构的升级和调整，小城市和小城镇也需要加强自身基础设施建设，主动承接大城市的产业转移，形成具有一定辐射和带动能力的农村区域经济中心。

考虑到我国各地区经济发展条件和水平差异较大的现实国情，中国特色城镇化道路根据各地经济社会发展水平、区位发展条件，实施差异化的城镇化战略，是区域协调发展的城镇化道路。东部地区自然条件优越，区位条件理想，经济发展水平高，城镇化水平相对较高，以特大城市和大城市为依托的城镇体系已初步形成，已步入城镇化中期阶段。应进一步加强长三角、珠三角、京津塘等大都市带的建设，以此作为中国参与国际竞争的重要基地；同时，积极利用城市群中心城市的辐射作用，推动小城市和小城镇的发展，形成城乡协调发展的局面。中部地区自然资源较为丰富，交通运输比较发达，大中城市比较密集，空间分布比较集中，城镇体系框架已基本形成但还不够完整，城镇化正处于初级阶段向中级阶段转换的过渡期。城镇化道路的重点应放在大、中型的中心城市的建设和发展上，增加这些城市的聚集和扩散能力，形成以大、中城市集中发展，带动中小城市和小城镇发展的格局。西部地区地广人稀，能源和矿产资源丰富，但自然生态环境恶劣，工农业生产基础薄弱，交通和通信设施落后，城镇体系的发育程度较低，大多数省区还处在城镇化的初级阶段。应积极完善现有大城市的区域中心功能，发挥其集聚和扩散效应，带动整个区域的发展；重点发展一批二级中心城市，以分担中心城市的压力和带动小城镇的发展；在一些基础条件好、交通便利的地区，重点建设一批小城市（镇），使其成为区域经济增长极。

4. 以城市群为主体形态的城镇化道路

作为特定的区域范围内较完整的城市“集合体”，城市群具有较强空间集聚和辐射带动能力，能促进大中小城市和小城镇的协调发展，促进区域经济的协调发展。从各国城镇化的模式看，当城镇化进入一定阶段后，城市群已逐渐成为城镇化进程中的主体形态。日本的东京、阪神、名古屋三大都市圈组成的日本东海道城市群集中了全国 65% 的人口和 70% 的国内生产总值；由伦敦、巴黎、米兰、慕尼黑和汉堡组成的五边形大都市区，集中了欧盟 40% 的人口和 50% 的国内生产总值；美国的大纽约区、大洛杉矶区和五大湖区三大城市群集中了全国67%的国内生产总值。[①] 在经济全球化的当今世界，国家之间的经济竞争将更多是城市之间，尤其是城市群之间的经济竞争。通过加快城市群发展，带动本国或区域经济发展，提升经济竞争力，已成为各国经济发展和城市现代化过程中的重要举措。为适应经济全球化和区域经济的发展要求，中国特色城镇化道路把城市群作为推进城镇化的主体形态，强调要以增强综合承受能力为重点，以特大城市为依托，形成辐射作用大的城市群，培育新的经济增长极。目前我国京津冀、长三角、珠三角三大城市群发展速度较快，占全国经济的比重逐渐提高，已成为中国经济发展的引擎，要继续发挥其带动和辐射作用，加强城市群内各城市的分工协作和优势互补，增强城市群的整体竞争力；山东半岛城市群、辽中南城市群、中原城市群、长江中游城市群、海峡西岸城市群、川渝城市群和关中城市群七大城市群已露端倪，显示出强劲的发展势头，要给予合理的引导，使其成为中国经济未来的增长极；以长沙、株洲、湘潭为中心的湖南中部，以长春、吉林为中心的吉林省中部，以哈尔滨为中心的黑龙江中北部、以南宁为中心的北部湾地区，以乌鲁木齐为中心的天山北坡地区已具备了城市群发展的条件，要加强统筹规划，以特大城市和大城市为龙头，发挥中心城市作用，形成若干用地少、就业多、要素集聚能力强、人口分布合理的新城市群。

（三）新型城镇化道路

党的十八大报告提出走新型城镇化道路，新型城镇化道路是中国特色城镇化道路的升华，它是立足发展阶段、顺应城市化发展趋势、解决城镇化积累问题的新型理念与模式，尽管目前对新型城镇化的内涵和特征尚无统一的界定，作者认为新型城镇化的新意体现在五个方面：

1. 发展理念——以人为本

李克强总理强调，新型城镇化的核心是人的城镇化。推进城镇化的出发点和落脚点应体现为以人为本、改善民生。城镇化进程让人们从农村聚居在城市，因为城市有更多的就业机会、更高的收入水平、便捷的基础设施和完善的公共服务，能够实现人的全面发展，即城市让生活更美好。因此，推进新型城镇化必须

① 王群会：《以城市群为主体形态推进城市化健康发展——第二次中国城市群发展研讨会观点综述》，《中国经贸导刊》2005年第19期。

着眼于人作为主体，政府在城镇化过程中职责需要依据人口结构变化，适时规划基础设施和公共服务，做好社会管理，体现以人为本。2013 年底召开的中央城镇化工作会议提出“新型城镇要以人为本，推进以人为核心的城镇化，提高城镇人口素质和居民生活质量，把促进有能力在城镇稳定就业和生活的常住人口有序实现市民化作为首要任务。”

2. 空间形态——培育城市群

在我国的城镇化发展历程中，城镇化发展方针先后经历了“政府严格控制的曲折城镇化道路”、“抓小控大的农村城镇化道路”、“以中小城市为主的多元化城镇化道路”和“中国特色的可持续发展的城镇化道路”多次调整。中国的城镇化道路究竟是优先发展大城市还是优先发展中小城市（镇）更符合中国国情，目前仍存在争议尚无定论。不同规模城市在城镇化进程中的角色与作用不尽相同，产生的复合效应也有所区别。我国“十一五”规划提出以城市群（圈）作为推进城镇化的主体形态，2013 年底召开的中央城镇化工作会议，再一次强调“要优化城镇化布局，根据资源环境承载能力构建科学合理的城镇化宏观布局，把城市群作为主体形态，促进大中小城市和小城镇合理分工、功能互补、协同发展。”这样的论断既是顺应了城市化的发展趋势，实际上也是否定了大、中、小城市在城镇化进程中的对立性，调和了不同观点的争议。因为城市群（圈）本身是由不同等级规模的城市体系构成，以城市群（圈）为主体形态即要求不同等级规模的城市在城市群的框架规划下各司其职、发挥各自的比较优势，有分工有协作，在推进一体化融合过程中实现城镇化的最大效益。因此，在“十二五”时期推进城镇化必然要依托城市群（圈）为地域组织形式，提高空间组织效益来适应这样的发展趋势①。

3. 资源环境——生态文明

党的十八大报告提出“把生态文明建设放在突出地位，融入经济建设、政治建设、文化建设、社会建设各方面和全过程”。城市是一个复杂的自然和社会生态系统，城市可持续发展要适应生态环境的多样性，适应其资源潜力和社区需要。随着对全球气候的关注和发展低碳经济的共识，城镇化演进中人们越来越关注生态环境的保护和资源的可持续利用，城市型产业代替传统的资源消耗型产业，清洁生产和循环生产等新的生产方式开始出现，许多老城市日益朝清洁型、

---

① 杨梅:《城镇化发展转型与西部地区的调整应对探讨》,《贵州农业科学》2013 年第 6 期。

生态型和适宜居住型方向转化。生态环境优美几乎是所有国际性大都市的共同特征，也是现代城市社区共同追求的目标之一。建设生态文明，要求以生态文明的理念引领城镇化进程，即通过绿色建筑、绿色交通、绿色基础设施、绿色小区、绿色产业等来共同构建新型城市，实现工业文明向生态文明的转型。2013 年底召开的中央城镇化工作会议指出“新型城镇化要坚持生态文明，着力推进绿色发展、循环发展、低碳发展，尽可能减少对自然的干扰和损害，节约集约利用土地、水、能源等资源。”

4. 统筹兼顾——四化同步

党的十八大报告首次提出“四化”同步发展，阐明了我国当前发展阶段面临的多重机遇与历史任务，“四化”同步即新型工业化、信息化、城镇化、农业现代化同步发展。2013 年底召开的中央城镇化工作会议指出“城镇化与工业化一道，是现代化的两大引擎。走中国特色、科学发展的新型城镇化道路，核心是以人为本，关键是提升质量，与工业化、信息化、农业现代化同步推进。”处于工业化中期仍需推进新型工业化以提高创造财富的能力和效率，依托新型城镇化促进社会进步和建成全面小康，推进农业现代化破解三农束缚、缩小城乡差距、释放发展潜力，加快信息化步伐体现后发优势，运用以信息化为代表的科技手段加快结构升级和提高发展的质量效益。在四化同步过程中，城镇化具有引领作用，强化城镇化的产业支撑就是要协调与工业化的关系，强调统筹城乡发展就是要兼顾城镇化进程与农业现代化的关系，提升城市功能与发展质量需要借助信息化作为技术手段。因此，在“四化”同步中，新型城镇化是一个抓手，具有引领“四化”同步发展的作用，通过新型城镇化能够拉动工业化的转型升级，能够刺激信息化的融合发展，能够带动农业现代化进程。

5. 目标导向——质量效益

自 2002 年以来的新一轮经济快速增长周期中，各地方政府大力推动城镇化的积极性很高，通过投资拉动地方经济增长和城镇化进程，出现了以城镇化速度优先的冒进式城镇化倾向，突出地表现在城镇建设用地快速扩张，以“圈地”形式造成农民“被城镇化”，人为地加速城镇化进程，城市空间开发无序、大城市膨胀导致城市病集中爆发等现象。在“十二五”时期，这种片面追求速度忽略城镇化质量的发展思路已逐步开始转变，不再以单一的人口城镇化率作为衡量城镇化水平的唯一标准，而是按照中国特色城镇化道路的要求与内涵，从经济绩效、社会发展、生态环境、居民生活、空间集约、统筹城乡等指标方面综合评价城镇化发展水平，保证城镇化发展质量的前提下加快推进城镇化速度。

在我国各地探索推进新型城镇化的实践中，对新型城镇化的理解存在偏差容易导致陷入城镇化的误区，步入病态的城镇化发展模式，概括而言，有以下几种误区需要规避。

误区一：空心城镇化。城镇化发展缺乏产业支撑、房地产造城，国内一些城市被称为“空城”、“鬼城”就是先例。拉美过度城镇化也是大量农民涌入城市，但城市又没有那么多承载人口的产业，导致大量农民在城市周边形成贫民窟。

误区二：片面城镇化。城市化过程中只注重城市现代化，而忽视农村发展，形成“城市像欧洲、农村像非洲”，城乡二元结构没有随城镇化进程而缓解。

误区三：低端城镇化。城镇化发展有产业支撑，但支撑的产业是传统的、落后的、低端的，城市发展过度依赖传统工业，产业结构升级缓慢，第三产业比重低，经济发展方式粗放，造成城镇产业规模越大，能源消耗与环境污染越严重，城市生态环境质量不断下降，导致城镇化质量效益低下。

误区四：粗放城镇化。城镇化过程中资源的利用是粗放的、分散的，没有体现集聚集约效应。不同层级区域都盲目推进城镇化，没有立足本地区资源环境承载能力和自身的主体功能定位，如同乡镇企业兴起时“村村点火、户户冒烟”的遍地开花式城镇化，空间形态粗放、分散。美国的城镇化模式就是低密度蔓延的分散型城镇化，我国是不能效仿的，因为国情不同，美国是人少地多，而我国相反，是人多地少，所以我们要走紧凑型、集约型城镇化模式。

误区五：土地城镇化。土地财政的利益驱使，城市建成区摊大饼式扩张，城市新区不断涌现，土地城镇化速度快于人口城镇化，而相应的基础设施和公共服务配套滞后。

误区六：复制城镇化。城市建设中忽视历史文化遗产保护，抹杀城市历史底蕴和人文风格，使城市成为钢筋、水泥的森林，“千城一面”。

（四）城镇化质量①

我国“十二五”规划纲要提出“积极稳妥推进城镇化，不断提升城镇化的质量和水平”。党的十八大报告中将“城镇化质量明显提高”作为全面建成小康社会的发展目标，并且提出促进“四化”同步发展；2012 年中央经济工作会议提

① 郝华勇：《城镇化质量的现实制约、演进机理与提升路径》，《四川师范大学学报》（社会科学版）2014 年第 3 期。

出“要围绕提高城镇化质量，积极引导城镇化健康发展”。这些论断正是基于我国高城镇化率背后潜在的质量危机而提出。2013 年伊始的全国大范围雾霾再次使人们反思快速城镇化进程带给我们的后果，不禁质疑“城市让生活更美好”的判断。尽管 2012 年我国城镇化率达到 52.57%，但城镇化发展方式粗放、城市病不断凸显、城乡差距缩小缓慢、半城镇化现象亟待解决等一系列问题成为今后城镇化推进的困扰。一方面，宏观经济增长对城镇化寄予厚望，希冀通过城镇化进程拉动消费、转变经济发展方式；另一方面，传统城镇化理念带来的只有数量忽略质量的城镇化模式又束缚了经济发展方式转变，并造成新的社会矛盾。因此，促进城镇化的科学发展必然要求转向以质量为导向，明确城镇化的质量内涵、顺应城镇化质量的演进机理，提升城镇化发展质量，发挥城镇化促进经济增长、社会进步、环境改善、福利提升的多重正效应。

1. 城镇化质量研究述评

国内较早明确提出关注城镇化质量的学者叶裕民认为，城镇化质量的核心内涵是城市现代化，终极目标是城乡一体化①，此后一些学者如李成群②、王忠诚③、许宏④、李明秋⑤等均遵循该内涵展开研究。其他学者从不同维度剖析城镇化质量，如常阿平⑥、顾朝林⑦、王家庭⑧、王德利⑨、王钰⑩、方创琳⑪、王洋⑫等学者从经济城镇化、人口城镇化、空间城镇化、社会城镇化等方面构建评价体系开展

① 叶裕民:《中国城市化质量研究》,《中国软科学》2001 年第 7 期。

② 李成群:《南北钦防沿海城市群城市化质量分析》,《改革与战略》2007 年第 8 期。

③ 王忠诚:《城市化质量测度指标体系研究》,《特区经济》2008 年第 6 期。

④ 许宏、周应恒:《云南城市化质量动态评价》,《云南社会科学》2009 年第 5 期。

⑤ 李明秋、郎学彬:《城市化质量的内涵及其评价指标体系的构建》,《中国软科学》2010 年第 12 期。

⑥ 常阿平:《我国城市化质量现状的实证分析》,《统计与决策》2005 年第 6 期。

⑦ 顾朝林、于涛方、李王鸣等:《中国城市化格局、过程、机理》,科学出版社 2008 年版,第 220 页。

⑧ 王家庭、唐袁:《我国城市化质量测度的实证研究》,《财经问题研究》2009 年第 12 期。

⑨ 王德利、赵弘、孙莉、杨维凤:《首都经济圈城市化质量测度》,《城市问题》2011 年第 12 期。

⑩ 王钰:《城市化质量的统计分析与评价——以长三角为例》,《中国城市经济》2011 年第 20 期。

⑪ 方创琳、王德利:《中国城市化发展质量的综合测度与提升路径》,《地理研究》2011 年第 11 期。

⑫ 王洋、方创琳、王振波:《中国县域城镇化水平的综合评价及类型区划分》,《地理研究》2012 年第 7 期。

实证研究；袁晓玲[①]、何文举[②]从社会文明形态演进的角度认为城镇化质量涵盖物质文明、精神文明、生态文明等方面；韩增林[③]、余晖[④]、王德利[⑤]、于涛[⑥]、徐素[⑦]、郝华勇[⑧]、陈明[⑨]、张春梅[⑩]等学者认为城镇化质量应体现经济发展、基础设施、居民生活和就业、社会发展、生态环境、空间集约和城乡协调等方面；郑亚平[⑪]将城镇化质量理解为城市系统的集聚与扩散能力；牛文元[⑫]从城乡发展动力、质量和公平三方面来表征城镇化质量；杨伟民、蔡昉[⑬]立足人的发展角度而展开探讨（2010）；马林靖[⑭]从农民权益角度出发，认为城镇化质量应体现农民向市民转型过程中的农民收入水平、结构及城乡收入差距；冯奎[⑮]认为农民工在城市享受的公共服务是城镇化质量的核心；檀学文[⑯]针对中国城镇化的独特现象——不完

---

① 袁晓玲、王霄、何维炜等:《对城市化质量的综合评价分析——以陕西省为例》,《城市发展研究》2008 年第 2 期。

② 何文举、邓柏盛、阳志梅:《基于“两型社会”视角的城市化质量研究——以湖南为例》,《财经理论与实践》2009 年第 6 期。

③ 韩增林、刘天宝:《中国地级以上城市城市化质量特征及空间差异》,《地理研究》2009 年第 6 期。

④ 余晖:《我国城市化质量问题的反思》,《开放导报》2010 年第 1 期。

⑤ 王德利、方创琳、杨青山等:《基于城市化质量的中国城市化发展速度判定分析》,《地理科学》2010 年第 5 期。

⑥ 于涛、张京祥、罗小龙:《我国东部发达地区县级市城市化质量研究——以江苏省常熟市为例》,《城市发展研究》2010 年第 11 期。

⑦ 徐素、于涛、巫强:《区域视角下中国县级市城市化质量评估体系研究——以长三角地区为例》,《国际城市规划》2011 年第 1 期。

⑧ 郝华勇:《山西省市域城镇化质量实证研究》,《理论探索》2011 年第 6 期。

⑨ 陈明:《中国城镇化发展质量研究评述》,《规划师》2012 年第 7 期。

⑩ 张春梅、张小林、吴启焰等:《发达地区城镇化质量的测度及其提升对策——以江苏省为例》,《经济地理》2012 年第 7 期。

⑪ 郑亚平、聂锐:《从城市化质量认识省域经济发展差距》,《重庆大学学报》(社会科学版)2007 年第 5 期。

⑫ 牛文元:《中国新型城市化报告 2011》，科学出版社 2011 年版。

⑬ 中国发展研究基金会:《中国发展报告：促进人的发展的中国新型城市化战略》，人民出版社 2010 年版。

⑭ 马林靖、周立群:《快速城市化时期的城市化质量研究——浅谈高城市化率背后的质量危机》,《云南财经大学学报》2011 年第 6 期。

⑮ 冯奎:《突出农民工问题提升城镇化质量》,《中国发展观察》2012 年第 1 期。

⑯ 檀学文:《稳定城市化——一个人口迁移角度的城市化质量概念》,《中国农村观察》2012 年第 1 期。

全城镇化，认为城镇化质量应体现农村人口在城镇化迁移过程中的稳定性和完整性。

评价体系研究现状既有从宏观层面整体评价，也有从微观某一领域切入探讨，但已有成果中对城镇化作为结果的静态评价偏多，而对城镇化作为过程的动态衡量相对较少，且定量分析存在重表象轻机制、重实证轻规范的问题，缺乏立足中国所处工业化中期阶段、将城镇化置于“四化同步”背景下的衡量评价，且对城镇化质量的提升机理和调控对策研究显得薄弱。

针对研究现状的不足，笔者认为衡量中国的城镇化质量，不仅要考察城镇化进程带来的经济结构高端、社会事业进步、空间开发有序、人口素质提升、生态环境优良等共性特征，更应立足于中国当前发展阶段面临的城镇化任务及城镇化进程的特殊性，即体现城镇化进程与工业化、信息化、农业现代化的同步推进，从状态和过程两维度来评价城镇化质量，认识城镇化发展的状态水平和过程特征。因此，基于城镇化的复合系统内涵、动态过程考察及城镇化在“四化同步”发展中的引领作用，城镇质量内涵包括：城镇化与工业化耦合、与信息化融合、与农业现代化结合、与生态文明契合、与民生改善贴合五方面。

2. 城镇化质量的制约①

结合我国城镇化的阶段特征，从产业支撑、空间形态、城乡关系、公共服务和生态环境等方面认识目前制约城镇化科学发展的因素。

（1）产业支撑。

产业是经济发展的基础，更是城镇化的支撑。产业结构升级与城镇化水平提升是相辅相成、互相促进。城镇人口的数量扩张和比例增长依赖非农产业的成长壮大以吸纳更多的农村富余劳动力在城镇落户、就业、定居。考察我国新世纪以来产业结构的演变历程，2012 年我国三次产业产值结构为：10.1 ∶ 45.3 ∶ 44.6，处于“二、三、一”向“三、二、一”升级的过渡阶段，但三次产业就业结构为：46 ∶ 21 ∶ 33；第一产业仍有大量富余劳动力有待转移，第二产业吸纳的就业的能力仍显偏低，第三产业发展规模和承载就业的空间仍需提升。从动态演化角度看，第一产业在产值和就业比例上均呈现下降趋势，符合产业结构升级规律；第二产业无论产值比例还是就业比例，在十余年的时期内未出现大的变化，表明第二产业仍是我国经济增长的主要支撑，没有呈现出从工业

① 郝华勇：《城镇化质量的现实制约、演进机理与提升路径》，《四川师范大学学报》（社会科学版）2014 年第 3 期。

化中期向后期升级的“先上升、再下降”的明显轨迹；第三产业格局变化和第二产业相当，仅表现为第一产业下降的份额被第三产业所补偿，并未成为支撑经济增长的主体力量和拉动就业的强劲趋势，如图 2—3 所示。

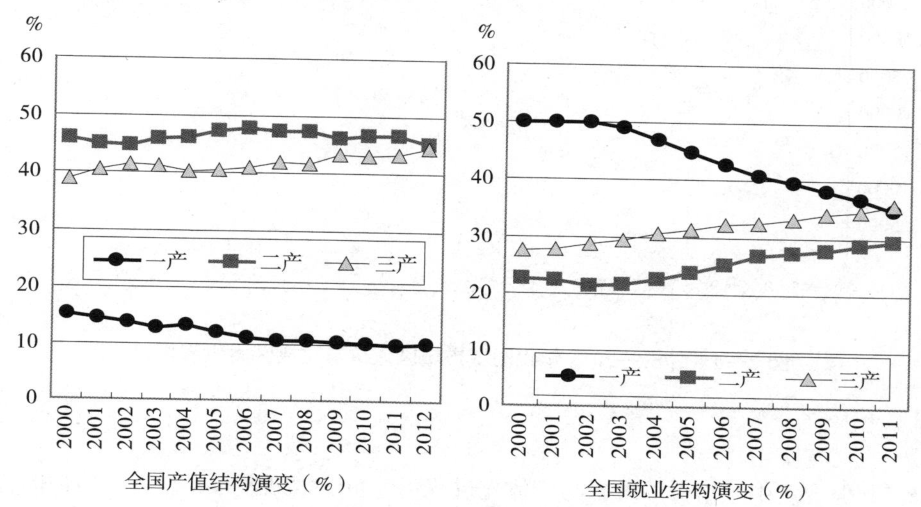

图 2—3　全国三次产业产值结构和就业结构历年演变

数据来源:《中国统计年鉴 2012》。

（2）空间形态。

空间形态是城镇化的空间结构与布局，是城镇化道路的重要组成部分，它涉及城镇的地域分布、不同等级规模城镇的数量结构以及空间一体化格局。基于人多地少的国情约束，我国城镇化空间形态不可能像美国那样走低密度扩张的分散型模式，而要形成紧凑型、集约化的空间格局。但反观我国城镇化空间形态的现状，仍是以行政区域为基本格局、遍地开花式的城镇化布局形态。各个省、市、县等不同尺度区域均有强烈地推进工业化、城镇化的意愿，导致各区域不顾当地资源环境承载能力、忽视自身比较优势与定位而一味追求城镇摊大饼式扩张，土地城镇化速度大大快于人口城镇化，如图 2—4 所示。由此带来宏观上国土空间开发秩序失衡、生态环境质量下降的问题。

从城镇等级规模体系看，大、中、小城市在城镇化进程中的作用、对承载城镇人口的贡献不尽相同，但目前一些特大城市集聚效应尚未完全释放就涌现出城市病，中小城市发展面临资源要素流失的窘境。城市群作为城镇化发展的高级形态和必然趋势，是优化城镇化空间形态，形成紧凑、集约型城镇化模式的可行途径。虽然我国“十一五”规划就已提出“要把城市群作为推进城市化的主体形

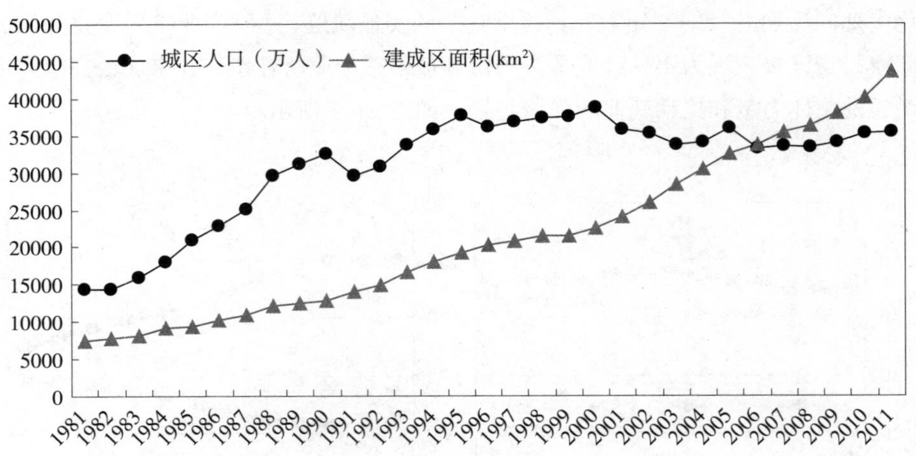

图 2—4　1981—2011 年我国城市城区人口与建成区面积演化图

数据来源:《中国城市建设统计年鉴 2011》。

态”，但现实中城市群的融合与一体化进程仍停留于规划愿景，缺乏实质性的合作与协同，在产业体系配置、基础设施建设、城镇化成本共担和收益共享等合作机制上尚处于探索阶段。

（3）城乡关系。

城乡差距是发展中国家面临的普遍问题，缩小差距、实现城乡协调发展需要城镇化的引领，其作用机制表现为城镇化通过转移农村富余劳动力，促进农业产业化经营、提高农民收入，并且随着城镇基础设施向农村延伸、城镇文明向农村辐射来改善农村的生产生活条件，提高自身发展能力。纵观我国城镇化演进与城乡收入差距的变化，城镇化率从 1990 年的 26.4% 提高到 2012 年的 52.6%，但城乡收入差距从 2.2 倍扩大到 3.1 倍，如图 2—5 所示。尤其自 2002 年以来，在城镇化率年均提高 1.3 个百分点的背景下，城乡收入差距却一直维持在 3 倍以上，表明我国目前的城镇化进程，人口向城镇逐步集中，与之相伴随的是农村的青壮年劳动力、资金、技术等生产要素的流失，且城镇对农村的反哺与支持对提高农业现代化水平和农民收入的贡献有限。

与此同时，受制于二元结构的制度惯性和路径依赖，中国城镇化进程中出现规模庞大的农民工群体，2012 年农民工数量达到 26261 万人，这一群体在统计城镇化率时被纳入城镇人口，但却无法平等享受城市居民的公共服务，处于离开农村但无法融入城市的尴尬境地。因此，促进农民工群体的市民化是今后提升城镇化质量的重要方面，实现从半城镇化向完全城镇化的转变。

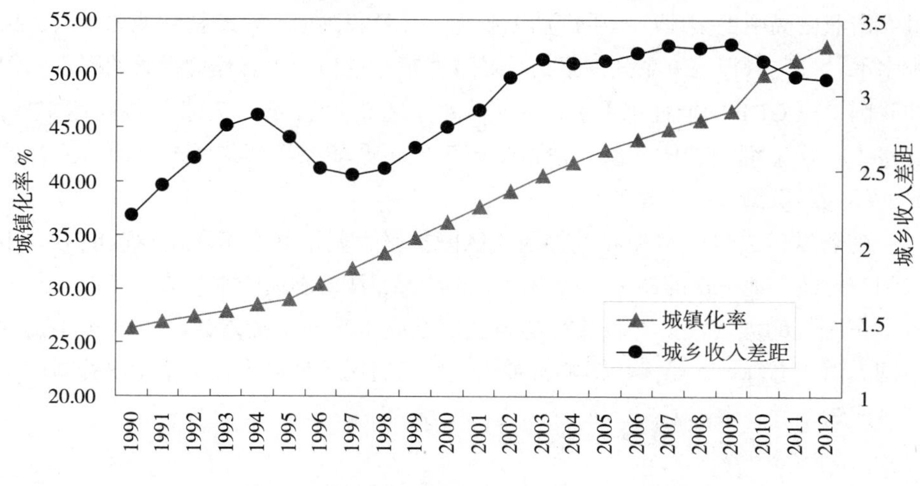

图 2—5　我国历年城镇化率与城乡收入差距演变

数据来源:《中国统计年鉴 2012》。

（4）公共服务。

科学发展观指导下的城镇化，需要体现以人为本，即城镇化的核心是人的城镇化，人口在城镇的聚集需要完善的公共服务来保障城镇居民的生活质量和便捷程度，以公共服务的完善来实现人的全面发展。而目前，我国公共服务存在区域差别、不同等级城市间的差别、城乡差别等多重差别，有悖于基本公共服务均等化的原则，既造成了区域发展差距的扩大，也束缚了城镇化的顺畅推进和质量提高。

伴随城镇人口数量的增长，对城市公共服务的需求在数量和质量上均提出了更多和更高的要求。大量流动人口在城镇的聚集，对本已公共服务供给紧张的城市产生了更大的冲击，并且许多城市的公共服务都存在历史欠账，在人口迁徙日益自由的今天，城市公共服务的供给短缺和质量下降直接影响了城镇化的科学发展和质量提高。例如当前 2.6 亿的农民工和他们的家属长期居住在城市，但在子女义务教育、基本医疗服务、社会保障、住房保障等方面，均不能获得市民化的均等待遇，该群体与城市居民形成城市内的二元结构，加剧了社会阶层矛盾，也束缚了城镇化对扩大内需、拉动消费的贡献效应。

（5）生态环境。

“城市让生活更美好”道出了城镇化过程本应是彰显城市人居环境、自然风貌、地域景观的优越性，但若支撑城镇化的经济发展方式粗放，建成区面积快速扩张将直接导致城镇化对生态环境的冲击和破坏。中国当前处于工业化中期，在世界产业格局中更多地承担生产加工职能，并且我国的产业结构、能源结构、技术水平、公民意识等一系列因素都是导致城镇化进程与生态环境矛盾的因素。例如我国单位GDP的能耗水平是世界平均水平的2.7倍，第二产业比例高达47%，煤炭占一次能源消费的68%，清洁生产工艺、循环经济模式尚未全面建立，公民的环保意识仍需提高等等。

随着城镇人口的增加和城市建成区的扩张，城市的生态环境承载能力趋于饱和与超载，地下水的超采、酸雨面积的扩大、江河湖泊的水污染、工业废气和机动车尾气的大气污染等直接影响居民的健康水平与幸福指数，2013年年初的全国大面积雾霾再次给人民敲响警钟，让城镇居民无处可逃，不禁感叹清新的空气也成为一种奢求。

3. 城镇化质量的演进机理①

党的十八大后开启了我国城镇化发展进入以质量为导向的新阶段，而明确城镇化质量的内涵与演进机理是研究的逻辑起点。笔者认为城镇化质量不仅要包含经济结构高端、社会事业进步、空间开发有序、人口素质提升、生态环境优良等共性特征，更应该基于城镇化发展的不同阶段有所侧重地衡量其质量效应。中国当前发展阶段面临的城镇化任务及城镇化进程的特殊性，应立足于“四化同步”的视角评价城镇化发展的状态水平和过程特征，体现城镇化对“四化同步”的引领作用。当然，推进城镇化要以改善民生为出发点和落脚点，将生态文明建设融入城镇化全过程。因此，城镇化质量的演进机理表现为以生态文明为基底、以“四化同步”为过程，以实现人的全面发展为目标，如图2—6所示。

（1）城镇化与民生改善贴合。

城镇化的核心是人的城镇化，即体现科学发展观的要求，实现以人为本的城镇化。并且，城镇化作为社会进步的一种表现形式，就在于人口向城镇的流动是为追求和享受更多的就业机会、便捷的基础设施和完善的公共服务，有质量的城镇化应该彰显城镇的优势，通过城镇人口的规模效应分摊基础设施和公共服务的供给成本，使城镇居民享有数量、质量均有保障的医疗、就业、教育等公共服务，为实现人的全面发展提供基本保障。同时，城镇化对民生的改善有助于城市积累人力资本，为城市产业结构升级提供高素质的人力资源，以提高资源要素的配置效率，为社会创造更多的财富。因此，有质量的城镇化演进，应当以民生的

① 郝华勇：《城镇化质量的现实制约、演进机理与提升路径》，《四川师范大学学报》（社会科学版）2014年第3期。

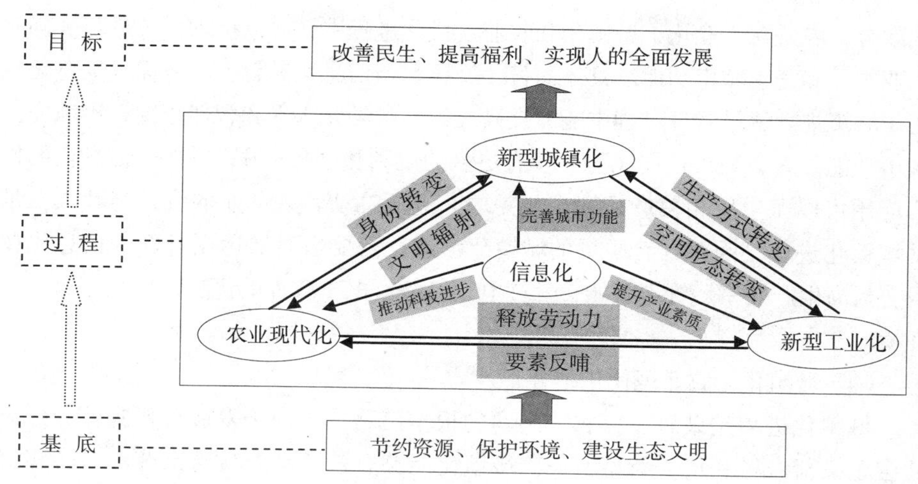

图 2—6　城镇化质量的演进机理

改善为出发点和落脚点，通过城镇化进程让更多的人口聚居在城市以享有现代化的物质文明和更高层次的公共服务。

（2）城镇化与新型工业化耦合。

工业化代表经济增长，创造供给；城镇化代表社会进步，创造需求。工业化是城镇化的产业支撑，城镇化是工业化的空间表现形式。城镇化与工业化的耦合体现为经济增长推动产业结构升级进而促进城镇化进程的提高。广义的工业化并非单指第二产业，意指促进经济增长的多元产业形态，工业化通过现代生产组织形式和经营模式提高了生产效率并创造了更多的就业岗位，推动产业结构向高级化阶段演进并促进生产方式转变，由此推进城镇化进程。城镇化伴随城镇人口不断增多，大量生产要素随着人口迁移而逐步向城市聚集，为城市发展第三产业提供了要素保障和市场空间，并且城镇化进程促进了城镇体系的发育，形成了中心城市与腹地区域的分工协作，在优化区域空间格局中为产业升级提供了条件，进而又拉动工业化的业态升级和结构改善。因此，有质量的城镇化演进，必然要求产城一体、融合发展，避免城市缺乏产业支撑而盲目扩张形成“鬼城”、“空城”带来资源的闲置和浪费；产业的发展也需要适时通过城镇化来吸引生产要素进而拉动产业升级，避免形成“只见园区、不见社区”的低端发展、孤立发展。

（3）城镇化与信息化融合。

信息化代表完成工业化后，以信息技术的研发与应用、信息产业的蓬勃发展为特征的信息化社会。我国在工业化中期阶段就顺应信息化发展趋势、借鉴发达国家的信息化发展经验，是作为发展中国家发挥后发优势的现实选择。将信息化融合、渗透在工业化、城镇化和农业现代化进程中，可以推动科技进步、提升产业素质和完善城市功能。具体而言，城镇化与信息化融合，一方面，信息化应用于城市规划建设管理过程中能够提高决策的科学化水平和智能程度，不断完善城市功能，智慧城市让居民能够享有更多的便利和服务；另一方面，信息化的推广应用可以派生出相关产品和产业需求，进而拉动新兴产业的成长与壮大，带动城镇化进程。因此，有质量的城镇化演进，需要适时地运用最新的信息化技术，提高生产效率、管理效能，发挥电子商务、电子政务的优势，优化城市发展环境。

（4）城镇化与农业现代化结合。

城镇化进程是破解“三农”问题的根本出路，有助于发展现代农业、建设社会主义新农村和培养新型农民。城镇化能够有效带动农村富余劳动力转移就业，为发展农业适度规模经营，推动农业专业化、标准化、规模化生产创造有利条件；城镇化能够将城镇的现代化文明向农村辐射，改善农村生产生活面貌，提高自身发展能力；城镇化能够改善人口结构、提升人力资本，为农业现代化注入人才支持。而农业现代化之于城镇化，是稳定农产品供给、集约利用土地、促进农民向市民转变实现完全城镇化的保障。农业现代化能够提高农业生产效率、增加农产品供给、从源头保障食品安全，为城镇化提供量足质优的农产品支撑；农业现代化能够引导土地适度规模经营、土地流转和促进村庄整治，有助于盘活农村土地要素，集约利用稀缺土地资源，为城镇化提供土地储备和占补平衡的调剂容量；农业现代化能够通过规模经营真正把富余农民从土地中解放出来，减少农民后富裕农民，提高农民向市民身份转变的能力。因此，有质量的城镇化演进，需要结合“三农问题”的化解，能够通过城镇化进程中的产业转移、要素反哺和文明辐射，带动农业现代化和农村经济社会发展，避免城镇化进程推进和农村农业凋敝并存，实现城乡一体化发展、共享现代化文明成果的目标。

（5）城镇化与生态文明契合。

生态文明是对农业、工业文明的扬弃，是可持续发展的文明形态，它把自然界放在人类生存与发展的基础地位上，实现人类生存与环境的共同进化，是一种实现人口、资源、环境生态相协调的新的社会结构模式。城镇化作为实现现代化的途径，它的顺利推进必然要依托自然地域空间，传统城镇化的粗放发展模式会随着生产规模扩大、消费数量增长、建成区面积扩张，给自然生态带来冲击和破坏，但城镇化水平提升以后，在城市居民满足物质、文化需求基础上，对生态产品、健康福利的关注和需求日益强盛，这就形成传统城镇化模式与居民对生态产品需求之间的矛盾。因此，有质量的城镇化演进，需要转变传统粗放的城镇化发展模式，摒弃以牺牲生态环境换取经济增长的片面认识，将生态文明理念与城镇化进程相契合，通过生态文明引领城镇化过程中的产业结构生态化、空间布局集约化、基础设施绿色化、居民消费低碳化，实现生态文明的城镇化模式转型。同时要认识到，城镇化本身也是一个居民思想观念、生活方式、人口素质提高的过程，此过程是普及、落实生态文明的契机和载体，依托城镇化过程将生态文明理念内化为居民工作、生活的自觉，才能实现城镇化发展与生态环境的协调共生，实现永续发展。

4. 城镇化质量的提升路径①

基于我国城镇化质量的现实制约与演进机理，调控城镇化朝健康方向发展、提升城镇化质量应从以下方面着手。

（1）以人为本改善民生福利。

推进城镇化进程，需要厘清政府和市场的关系，市场发挥资源配置作用，引导资源要素在不同等级城市之间、城乡之间的地域流动，实现最优化的配置以创造更多的产出；政府基于公共服务均等化的原则，依据人口分布来配置基础设施和公共服务，保障处于不同发展水平的区域享受大致均等的公共服务。政府在促进城镇化科学发展上不能越位，而应立足政府职能，强化财政在民生领域的投入，真正担负起政府职责，体现城镇化的核心——以人为本、人的城镇化，实现政府财政由“建设财政”向“民生财政”的转变。加大政府财政对义务教育、公共卫生和基本医疗、社会保障、社会救助、防灾减灾、公共安全、公共文化等领域的投入，尤其要尽快建立覆盖农民工群体的保障房工程，实现农民工的市民化。合理划分不同层级政府的财权与事权，确保投入落实到位。通过加大公共服务投入，改善民生，促进社会进步，使城镇居民降低对未来预期的不确定性，更有信心地消费以提高消费对经济增长的拉动贡献。改革创新城市公共服务供给模式，实现供给方式的多元化，如可采取政府直接供给、特许经营供给、市场供给等不同方式，鼓励社会资本加入，体现竞争效率。

（2）结构升级夯实产业支撑。

我国目前仍处于工业化中期向后期过渡阶段，不能脱离发展阶段的盲目跨越发展，需要立足国情走好新型工业化道路，推进工业化和信息化融合、制造业与服务业协同，提升产业素质和发展层次。同时，庞大的产业规模和齐全的产业

---

① 郝华勇：《城镇化质量的现实制约、演进机理与提升路径》，《四川师范大学学报》（社会科学版）2014 年第 3 期。

部门为我们发展第三产业提供了坚实的产业基础和服务空间。从产业角度推进经济发展方式转变，也是要由目前主要依靠第二产业拉动经济成长转向依靠一、二、三次产业协同拉动，因此，加快发展第三产业促进产业结构升级既是转变经济发展方式的突破口，也是优化城镇化动力结构、提升城镇化质量的依托路径。运用产业政策促进产业结构升级，对传统落后产能加快淘汰和退出，支持工业重要行业内部的兼并重组，优化产业组织，发挥规模集聚效应；加大技术研发与创新的投入，提高科研成果的应用转化，以技术改造促进业态升级；优化产业空间布局，发挥大中小不同等级城市的比较优势，促进城市间产业分工的动态调整、合作互补发展，形成总部向中心城市集中，一般产业向周边城市扩散的区域发展格局；培育壮大战略性新兴产业，通过新兴产业的前向后向关联，拉动产业结构向高层次演进。壮大服务业，释放服务业的就业效应，通过生产性服务业提升产业素质和发展效益。

（3）统筹城乡发挥互补效应。

中国作为发展中国家，三农问题突出，而破解三农问题的根本出路需要依靠城镇化。但要认识到，中国庞大的人口基数，即使完成城镇化、达到人口城镇化率 80% 的目标，仍然有近 3 亿的农民在农村生产生活，因此，推进城镇化过程不能忽略农村，要以统筹兼顾的战略思路推进城乡一体化发展，让农业接受现代产业体系的改造、让农村接受城市现代化的辐射、让农民接受思想素质、文化知识的灌输，为解决三农问题注入活力。三农问题的解决为实现完全城镇化提供稳定的后方基础，让城市与农村能够发挥互补效应、相互促进。推进城乡一体化发展，用全域规划的理念统筹人口布局、产业配置、基础设施和公共服务。针对三农问题，需要在尊重农民意愿的前提下鼓励土地流转，实现规模经营，扶持和培育家庭农场等新型经营主体，延伸农产品加工链条，提高附加值让农民分享更多收益。改善农村基础设施条件，提高农村自我发展能力，通过引导农民向新型社区集中，提高公共服务配置效益，优化农村人居环境。加大基础教育、技能教育、职业教育等继续教育力度，培养新型农民，提高农民人力资本，让农民无论从事农业生产还是去城镇从事非农产业工作，都具备文化知识和基础技能。

（4）融入信息化提升品质效益。

信息化是以信息技术为代表的先进技术的广泛应用，将信息化融入城镇化进程能够完善城市功能、彰显城市品质、提升管理效益。推进信息化的融合应用，首先要重视信息基础设施建设，这是信息化普及和应用的硬件基础，也是智慧城市、智能城镇化的基础保障，政府需要发挥主导和协调作用进行统一规划，避免部门之间各自为政和重复建设。将信息技术融入城市的规划建设管理过程，提高规划的决策水平、建设效益和管理效率。广泛应用3S（地理信息系统GIS、全球定位系统GPS、卫星遥感RS）、城市网格、网络通信、智能控制等信息技术，构建覆盖城市环境监管、城市基础设施、城市空间规划、城市公共服务、城市应急处置等各方面，适应信息化和城镇化融合发展的功能完备、反应灵敏的城市管理和公共服务体系，实现城市管理、社会综合治理、应急处置等工作的信息共享和业务协同，全面提高城市的数字化、智能化和现代化水平。积极推广信息技术在交通、水、电、热、气等市政领域的应用，提高市政公用设施和基础设施的运行效率、服务质量。发展电子政务，提高行政效能并节约行政支出，构建公开透明、廉洁高效的服务型政府优化城市的投资环境。发展电子商务，提高商业交易效率并降低流通环节成本，以便捷的商务模式和消费平台提高城市的边际消费倾向，助推城市第三产业发展和消费对经济增长的贡献。

（5）建设生态文明实现永续发展。

城镇化作为推进经济社会发展的载体，最终目标仍是促进人的全面发展。若以牺牲自然生态环境为代价换取城镇化的数量增长，结果只能是人口聚居在城镇，但居民福利不断下降，身体健康、公共安全、社会服务遭受到威胁。因此，建设生态文明不仅为城镇化科学发展提供新的理念，遵循人、自然、社会和谐共生；而且通过城镇化在提升人口素质过程中，将生态文明理念向广大居民宣传普及，提高践行生态文明、共同营造美丽中国的自觉性。将生态文明理念融入城镇化发展的全过程，需要在城镇规划中尊重自然、顺应自然、保护自然，立足各地区的资源环境承载能力而差异化定位、互补式发展，体现生产空间集约高效、生活空间宜居适度、生态空间山清水秀；在城镇建设中，以生态城市为目标取向，节约集约利用资源，提高能源利用效率和效益，推广绿色建筑、绿色基础设施，发展低碳经济、循环经济，实现减量化、再利用、资源化；在城镇管理中，高效利用现代科学技术，提高管理的科学化、信息化水平，为生态监测、防治污染、动态治理提供技术支撑。

三、中国特色城镇化的低碳模式

城镇化作为社会发展进步的主旋律，是建设全面小康社会的重要途径。党的十七大提出了走中国特色的城镇化道路，按照统筹城乡、布局合理、节约土地、功能完善、以大带小的原则，促进大中小城市和小城镇协调发展，为我国立足国情走出自己的城镇化模式指明了方向。生态文明时代下对节能低碳、生态环保的关注，为我国推进城镇化战略注入了新的理念与内涵，符合低碳要求的中国特色城镇化模式需要落实主体功能区规划为基地的空间格局，以生态文明的价值理念引领城镇化，统筹城乡低碳发展，实现统筹城乡与低碳转型的同步契合，壮大低碳产业作为低碳城镇化模式的产业支撑，推进城市群一体化进程，将城市群作为低碳城镇化的主体形态。

（一）主体功能区划为基底

“十一五”规划针对我国区域空间开发秩序失衡、国土利用效率低下的情况提出了主体功能区的规划理念，即根据资源环境承载能力、现有开发密度和未来发展潜力，将国土空间划分为优化开发、重点开发、限制开发、禁止开发四类主体功能区域，按照主体功能定位调整完善区域政策和绩效评价，规范空间开发秩序，形成合理的空间开发结构。“十二五”规划仍然延续主体功能区划的理念，更为具体的按三种类型区域来实施主体功能区战略，即城市化地区、农产品主产区、重点生态功能区。可见，随着主体功能区规划由理念付诸实施，必然改变以往各区域不顾资源条件和实际可能，都盲目追求工业化、城镇化的现象，而是根据各区域在更大范围内承担的职能来差异化地选择发展方向，在推进城镇化过程中更不可能都追求一个速度和水平，而是立足资源环境承载能力来适度集聚产业和人口，形成差异有序的城镇化格局。

作为空间规划的主体功能区战略，在现实中应把它作为各类规划的基础和约束，这既有利于形成差异有序的城镇化空间格局，也是为实施低碳城镇化模式提供了基础规划依据。因为主体功能区规划是基于各区域自然生态的本底条件与承载能力来选择适宜本地区的发展模式与道路，是从根本上扭转工业化、城市化对生态敏感地区的冲击与破坏，降低不同区域碳排放、克服超出区域承载能力的过度开发的战略思路。唯有落实主体功能区规划，才能规范国土空间开发秩序、协调不同区域的主体功能定位，形成差异化定位、错位互补的协调发展格局。在此基础上，针对各类主体功能区构建适应开发强度的碳减排实施路径，发挥不同功能区之间在固碳减排上的协作效应，从而实现整体节能减排、固碳增汇的目标。

（二）生态文明的价值理念引领

生态文明是对农业、工业文明的扬弃，把自然界放在人类生存与发展的基础地位上，实现人类生存与环境的共同进化，是可持续发展的文明形态，是一种实现人口、资源、环境生态相协调的新的社会结构模式。生态文明包括意识文明、行为文明、制度文明、产业文明四个层次，如图 2—7 所示。意识文明是指人民的价值观念和思维方式，即树立人与自然同存共荣的自然观，建立社会、经济、自然相协调、可持续的发展观，选择健康、适度消费的生活观。行为文明是指摒弃高消费、高享受的消费观念与生活方式，提倡勤俭节约、反对挥霍浪费，以利于人类自身的健康发展与自然资源的永续利用。制度文明是指建立规范和约束人们行为的制度法规，以引导人们行为符合生态文明的目标。产业文明是产业系统向生态环保方向转型，包括传统产业的升级改造与新兴环保产业的培育等。

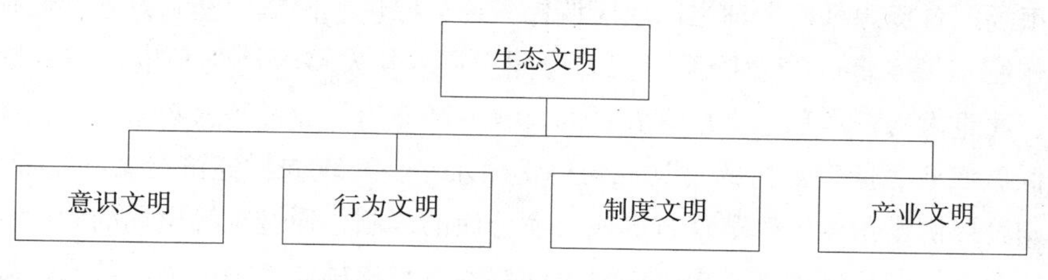

图 2—7　生态文明的层次构成

党的十七大报告提出“建设生态文明，基本形成节约能源资源和保护生态环境的产业结构、增长方式、消费模式”，为我们今后推进城镇化注入了新的价值理念。城市是一个复杂的自然和社会生态系统，城市可持续发展要适应生态环境的多样性，适应其资源潜力和摄取需要。随着对全球气候的关注和发展低碳经济的共识，城镇化演进中人们越来越关注生态环境的保护和资源的可持续利用，城市型产业代替传统的资源消耗型产业，清洁生产和循环生产等新的生产方式开始出现，许多老城市日益朝清洁型、生态型和适宜居住型方向转化。生态环境优美几乎是所有国际性大都市的共同特征，也是现代城市社区共同追求的目标之一。以生态文明的理念引领城镇化进程，即通过绿色建筑、绿色交通、绿色基础设施、绿色小区、绿色产业等来共同构建新型城市，实现工业文明向生态文明的转型。

（三）统筹城乡低碳发展

自党的十六大首次提出“统筹城乡经济社会发展”以来，我国开启了破除城乡二元体制的历史进程。2011 年我国城镇化率达到 51.3%，但相对于我国庞大的人口基数，目前仍有 7 亿农民生活在农村。因此，在发展低碳经济、建设低碳社会进程中，不能仅关注城市，应扭转“重城轻乡”的惯性思维，也需要引导农村步入低碳经济、低碳社会发展的良性轨道，实现统筹城乡经济社会发展与城乡低碳发展的同步契合推进。

从经济学不同学科角度诠释城乡问题，可以为统筹城乡低碳发展提供不同的思路与视角。如从产业经济学的角度，针对农业的弱质性特征，需要运用现代市场经营方式和技术改造提升传统农业，提高农业产业化水平和组织化程度，延伸农业生产、加工链条，提高附加值的过程中推广低碳技术与生产工艺，在发展现代农业进程中控制农药、化肥的过度使用，大力发展有机农业、生态农业，发挥农业在固碳增汇中的最大化效应。从区域经济学角度应强化城乡的关联效应，在市场配置资源基础上辅之以政府调控，通过绿色、便捷的基础设施、低碳技术合作密切城乡低碳产业联系，实现协同发展。从发展经济学角度，需要发展教育、注重人力资本积累来培育农村的自我发展能力，通过培养新型农民，提高践行低碳农业、低碳农村的自觉性与科学化水平，实现农村经济社会的全面发展。从制度经济学角度，改革现行的城、乡分治的体制，通过统筹全局的制度安排与一体化的体制机制创新，提高农村生产要素参与市场竞争的能力与效率，降低农村生产要素在市场化竞争中的交易成本，以制度的约束与规范来引导农业的低碳转型及农村的低碳社会发展①。

统筹城乡低碳发展重点领域，应聚集在适用性低碳技术向农村的推广，城乡居民低碳生产、生活理念的普及与宣传，城乡农业、工业、服务业融合进程中的生态化、低碳化转型，村镇规划引导农村产业、居住布局，发展城乡低碳化的公共交通运输网络等方面。

（四）壮大低碳产业支撑

理想的城镇化模式必然是以产业发展为基础、以就业岗位增加为前提，与农业发展相适应的城镇化路径，低碳城镇化模式也需要产业系统有低碳产业来匹配和支撑。低碳产业包括传统产业的低碳化改造和新兴低碳产业的培育，对传统产业可以通过应用清洁能源、引入低碳技术、推广清洁生产工艺、对废弃物循环再利用等环节实现；培育新兴低碳产业可以通过加快产业结构升级，扩大第三产业、现代服务业、战略性新兴产业在产业结构中的比重等途径来实现。壮大低碳

---

① 杨梅、郝华勇：《湖北统筹城乡发展的困境与战略思考》，《荆楚理工学院学报》2012 年第 3 期。

产业与“十二五”加快转变经济发展方式是相辅相成的关系，转变经济发展方式其中之一就是，由主要依靠第二产业拉动经济增长向一二三次产业协同拉动上转变，这既是经济发展动力向低碳化方向演进，也是丰富城镇化动力机制，扭转目前单纯依赖工业化推进的格局。

传统产业低碳化转型中，重点应放在第二产业的低碳、生态化改造上，因为我国三次产业产值结构 2011 年比例为 10%：46.6%：43.4%，处于产业结构演进中的“二、三、一”阶段，第二产业份额最高；三次产业能源消费总量上第二产业也是最高，2010 年消耗 23.73 亿吨标煤，三次产业单位增加值的能耗强度亦是第二产业最高，2010 年消耗强度为 1.53 吨标煤 / 万元。因此，我国当前发展所处阶段和产业结构特征决定了在工业发展模式上，必须转变传统方式，走新型工业化道路，应用清洁能源、低碳技术、先进生产工艺、循环利用废弃物等措施实现节能减排。第三产业作为未来城镇化动力的潜力，应重点壮大金融、研发、信息、培训等现代服务业，提升物流业、旅游业等复合型产业层次，提高物流业的信息化水平，合理调配组织货源与线路；推进旅游业态升级，降低旅游业发展对生态环境的负荷与冲击。第一产业在发展现代农业进程中，注重能源消耗控制与面源污染防治，彰显现代农业的有机化、生态化、低碳化特征。

（五）城市群为主体形态

在我国城镇化发展历程中，城镇化发展方针先后经历了“政府严格控制的曲折城镇化道路”、“抓小控大的农村城镇化道路”、“以中小城市为主的多元化城镇化道路”和“中国特色的可持续发展的城镇化道路”多次调整。中国的城镇化道路究竟是优先发展大城市还是优先发展中小城市（镇）更符合中国国情，目前仍存在争议尚无定论。不同规模城市在城镇化进程中的角色与作用不尽相同，产生的复合效应也有所区别。我国“十一五”规划提出以城市群（圈）作为推进城镇化的主体形态，2013 年底召开的中央城镇化工作会议，再一次强调“城市群作为我国城镇化的主体形态”。这样的提法既是顺应了城市化的发展趋势，实际上也是否定了大、中、小城市在城镇化进程中的对立性，调和了不同观点的争议。因为城市群（圈）本身是由不同等级规模的城市体系构成，以城市群（圈）为主体形态即要求不同等级规模的城市在城市群的框架规划下各司其职、发挥各自的比较优势，有分工有协作，在推进一体化融合过程中实现城镇化的最大效益。因此，在“十二五”时期推进城镇化必然要依托城市群（圈）为地域组织形式，提高空间组织效益来适应这样的发展趋势。

从能源消耗与温室气体排放角度看，城市群在土地集约利用、能源利用效率、废弃物及温室气体集中处置方面均表现出高效的组织与配置能力，城市群整体的能耗水平与碳排放强度小于个体城市消耗与排放的累加。因此，未来推进城镇化进程与落实低碳发展战略，需要将低碳城市群作为主体形态和空间载体，通过开展区域多层次低碳合作，实现经济发展与能源消耗、碳排放脱钩，并且，通过城市群整体而非个体城市的降耗减排的评估，可以实现碳排放指标在城市群内部的优化配置，兼顾城市群经济发展与节能减排的整体效益最大化。

四、生态文明融入城镇化全过程

低碳城乡发展是兼顾城乡一体化发展与低碳发展趋势的现实道路，城乡一体化发展是推进新型城镇化的要求，低碳发展是顺应生态文明时代的转型要求，将低碳城乡发展拓展为生态文明理念融入城镇化全过程，即构建生态文明型城镇化发展模式，这与低碳城乡发展模式是一脉相承的关系。

党的十八大报告提出“大力推进生态文明建设”，2012 年中央经济工作会议要求“把生态文明理念和原则全面融入城镇化全过程，走集约、智能、绿色、低碳的新型城镇化道路。”这些论断的提出为生态文明时代推进我国城镇化战略注入了新的理念与内涵，用生态文明理念统领城镇化进程，在推进城镇化过程中建设生态文明，实现二者的同步发展是符合中国国情的现实选择①。

已有对生态文明与城镇化关联的研究集中于一般宏观探讨和具体区域研究两大类。宏观探讨方面，缪细英等学者②基于生态文明的视角分析了我国城镇化进程中存在的问题，如城镇化理念、城市发展模式、城市产业结构、环境基础设施等方面存在不足，并提出转变发展方式、加大环境设施投入、科学规划、改变城镇建设模式和强化生态文明文化的普及作为对策。杨继学等人③从农业用地被挤占、环境污染、人口压力、自然灾害等方面分析了我国城镇化进程中出现的生态问题，提出在城镇化进程中建设生态文明的着力点包括：打造生态城市、促进

① 郝华勇：《生态文明融入城镇化全过程的模式建构》，《科技进步与对策》2014 年第 12 期。

② 缪细英、廖福霖、祁新华：《生态文明视野下中国城镇化问题研究》，《福建师范大学学报》（哲学社会科学版）2011 年第 1 期。

③ 杨继学、杨磊：《论城镇化推进中的生态文明建设》，《河北师范大学学报》（哲学社会科学版）2011 年第 6 期。

区域协调、集中治污、提高环境管理水平、加强防灾防病体系建设。沈清基[①]对新型城镇化与生态文明分别作了内涵阐释和语义辨析，提出了生态文明背景下新型城镇化研究的若干议题供研究者思考，包括城镇化与生态文明建设的关系、如何评价生态文明建设与城镇化的协调发展水平、智慧地推进城镇化、践行生态文明型城镇化过程中进行理论创新。张涛等人[②]从粗放式工业化、人口增长、土地城镇化过快扩张、交通和建筑高能耗污染等方面列举了城镇化与生态文明的冲突，提出协调对策包括：转变经济发展方式、统筹城乡发展、通过规划控制城镇用地扩张、推广绿色交通和生态建筑等方面。秦尊文[③]认为以生态文明指导城镇化，就是要建设两型社会、实施主体功能区、提高空间利用效率，引导人口相对集中分布、经济相对集中布局，走空间集约利用的发展道路。杨伟民[④]紧扣十八大报告对生态文明建设的部署，提出将生态文明融入城镇化全过程应把握三个重要方面，即增强生态产品生产能力、控制开发强度、调整空间结构。具体区域研究有：刘肇军[⑤]以贵州为例，从欠发达地区角度提出发展特色产业、绿色产业是该类型地区走绿色城镇化的可行路径。黄婧[⑥]针对黔东南生态文明试验区，以低碳发展为约束目标，提出走低碳型城镇化道路、以碳补偿实现对特色旅游业的创新、社会多方参与的发展路径。李志忠[⑦]基于主体功能区格局下的政策调控角度，从规划、投资、产业、人口、土地、环境等政策方面提出滁州市城镇化与生态文明协调发展的应对举措。郑永平等人[⑧]以长汀县作为生态脆弱县域的代表，提出县域生态文明型城镇化路径包括：优化城镇空间格局、分类整治水土流失、构建生态化产业支撑体系、推进城乡人居环境生态化、完善可持续发展的保障机制和营造生态文明建设的良好氛围。

综观目前研究现状，对城镇化带来的生态环境表象问题列举很多，而对形成问题原因与机制的透彻分析相对较少；有些研究对生态文明作广义的泛化理

---

① 沈清基：《论基于生态文明的新型城镇化》，《城市规划学刊》2013 年第 1 期。

② 张涛、陈军、陈水仙：《城镇化与生态文明建设：冲突及协调》，《鄱阳湖学刊》2013 年第 3 期。

③ 秦尊文：《生态文明、城镇化与绿色 GDP》，《学习月刊》2013 年第 2 期上。

④ 杨伟民：《将生态文明融入城镇化全过程》，《宏观经济管理》2013 年第 5 期。

⑤ 刘肇军：《贵州生态文明建设中的绿色城镇化问题研究》，《城市发展研究》2008 年第 3 期。

⑥ 黄婧：《贵州黔东南生态文明试验区城镇化建设探索》，《江西农业学报》2011 年第 9 期。

⑦ 李志忠：《主体功能区视角下滁州市城镇化与生态文明协调发展研究》，《经济与社会发展》2012 年第 8 期。

⑧ 郑永平、张若男、郑庆昌：《生态文明建设视角下长汀县城镇化发展研究》，《福建农林大学学报》（哲学社会科学版）2013 年第 2 期。

解，而将生态文明融入城镇化全过程的模式与机制构建显得笼统而缺乏针对性。现状不足还表现为，未能在城镇化框架下所涉及的产业支撑、空间布局、基础设施、生活方式、生态产品等方面做系统分析，结合城镇化进程的自然基底、演进过程、绩效评判做生态文明与城镇化的契合性探讨。

（一）生态文明阐释

生态文明是对农业、工业文明的扬弃，把自然界放在人类生存与发展的基础地位上，实现人类生存与环境的共同进化，是可持续发展的文明形态，是一种实现人口、资源、环境生态相协调的新的社会结构模式①。生态文明包括意识文明、行为文明、制度文明、产业文明四个层次。意识文明是指人民的价值观念和思维方式，即树立人与自然同存共荣的自然观，建立社会、经济、自然相协调、可持续的发展观，选择健康、适度消费的生活观。行为文明是指摒弃高消费、高享受的消费观念与生活方式，提倡勤俭节约、反对挥霍浪费，以利于人类自身的健康发展与自然资源的永续利用。制度文明是指建立规范和约束人们行为的制度法规，以引导人们行为符合生态文明的目标。产业文明是产业系统向生态环保方向转型，包括传统产业的升级改造与新兴环保产业的培育等。党的十八大报告将生态文明建设提高到国家长远发展核心战略的高度，提出树立尊重自然、顺应自然、保护自然的生态文明理念，坚持节约优先、保护优先、自然恢复为主的方针，着力推进绿色发展、循环发展、低碳发展，形成节约资源和保护环境的空间格局、产业结构、生产方式、生活方式，努力建设美丽中国，并从宏观上做出部署，即优化国土空间开发格局、全面促进资源节约、加大自然生态系统和环境保护力度、加强生态文明制度建设四个方面。

（二）生态文明融入城镇化②

城镇化作为当前经济社会发展的引擎，受到理论界和各级政府的重视。但能否实现有质量的城镇化、发挥城镇化在全面建成小康社会道路上的正效应，必须顺应发展趋势、转变发展理念来规避传统城镇化的陷阱。将生态文明融入城镇

---

① 仇保兴：《应对机遇与挑战——中国城镇化战略研究主要问题与对策》（第二版），中国建筑工业出版社 2009 年版，第 132—137 页。

② 郝华勇：《生态文明融入城镇化全过程的模式建构》，《科技进步与对策》2014 年第 12 期。

化的全过程，就是要在城镇化发展的规划、建设、管理全过程中，运用生态文明的理念指导产业发展、城镇布局、居民生活，实现绿色发展、集约发展、可持续发展。具体而言，生态文明融入城镇化全过程的模式包括：落实主体功能区规划是基底保障；通过产业结构生态化、空间结构集约化、基础设施绿色化、生活方式低碳化、生态产品价值化等环节实现过程调控；构建符合生态文明要求的绩效评判机制，如图 2—8 所示。

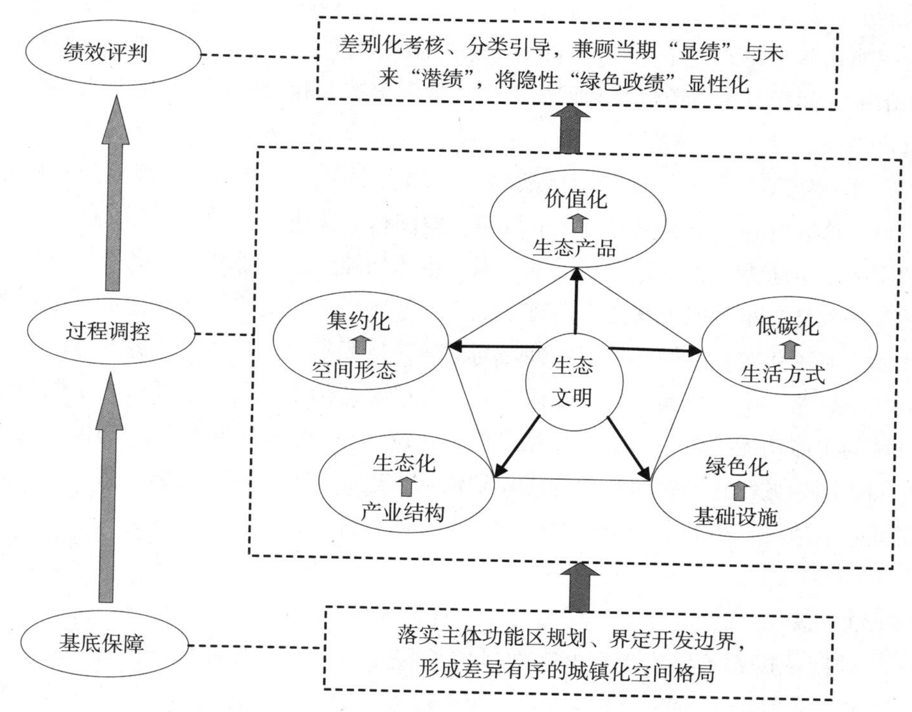

图 2—8　生态文明融入城镇化全过程的模式

1. 基底保障

建设生态文明是要在尊重自然的基础上，处理好人类经济社会发展与资源环境的关系，实现永续发展。落实在地域空间上即要求合理利用国土空间，科学谋划生产、生活和生态的空间布局。生态文明理念下推进城镇化进程，首先要明确哪些区域适宜大规模工业化和城镇化，哪些区域要适度或者控制城镇化的规模和力度，而主体功能区规划正是兼顾生态文明与城镇化的一项制度保证，以主体功能区规划作为城镇化健康发展的基底保障。我国早在“十一五”规划中，就针对区域空间开发秩序失衡、国土利用效率低下的问题提出了主体功能区的规划理念，即根据资源环境承载能力、现有开发密度和未来发展潜力，将国土空间划分为优化开发、重点开发、限制开发、禁止开发四类主体功能区域，按照主体功能定位调整完善区域政策和绩效评价，规范空间开发秩序，形成合理的空间开发结构。“十二五”规划仍然延续主体功能区划的理念，更为具体地按三种类型区域来实施主体功能区战略，即城市化地区、农产品主产区、重点生态功能区。可见，随着主体功能区规划由理念付诸实施，必然改变以往各区域不顾资源环境承载能力，都盲目追求工业化、城镇化的现象，而是根据各区域在更大范围内承担的职能来差异化的选择发展方向，在推进城镇化过程中更不可能都追求一个速度和水平，而应立足资源环境承载能力来适度集聚产业和人口，形成差异有序的城镇化格局。

作为空间规划的主体功能区战略，在现实中应把它作为各类规划的基础和约束，这既有利于形成差异有序的城镇化空间格局，也是为建设生态文明、高效利用国土空间提供了基底规划依据。因为主体功能区规划是基于各区域自然生态的本底条件与承载能力来选择适宜本地区的发展模式与道路，是从根本上扭转工业化、城镇化对生态敏感地区的冲击与破坏，克服超出区域承载能力而过度开发的战略思路。唯有落实主体功能区规划，才能规范国土空间开发秩序、协调不同区域的主体功能定位，形成差异化定位、错位互补的协调发展格局，为保留生态空间、明晰城镇化的扩张边界提供规划依据，进而实现生产空间集约高效、生活空间宜居适度、生态空间山清水秀的生态文明目标。

2. 过程调控

城镇化进程不仅表现在城市数量增长和城镇人口比例扩张等方面，更是经济、空间、社会、人口一系列综合演化的过程。融入生态文明的城镇化进程，需要在产业支撑、空间利用、基础设施、生活方式以及对生态服务的认知等方面体现生态文明的要求，实现生态文明型城镇化的过程调控。

（1）产业结构生态化。

产业发展是城镇化的支撑和动力，产业结构水平和演进阶段直接决定城镇化的效应和质量，也深刻影响着人与自然相处的关系。以第一产业为主导的农业社会受制于农业生产率的高低和粮食剩余的多寡，决定了城镇化处于发育和起步阶段，人与自然的关系处于人类生产生活遵从自然的阶段；以第二产业为主导的工业社会能够吸纳农村富余劳动力向城镇转移，促进城镇规模扩张和城镇化进程加速，但对能源资源的依赖和对生态环境的冲击不断增大，人与自然的关系由于人类改造自然能力的日益增强变得严峻；以第三产业为主导的后工业化社会，能耗小、污染少的现代服务业成为吸纳就业的主要行业，大量城镇人口的聚集不仅提高了生产的专业化分工效率，也形成了公共设施、社会化服务的规模效应，为提高生活品质、改善人居环境提供了可能，此阶段，出于对良好生态环境的回归向往使得日益重视保护和改善自然生态，人与自然的关系朝和谐共生方向转变。

尽管不同的产业结构决定了经济发展与资源生态关系的差异，但并不意味着建设生态文明是步入高级化阶段后的自然演化结果。生态文明导向下的产业结构转型，一方面引导产业结构向高级化阶段演进，实现经济增长对资源依赖、与环境冲突的脱钩；另一方面，处于经济发展不同阶段，均可以秉承生态文明的理念对现有产业结构做生态化转型，遵循生态效应科学谋划产业布局，推广循环经济模式、低碳发展理念、清洁生产工艺，实现废弃物的减量化、再利用、资源化。对第一产业，减少对化学农药、地膜的使用，降低农业面源污染；对第二产业，运用科技手段提高资源能源的利用效率，加大对三废的处理力度，降低工业污染；对第三产业，生活性服务业要在满足市场需求前提下科学引导消费者合理消费、绿色消费，生产性服务业要加快结构升级，提高资源要素配置效率实现最大的社会产出为生态文明提供坚实的物质基础。

（2）空间形态集约化。

城镇化进程中的空间形态即不同等级规模城镇的数量比例关系及其在地域空间上的组合。因不同规模城镇的集聚效应和承载效应呈现差异，进而决定了不同规模城镇对生态的影响程度存在差别。分散型的城镇化形成于城镇低密度的扩散蔓延，需要有足够的土地供应做支撑，并且产生远距离的交通需求又助长了能源消耗，这些都是有悖于生态文明下的资源节约与环境友好要求的表现。紧凑型的城镇化基于对土地、能源资源的节约利用，在有限的地域空间上提高城镇的承载能力，保持人口增长与土地扩张的匹配，避免城镇盲目扩张带来的土地浪费、效率下降、能耗上升等矛盾。鉴于中国人多地少、能源资源匮乏的国情约束，未来城镇化道路必须实现粗放、分散型向内涵、集约型转变，体现尊重自然、顺从自然，在自然生态承载限度内实现经济社会发展、提高人们的福利水平。

生态文明导向下的城镇化空间形态，必然要求集聚化、节约化、紧凑化，实现这样的目标诉求，宏观上需要走以城市群为主体形态的城镇化道路，微观上需要优化城市空间结构，实现最大化的空间效益。因为大中小城市在城镇化进程中的贡献与作用不尽相同，中国庞大的人口基数决定了未来我国城镇人口的增量规模巨大，而要消化和接纳如此宏大的农民市民化规模，单靠大中小城市的某一个类型势必难以实现。因此，培育和引导城市群一体化发展，既是发挥大中小城市各自职能和优势、提高城镇综合承载能力的客观要求，也是顺应世界城市化发展趋势、体现城市群集聚效应和集约优势的现实选择。城市群成为承载产业和城镇人口的主要空间载体，有利于资源的高效利用和污染的集中处置，也才能为生态保留足够空间，控制开发行为对自然生态的破坏和干扰。微观上，优化各城市的空间结构，避免城市摊大饼式扩张，均衡配置公共服务资源、保障性住房，推进土地的适度混合，降低不必要的钟摆式通勤需求，从而在城市布局初期促进城市运行的降耗节能。

（3）基础设施绿色化。

完善的基础设施是城市较之于农村体现城市功能和为居民提供生活便利的优势所在。城市的开发与建设需要基础设施配套，城市的空间结构与布局依托基础设施支撑，城市的功能提升与高端产业发展也依赖基础设施的保障，因此，基础设施之于城镇化，既是城镇开发建设的应有之义，也是体现城镇化质量水平的重要方面。在基础设施规划和建设中，规划的服务期限、设计的承载容量、覆盖的区域范围、空间布局的模式直接决定了基础设施的服务能力与水平，也通过城市空间结构与基础设施运行影响对能源的消耗及与自然生态的关系。

生态文明导向下的城镇基础设施规划与建设，要求立足于不同城市各自的自然生态条件，在尊重自然基础上规划符合当地自然条件的基础设施，顺从地形、地貌、降水、气候、风向等地理因素，这样可以借助自然的有利条件达到节约能源与资源消耗的目的。同时，需要兼顾城市与区域的关系，即区域内部不同等级规模城市、城市与农村之间在基础设施规划建设中应统筹布局、共建共享，避免区域掣肘、城乡分割导致日后的大拆大建与资源损耗。在基础设施建设环节，需要注入节能理念，推广节能材料、绿色生产工艺、科学安排工序进度来体现资源节约与绿色生产。此外，借鉴发达国家城镇化经验，倡导生态文明的基础设施建设，不仅要加强能源、交通、给排水、通信等传统灰色基础设施的扩容升级改造，还需规划建设体现亲近自然、人与生态和谐的绿色基础设施，如水道、林地、湿地、公园、绿道等生态系统和景观要素①。

（4）生活方式低碳化。

建设生态文明不仅是企业作为生产者的责任，更是广大居民作为消费者在日常生活中自觉践行的一种文明习惯。城镇化进程促使城镇人口在总人口中的比例不断提升，城镇居民的生活方式和消费习惯对能源消耗与生态环境的影响日益增大。发达国家开创的工业文明尽管带来了物质生产的巨大发展，但以高投入、

① 翟俊：《协同共生：从市政的灰色基础设施、生态的绿色基础设施到一体化的景观基础设施》，《规划师》2012 年第 9 期。

高耗能、高消费为特征的工业文明，对地球资源的索取超出了合理范围，对生态环境造成了严重破坏，对发展中国家存在负面的示范效应。尤其是中国庞大的人口基数，未来完成城镇化后的城镇人口规模更加可观，城镇居民日常的衣食住行行为都要消耗数量巨大的能源资源，若效仿发达国家的高能耗、高消费模式，以发达国家工业文明下的高碳生活方式为参照，仅中国城镇居民对能源资源的需求就超出整个地球的供给能力，势必难以为继。因此，中国的城镇化进程需要超越工业文明下的消费理念和生活方式，实现生活水平提升、居民福利改善与资源环境的匹配与适应，达到生态文明与人的全面发展的共赢。

生态文明导向下的生活方式转型，需要在城镇化进程中同步宣传和倡导节约型消费模式和低碳型生活方式。城镇化不仅表现在经济结构高端、社会事业进步、基础设施完善等方面，也需要推进人的思想观念和生活方式从传统农村型向现代城市型转变，这其中，生态文明理念下的勤俭节约、合理消费、适度消费、绿色消费等消费模式是现代城市居民应具备的思想素质。实现从普通消费者向生态公民的身份转变，明确消费者个体在生态文明建设中的权利与义务，真正担负起生态公民的职责①，增强居民的环保意识，加强环境伦理、环境文化宣传，培育环境友好理念。

（5）生态产品价值化。

生态产品就是良好的生态环境，包括清新的空气、洁净的水源、宜人的气候、舒适的环境，它们来自森林、草场、河湖、湿地等生态空间所构成的大自然。随着生产力水平的提高，人们对物质产品、文化产品的需求逐步得到满足，对生态产品的需求日益高涨，这既表明工业文明下对生态环境的冲击和破坏使得生态系统功能难以自我修复，也体现了居民对健康福利的追求和生态产品价值的认可。在全国主体功能区规划中，已明确提出将我国的国土空间划分为城市化地区、农产品主产区和重点生态功能区，不同类型地区按照主体功能定位选择差异化发展路径，服从于全国经济、社会、生态和谐发展的大局。这样的规划理念成为现实，有赖于一个重要的配套政策，即生态补偿机制的确立，让生态功能区的定位与发展有可持续的动力和激励，这也是体现了经济学中区域外部性内部化的思想和“谁污染、谁付费，谁受益、谁付费”的原则。因此，必须认可生态产品的价值所在，在生态产品生产者和消费者之间建立成本共担、收益共享的合作机制，使得生态产品的提供有稳定、持续和质量的保障。

---

① 刘艳：《从普通消费者到生态公民：生态文明建设的一种主体性策略》，《湖南师范大学社会科学学报》2012 年第 6 期。

生态文明时代的生态产品是人们生活的必需品，兼顾城镇化进程与生态产品生产能力的提高，需要在主体功能区划的格局下有序推进城镇化进程，界定城市化地区、农产品主产区和重点生态功能区的合理边界，构建对生态产品价值的评估机制，包括开发利用（破坏）者所损失或浪费的生态资源价值，生态受益者所获得的生态服务价值以及生态保护方所提供的生态资源与服务价值①，赋予生态产品经济、社会多维的价值内涵，基于不同类型生态产品的服务范围、不同空间尺度的合作机制、对生态产品需求的支付能力采取多样化的生态补偿方式，提高生态产品的生产能力。

3. 绩效评判

生态文明建设与城镇化进程均不是一蹴而就可以完成的任务，需要尊重发展规律、分步骤地推进实施。阶段性的绩效评判机制具有指挥棒的效应，能够评价和判断城镇化进程中生态文明的建设状况，也能够引导和规范各区域生态文明建设朝合理、高效的方向演进。将生态文明指标纳入城镇化发展的目标考核，可以纠正各区域唯 GDP 崇拜而盲目推进城镇化的好大喜功行为，可以避免只顾城市眼前利益而牺牲长远利益的短视行为。将生态文明建设与干部绩效考核挂钩，使“绿色 GDP”、“生态文明型城镇化”等绿色绩效成为干部政绩的一项重要内容，让“绿色元素”成为干部作决策的重要依据。通过绩效考核筑牢绿色发展、循环发展、低碳发展等生态文明下的执政理念，严格投资项目评估审查，提高环保准入门槛，建立健全生态环保责任追究制，从源头和末端把好节能降耗减排的绿色生态关口，形成政府负总责，综合部门协调指导，住建和环保部门统一监督，相关部门分工实施的生态文明型城镇化管理体系，提高生态文明建设的制度刚性。考核干部在生态建设中的表现，要把当期的“显绩”和未来的“潜绩”考核紧密结合，更重视未来“潜绩”的预期研判，对干部在工作中或几年内生态文明建设情况进行评估，让多年之后才可能出现的“潜绩”体现在考核结论上，鼓励和引导干部多做打基础、想长远的工作，不求一时之功，通过干部生态建设中考核内容的指向作用，以此来激励区域决策者推动生态文明建设的积极性和主动性。

评判城镇化进程中的生态文明建设绩效，需要差别化考核、分类指导。在主体功能区划格局下，优化开发区和重点开发区是城镇化的“主角”，这两类地区是未来承载产业与人口的主要地域单元，也是将生态文明理念融入城镇化全过

① 丁四保:《主体功能区的生态补偿研究》，科学出版社 2009 年版，第 13—14 页。

程的主阵地。但这两类地区的资源环境承载基础、现有开发密度和未来发展潜力不尽相同，若用统一的绩效考核指标难以发挥有效的指导作用，需要差别化对待。对优化开发区而言，现有开发密度已经较高且生态环境压力已经较大，建设生态文明需要重点考核高端产业发展、开发强度控制、土地利用多样化、自主创新能力、环境保护技术的研发、生态恢复与治理的投入等方面，使该类型区域成为生态文明程度高、环境保护标准高的示范区域。对重点开发区而言，仍具备大规模承载产业和人口的基础与能力，并且担负着承接来自优化开发区域产业转移、来自限制、禁止开发区域超载人口转移的职责，建设生态文明需要重点考核城镇人口增长和城镇建设扩张带来的生态环境效应，兼顾经济增长与质量效益、城镇化数量与质量、经济—资源—环境的协调共生，具体包括能源资源的利用效率、废弃物无害化处置率、发展方式的转型程度、节能建筑的推广力度、公共交通的普及率、居民对生态文明建设的参与程度等方面。

第三章　主体功能区规划与低碳城乡发展

主体功能区规划是我国在新时期完善空间规划体系，规范国土空间开发秩序的一项重要战略。该规划战略对建设美丽中国、推进城乡低碳发展具有重要影响。按照主体功能区规划的思想，它是在尊重自然的基础上，根据不同区域的资源环境承载能力、现有开发强度和未来发展潜力，统筹谋划人口分布、经济布局、国土利用和城镇化格局，确定不同区域的主体功能，并据此形成差异化的发展方向，完善区域政策，控制开发强度，逐步形成人口、经济、资源环境相协调的国土空间开发格局。

一、主体功能区规划

（一）主体功能区的提出背景①

我国经济在改革开放30多年里得到快速增长的同时，对资源、环境和生态的冲击日益严峻，由此带来发展方式粗放及碳排放不断增长，这些严峻问题突出地表现在土地、水资源、生态环境和区域开发等方面。

土地资源上，我国尽管是世界第三大国，但是，真正可供开发利用、适宜人们生活居住和生产的空间有限。从地形地貌看，我国山地多，平地少。海拔4000米以上的高原和高山有193万平方公里，戈壁56万平方公里，流动沙丘45万平

① 国务院发展研究中心课题组:《主体功能区形成机制和分类管理政策研究》，中国发展出版社2008年版，第96—101页。

方公里。这类国土总共有294万平方公里，占我国陆地国土面积的30.6%，即我国近1/3的国土属于难以开发利用、不适宜人们生活居住和生产的空间。从耕地看，我国耕地面积为18.27亿亩，人均耕地只有1.39亩，仅为世界人均水平的1/3。全国2800多个县中，人均耕地低于联合国粮农组织确定的0.8亩警戒线的就有600多个。在有限的耕地中，缺乏水源保证、干旱退化、水土流失、污染严重的耕地还占有相当比例，保障我国食物安全的优质高产耕地更是十分有限。

水资源上，水资源短缺与经济社会发展对水资源的需求不断增长的矛盾十分突出。我国人均水资源2200立方米，约为世界人均水平的1/4，正常年份全国缺水量近400亿立方米。部分流域和地区水资源开发利用程度已接近或超过水资源和水环境承载能力，全国600多座城市中，400多座存在不同程度缺水问题，100多座面临缺水问题，地下水超采问题较为普遍，北方地区河流断流日趋严重，一些地区出现湖泊干涸、湿地萎缩、绿洲消失，严重影响了经济社会的可持续发展。人多水少，水资源时空分布不均，水资源与经济社会发展布局不相匹配，是中国的基本水情。而长期粗放的经济增长方式和空间开发与水资源分布的不协调则加剧了水资源问题的严重程度，也加大了这些问题的解决难度。

生态环境上，水污染、大气污染、荒漠化、水土流失、固体废弃物排放等问题十分突出。目前我国水土流失面积已达356万平方公里，占国土总面积的37.1%，沙化土地面积174万平方公里，占18.1%,荒漠化仍呈加速扩展态势，90%以上的天然草原在退化；沙尘暴灾害仍然高发，越来越多的区域正在成为不适宜人们生存发展的空间。特别是长江、黄河上游的水土流失，“三河三湖”（淮河、海河、辽河，太湖、巢湖、滇池）地区的水污染，工业发达和经济密集地区的二氧化硫排放等，已经严重威胁到生态安全和经济社会的可持续发展。我国正处于重化工业加速发展时期，冶金、电力、有色、化工、水泥等高耗能行业在经济体系中占有很大比重，能耗水平普遍较高，未来生态环境压力依然很大。

空间开发无序的问题主要表现在，近年来许多地区不顾自身的资源环境承载力、区域分工条件和比较优势，围绕地区经济增长，盲目开发和发展不适合本地特色的产业体系，宏观上形成了适合开发的地区在大力开发，不适合开发的地区也在大力开发的空间开发态势。比如，在环境敏感和脆弱地区搞工业开发，在水资源严重短缺的地区发展高耗水产业，在能源短缺的地区发展高耗能产业，在土地资源短缺地区搞低附加值的加工业，在水土流失严重地区和荒漠化地区盲目开发农牧业等。导致在短时期内和局部取得一定效益的同时，造成长期的、整体的环境和经济损失，许多地区因此付出了难以挽回的代价。同时，随着城市化进程的加快，许多地区盲目推进城市化进程。陆大道院士认为我国当前的城镇化进程出现“冒进”态势。支撑冒进式城镇化进程的是以各种形式浪费大量的土地资源为代价。如一些城市好高骛远地提出建设国际大都市的目标，摊大饼式的快速扩张土地，一些开发区式开而不发，盲目扩张等都助长了浪费土地的情形。

空间无序开发还表现为低水平重复建设和恶性竞争。比如我国的钢铁、汽车、石化、有色金属、建材等领域都不同程度地存在着布局分散、产业集中度低和重复建设的问题。另外，在招商引资过程中，一些地方政府动用行政手段，层层压指标，竞相出台优惠政策，甚至不惜用“零地价”、“电价补贴”等各种扭曲市场的行为，扩大引资规模。空间的无序开发不仅制约了区域比较优势的发挥和各地形成合理的分工协作格局，也造成了严重的资源环境问题，影响了市场秩序和资源配置效率。

上述问题产生的原因可概括为：

（1）地方政府主导的区域增长模式加剧了空间开发的无序。

我国转型时期向地方行政性分权的改革战略，和中央与地方的分税制及事权向地方下放，导致了地方政府围绕地区 GDP 和税收增长推动经济增长的激励和冲动，形成了过去一个较长时期内地方政府推动经济增长的主体格局。传统体制下按照中央统一安排进行的地区之间的计划协调开始逐渐被地区间围绕市场资源所展开的竞争所替代。以地方政府为主导的辖区竞争和行政区经济成为我国经济发展中的一个重要现象。这种模式在推动经济快速增长的同时，也导致各地区不顾自身的资源环境承载力和其在区域乃至全国经济体系中的分工与定位，竞相制定不切实际的发展目标和发展重点，不仅导致各地区各自为战和重复建设，并带来严重的恶性竞争和无序开发。

（2）产业投资政策与区域政策之间衔接不够。

长期以来，我国的产业政策和投资政策主要是按领域实施的，鼓励或限制的产业目录及相关的投资政策缺乏与不同区域之间的系统衔接。而区域政策的空间实施单元的规模总体偏大，从东、中、西三大地带到东部、中部、东北、西部四大板块区域，区域政策的具体实施基本上是依省级行政区划为单元，过大的空间单元必然会降低区域政策的针对性。这种政策体系一方面导致产业和投资政策难以对区域空间开发秩序进行系统和有效的宏观调控，另一方面也容易导致宏观调控上对不同地区不得不进行“一刀切”，难以实现因地制宜和分类管理。按领域实施的产业投资政策与区域政策之间衔接不紧密，削弱了产业投资政策的空间调控功能，不利于不同地区之间构建发挥整体效益的产业和功能分工协作体系。

（3）缺乏有效的空间规划和系统的空间治理方式。

合理有序的空间规划是保证空间开发秩序的前提和基础，也是有效实现空间治理的重要方式。目前我国已经初步建立起了包括城市规划、区域规划、国土规划组成的空间规划体系。但总体上看，三大规划不同程度地存在规划体系不健全，规划实施缺乏有力的制度保障等问题，特别是三大规划之间的地位和关系还不明确，缺乏系统衔接和有效协调，甚至存在相互矛盾与冲突，导致一方面，空间开发和治理缺乏整体和长远的统筹考虑和安排，城市建设、区域协调和资源的开发利用不能很好地结合；另一方面，规划实施过程中由于各项规划内容存在重复和空间重叠问题，使得相关政策目标难以统一，规划实施的有效性受到影响。

基于这些问题，我国"十一五"规划提出实施主体功能区战略，根据各区域的现实条件和发展潜力进行空间开发战略部署，这项战略是基于对区域发展理念、功能定位、方向和模式等加以确定并分类管理的空间开发战略，以促进人与自然相协调。推进主体功能区空间管治的思路和模式的形成，对未来优化国土开发、人口分布、经济布局、生态系统建设等具有长期和重大的影响。

（二）主体功能区规划的理论基础

1. 地域分异理论

地域分异是指地球表层自然、经济、人文景观的地区差异性，研究地球表层科学的地理学在不同的分支学科对地域分异有不同的划分。自然地理学认为，地域分异规律是在特定地域范围内，自然地理环境各组成要素（包括太阳能辐射、海陆位置、地形地貌等）表现出的空间组合规律。经济地理学认为地域分布规律是指地域生产综合体（由代表地区经济特定的专业化生产部门，与其协作配合的辅助性生产部门以及为地区服务的自给性生产部门，共同组成的综合生产体系）及各生产部门，在特定空间范围内的分布与组合格局所表现出来的内在联系，影响地域生产综合体形成的因子包括：经济地理位置、自然资源、交通条件、信息条件、历史基础等。人文地理学认为，地域分异规律是指一定地域范围内的人文景观（包括人口地域综合体、聚落景观、旅游景观、地域政治系统、社会景观、民族共同体、文化景观等）的组成成分相互联系、相互制约，在政治、社会、文化、民族等因素的长期历史作用下所表现出的规律性①。

地域分异是主体功能区划分的前提，主体功能区划分是对区域诸多要素客观存在的地域分异规律的揭示，地域分异的因素为主体功能区划分依据的选择提

① 朱传耿等：《地域主体功能区划——理论、方法、实证》，科学出版社2007年版，第53页。

供了理论根据，因而划分主体功能区必须考虑的主要因素包括：资源禀赋、生态状况、环境容量、区位特点、现有开发密度、人口集聚状况、经济结构特定、参与国际分工程度和经济社会发展战略等。因此，地域分异决定了主体功能区划分的空间格局，是其实施的理论依据之一。

2. 人地关系理论

人地关系是指人类活动与地理环境的关系，其形成是以人类的出现为前提，以人类劳动方式为手段，以物质技术为中介而构建的。人地系统是以地球表面一定地域为基础的人地关系系统，即人与地在特定的地域中相互联系、相互作用而形成的一种动态结构，是人地关系研究的物质实体系统。因此，人地系统是地理环境和人类活动相互作用、相互融合、相互统一的一个“人类社会—自然环境”综合体，它是人文地理学研究的中心课题。人们对于人地关系的认识经历了漫长的历史过程，从原始的混沌状态逐渐清晰起来。在这个过程中产生过许多不同的学派，如古代朴素的人地关系思想，近代的地理环境决定论、二元论、人地相关论（或然论、可能论）、适应论、人类生态理论、景观论、生产关系决定论、唯意志论等。

20 世纪 60 年代，面对人口剧增、资源匮乏、环境恶化、生态失调等日益严重的全球性问题，人类才开始意识到人与自然环境之间应保持和谐、协调的关系，由此产生了人地关系理论上的又一次飞跃，谋求人与自然环境共生和谐的人地关系和谐论诞生。和谐论认为，人地关系包括两个方面：一方面人类应顺应自然规律，充分合理地利用地理环境；另一方面要对已经破坏的不协调的人地关系进行优化调控。

基于人地关系理论，人类要发展，社会要进步，必然要对自然生态环境系统进行开发利用和索取，尤其是工业化社会以来，人类社会在人地关系中的地位提高和影响力加强，自然生态系统已对那些高强度、过快和无序的开发产生了极端的反应。在当前人类活动发挥主要作用的人地关系系统中，调控人地关系实际上就是要调整人类活动的内容、方式和强度。要在自然生态系统承受能力限度内合理有序地开发利用，以保证自然环境系统顺向演替为基本前提，不是无限的，更不是要在所有的地域空间均等进行。要根据自然环境系统本身固有的承受能力差异，选择那些资源环境承载能力强的地区进行人口和经济的集聚，发展工业化和城镇化，在那些生态环境敏感和脆弱的地区则要进行生态修复和环境保护，按照不同的地域空间进行不同的功能定位，从根本上调控人地关系。主体功能区建设就是针对这些问题，划分国土空间，进行功能定位，明确主体功能，管制开发强度，调整区域开发格局，以“限制”人类活动为基本目的的规划①。

3. 生态经济理论

生态经济是遵循生态规律和经济规律，依据生态经济系统的结构和功能，在先进适用技术支持下，合理开发和持续、高效、循环利用各种物质资源和能量，追求经济社会又好又快发展与生态环境持续改善互促共进、有序循环的区域发展模式。

生态经济理论以生态经济系统为研究对象，以推进生态与经济协调发展为目标，体现了生态经济一体化发展的理念，为主体功能区划分提供了理论指导。主要表现在：一是为科学选择地域主体功能区划分指标体系提供了理论指导。主体功能区划的指标设计包括资源环境承载能力、现有开发密度和发展潜力三个方面。其中，资源环境承载能力所考虑的是生态系统基础支撑能力，衡量的是生态系统可持续发展水平与能力，现有开发密度与发展潜力则主要是从现有发展水平与未来发展趋势等方面考虑经济系统的持续发展能力。这一指标设计思想体现了区域发展中经济与生态相协调的思想。二是为推进区域经济与生态协调发展提供理论依据。与我国经济快速增长相伴随的是资源枯竭、水土流失、土地沙化、环境污染、生物多样性减少等资源环境问题以及区域差距不断扩大的问题，为解决这些问题国家已经采取了一系列措施，包括财政转移支付、生态补偿、差别化区域政策和产业政策，但由于这些政策多是以行政区为单元，强调的是行政区的均质性，较少甚至忽视行政区内的异质性特征，往往导致政策执行效果不高。因此，主体功能区打破行政区域界限，按照其生态本底和发展潜力组织区域发展，不仅有利于促进区域生态与经济协调发展，而且有利于促进区域发展和谐格局的构建②。

（三）主体功能区的内涵与类型

主体功能区是基于不同区域的资源环境承载能力、现有开发密度和发展潜力等，按照区域分工和协调发展的原则，将特定区域确定为不同主体功能定位类型的一种空间单元与规划区域。就组成而言，“主体”是指一个地区承载的主要的功能，或者是发展经济，或者是保护环境，或者是其他功能。“主体功能”决

① 冯德显等：《基于人地关系理论的河南省主体功能区规划研究》，《地域研究与开发》2008年第2期。

② 朱传耿等：《地域主体功能区划——理论、方法、实证》，科学出版社2007年版，第74页。

定了区域的空间属性和发展方向，是主体功能区的核心与灵魂。之所以标明“主体”，是因为在一个主体功能区内，其功能是多元的、综合的。除了主导功能，还有辅助功能、次要功能。

主体功能区按开发方式，分为优化开发区域、重点开发区域、限制开发区域和禁止开发区域；按开发内容，分为城市化地区、农产品主产区和重点生态功能区。

1. 按照开发强度划分

（1）优化开发区域。

优化开发区域是指国土开发密度已经较高、资源环境承载能力开始减弱的区域。这类地区的特征表现在：一是承载了大量的经济活动和人口；二是发展基础和条件较好，区域竞争优势明显；三是进一步发展受到资源环境容量的约束；四是转变增长方式和产业结构优化升级的压力比较大。优化开发区域的功能定位及发展方向是要改变依靠大量占用土地、大量消耗资源和大量排放污染实现经济较快增长的模式，把提高增长质量和效益放在首位，提升参与全球分工与竞争的层次，继续成为带动全国经济社会发展的龙头和我国参与经济全球化的主体区域。从国家层面来看，我国东部沿海地区，尤其是珠江三角洲、长江三角洲、京津冀等是比较典型的宏观性优化开发区。

（2）重点开发区域。

重点开发区域是指资源环境承载能力较强、经济和人口集聚条件较好的区域。这类地区的特征表现在：一是具有较好的资源环境条件和经济社会发展潜力；二是对全国和地区经济社会发展具有带动支撑作用；三是具有承接产业转移与人口集聚的条件和能力；四是基础设施水平和经济社会发展条件亟待改善。这类地区要充实基础设施，改善投资创业环境，促进产业集群发展，壮大经济规模，加快工业化和城镇化，承接优化开发区域的产业转移，承接限制开发区和禁止开发区域的人口转移，逐步成为支撑全国经济发展和人口集聚的重要载体。重点开发区域的分布，从宏观尺度而言，辽东半岛、山东半岛、闽东南地区、中原地区、武汉城市圈、长株潭地区、关中地区、成渝地区、北部湾沿岸、天山北麓地区等区域是我国国家层次的重点开发区域。

（3）限制开发区域。

限制开发区域是指资源环境承载能力较弱、大规模集聚经济和人口条件不够好并关系到全国或较大区域范围生态安全的区域。这类地区的特征表现在：一是具有明显的生态保障功能；二是自然条件差，经济社会发展水平低；三是人类活动超过了当地资源环境承载能力；四是开发成本和开发后修复成本较高。这类

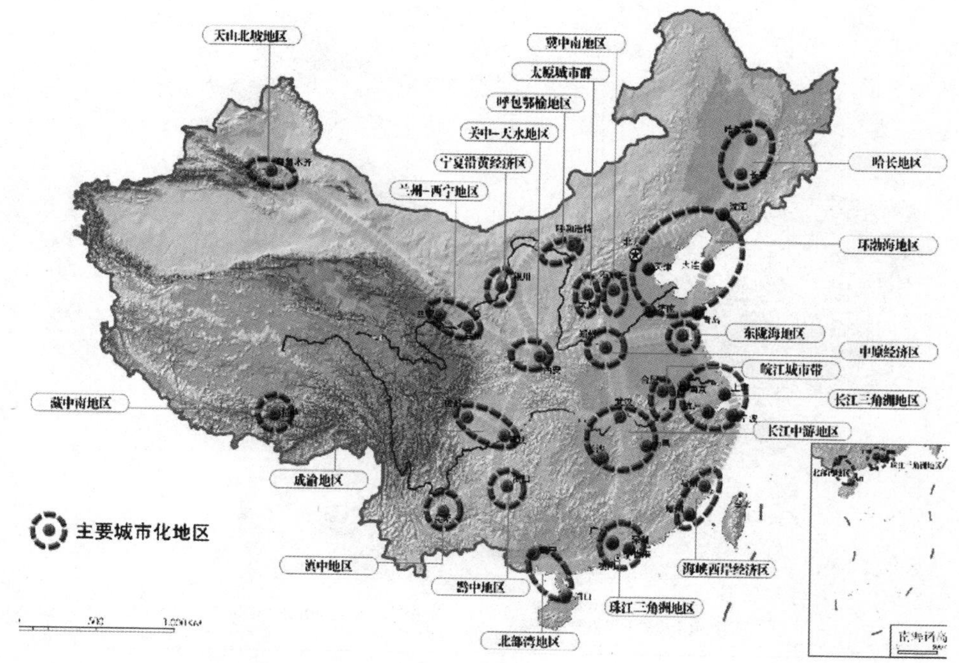

图 3—1　我国“两横三纵”城市化战略格局

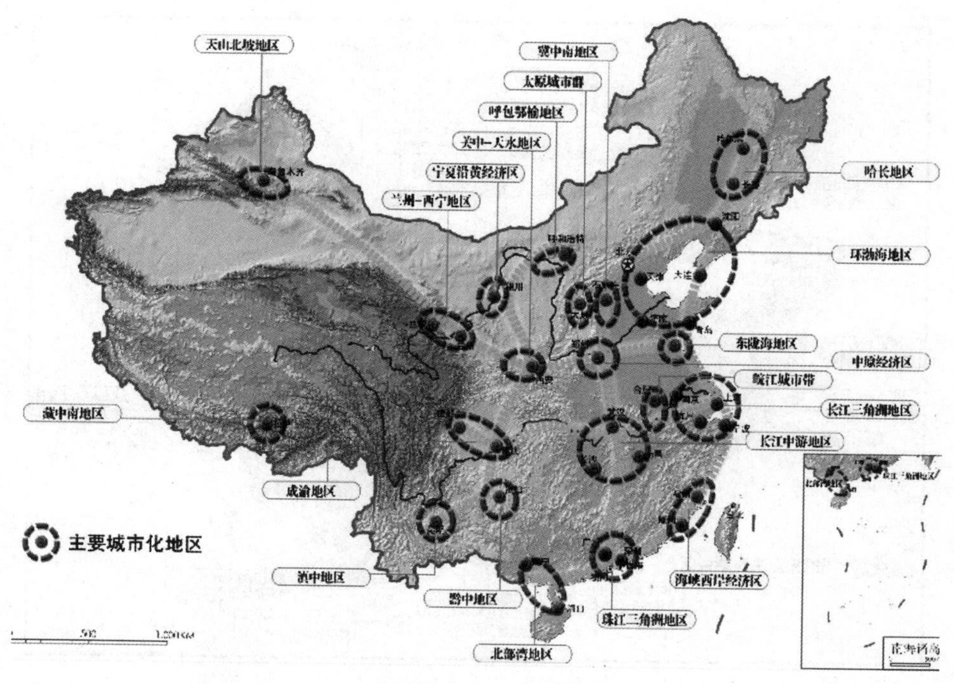

图 3—2　我国“七区二十三带”农业战略格局

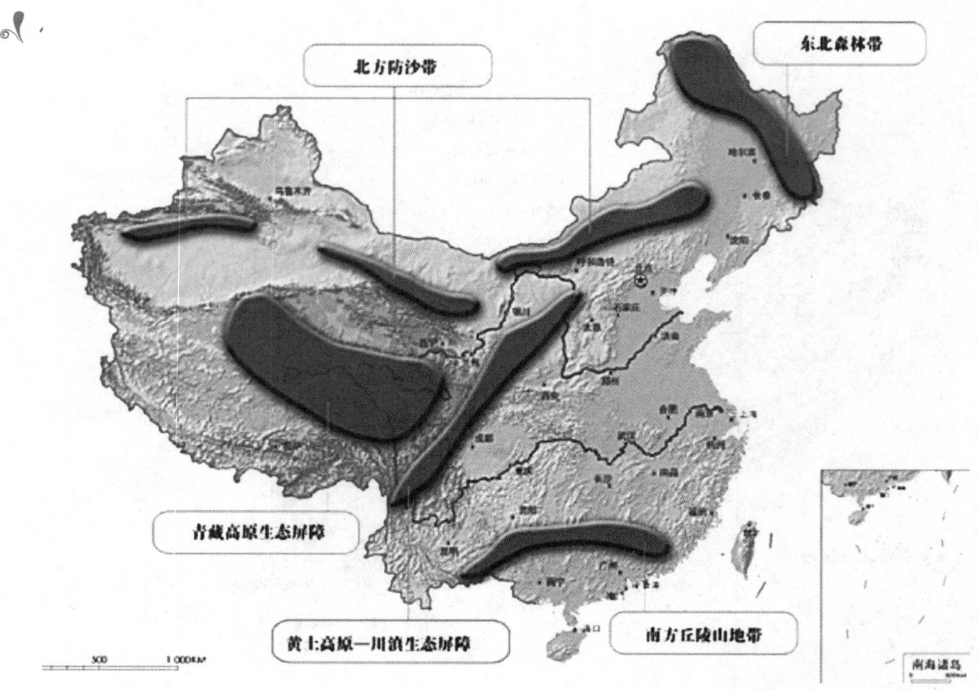

图 3—3　我国“两屏三带”生态安全战略格局

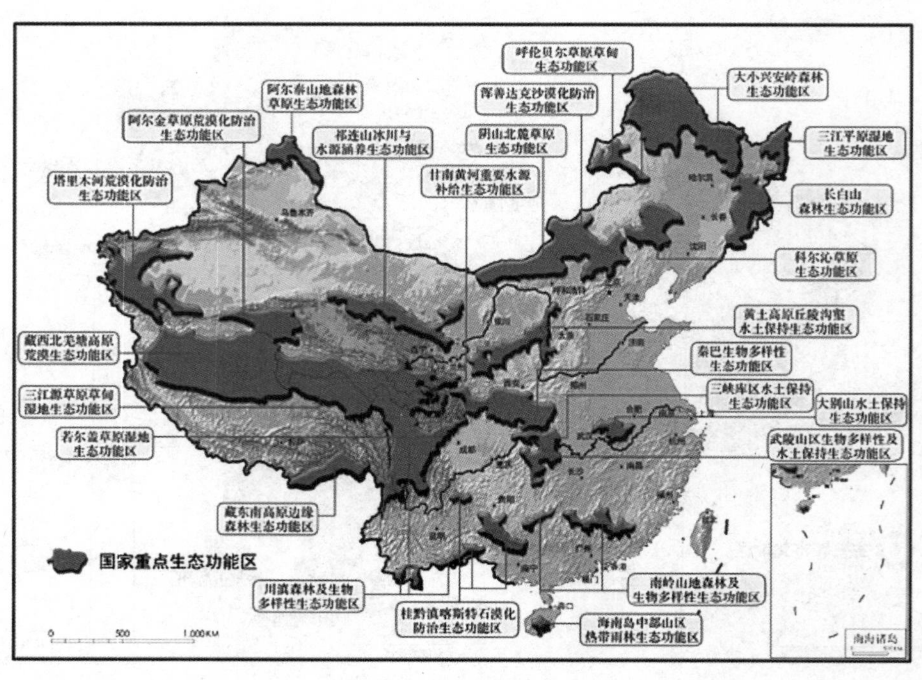

图 3—4　国家重点生态功能区分布图

地区要坚持保护优先、适度开发、点状发展，因地制宜发展生态经济和特色产业，加强生态修复和环境保护，引导超载人口逐步有序转移，逐步成为全国或区域性的重要生态功能区。目前就全国而言，属于限制开发的区域有东北的大小兴安岭、长白山林地、三江平原湿地等，西北的新疆阿尔泰、青海的三江源等地，内蒙古的部分沙漠化防治区，西南等地的一些干热河谷、喀斯特石漠化防治区，黄土高原水土流失防治区，大别山土壤侵蚀防治区等。

（4）禁止开发区域。

禁止开发区域是指依法设立的各类自然保护区域。这类地区的特征表现在：一是具有重要的自然生态和人文价值功能；二是主要位于发展水平相对落后的中西部地区；三是保护和脱贫之间存在尖锐矛盾；四是大多具有较好的旅游休憩开发价值。这类地区要依据法律法规规定和相关规划实行强制性保护，控制人为因素对自然生态的干扰，严禁不符合主体功能定位的开发活动。国家禁止开发区域基本情况如表 3—1 所示。

表 3—1　国家禁止开发区域基本情况

类型	个数	面积（万平方公里）	占陆地国土面积比重（%）
国家级自然保护区	319	92.85	9.67
世界文化自然遗产	40	3.72	0.39
国家级风景名胜区	208	10.17	1.06
国家森林公园	738	10.07	1.05
国家地质公园	138	8.56	0.89
合计	1443	120	12.5

资料来源:《全国主体功能区规划（2010）》。

2. 按照开发内容划分

城市化地区、农产品主产区和重点生态功能区，是以提供主体产品的类型为基准划分的。城市化地区是以提供工业品和服务产品为主体功能的地区，也提供农产品和生态产品；农产品主产区是以提供农产品为主体功能的地区，也提供生态产品、服务产品和部分工业品；重点生态功能区是以提供生态产品为主体功能的地区，也提供一定的农产品、服务产品和工业品。

主体功能区规划下的城市化地区，是我国未来集聚人口和产业的主要区域，全国层面形成“两横三纵”城市化战略格局，如图 3—1 所示。农产品主产区是保障国家粮食安全的重点区域，全国层面形成“七区二十三带”农业战略格局，如图 3—2 所示。重点生态功能区是维护国家生态安全的重点区域，全国层面形成

"两屏三带"生态安全战略格局，保护好重点生态功能区，如图3—3、3—4所示。

（四）主体功能区的意义

主体功能区是为规范和优化空间开发秩序，根据不同区域的资源环境承载能力、现有开发密度和发展潜力等，按照一定指标划定的具有某种特定主体功能定位的地域。它既可以作为国家实行空间管治和相关政策的规划区，也可以作为国家实施分类指导和调控的基本地域单元。这是新时期在科学发展观指导下提出的一种促进区域经济协调发展的新思路。它将有利于全面协调经济、社会、人口、资源和环境之间的关系，引导经济布局、人口分布与资源环境承载能力相适应，促进人与自然的和谐发展。

1. 理论意义

（1）对区域经济发展理论的丰富。

首先，主体功能区的提出使得区域发展的定位更加科学，突破了传统以行政区为地域单元定位和谋发展的理念。主体功能区根据区域的资源环境承载能力和发展潜力来定位类型，明确了不同区域的主体功能及发展方向，从而有利于区域因地制宜地发展。其次，它丰富了地域分工理论。主体功能区规划将国土空间划分为四大类型的地域单元，指明了不同地域单元的主体功能分别是社会的、经济的、生态的，它突破了传统的基于产业的分工理论，是一种新型的地域分工思想。最后，它为统筹区域协调发展提供了新思路。尽管不同区域的主体功能不同，但是区域发展的本质既需要经济的发展，也需要社会的进步，还需要生态环境的改善。一个区域的主体功能只有一种，不能同时满足人们多方面的需求，因此，要想使人们的生活水平整体提高，实现整体区域的帕累托最优，就必须加强不同区域之间的分工与合作，使全国成为一个相互联系、相互依赖的整体。

（2）对区域管理理论的创新。

首先，重构了区域管理的空间范围。主体功能区的划分，推动了地方管理经济理念的转变，不能以行政区来塑造地方的经济结构，突破了以行政区的刚性约束和政府统治为要义的行政区行政的缺失。主体功能区的管理是以区内共同问题和事务为价值导向，而非以行政区的切割为出发点，因而摒弃了传统的"内向型行政"，奉行"主体功能区"，把大量跨行政区的"外溢性"问题纳入自身管理范围，引导区域的科学发展。其次，升华了区域管理的理念。主体功能区由注重经济转向注重社会和人的需求，强调人的全面发展。主体功能区的划分培植了区域管理的创新观念，使区域管理不仅是讨论经济变量的问题，而且是探寻并满足经济总量扩大背后隐藏的更深层次的社会和人的需求。按主体功能区构建区域发展格局并实施分类管理的区域政策，使协调发展落实到“人”，使区域管理体现“一切为了人”的思想和要求。最后，区域管理评价指标科学化。主体功能区规划将资源与环境纳入区域管理的评价指标体系，改革了以 GDP 为基础指标的传统区域管理评价体系，体现了尊重不同区域的资源环境承载能力，区别不同区域的发展内涵，制定出更有针对性、差别化的区域政策，从发展目标导向上避免资源的过度开发，有利于促进区域的可持续发展①。

（3）对区域规划体系的完善。

我国区域规划工作始于 20 世纪 50 年代中期，目前的多数区域规划是上世纪 90 年代初编制完成，与我国现阶段区域差异明显、区际竞争激烈、农村地域广阔、城市化进程加速推进、资源环境问题日益突出、空间开发无序、空间结构失衡的国情还不太适应。具体表现在：①空间层次过多，包括全国范围、跨省区范围、省域范围、跨市域范围、市域范围、县域范围、村镇域范围 7 个层次；②彼此地位错位，如作为地域单元变动最为剧烈的市级行政区的市域规划最为普及，而作为社会经济基本地域单元的县级行政区的县域规划则相对薄弱；③统筹全国空间利用的国土规划亟待完善和获得相应法律地位；④涉及跨省级行政区的国家级城市区域规划进展相对缓慢，协调难度非常之大；⑤直接面对广大农村地域的村镇规划比较匮乏；⑥对国土空间无序开发缺少必要的管制规划等方面②。主体功能区规划的提出，在全国和省域层面开展主体功能区规划，有利于整合目前区域规划体系，解决规划彼此关系混乱、规划内容重复和规划目标相互冲突等问题。同时，主体功能区规划战略性、基础性和约束性的性质定位，也就决定了其在区域规划体系中理应占据核心指导地位。这也是新时期中国区域规划体系重构的立足点和切入点，其他各类区域规划地位关系都应围绕主体功能区规划而设置。

2. 实践意义

（1）促进区域的合理分工与协调发展。

主体功能区建设的核心内容是根据不同区域的资源环境承载能力、现有开

① 陈潇潇、朱传耿：《试论主体功能区对我国区域管理的影响》，《经济问题探索》2006 年第 12 期。

② 曾菊新、刘传明：《构建新时期的中国区域规划体系》，《学习与实践》2006 年第 11 期。

发密度和发展潜力等，按区域分工和协调发展的原则，赋予其不同的主体功能定位，明确各区域的发展方向。这将有利于优化资源空间配置，提高资源空间配置效率，推动形成各具特色的区域经济结构和合理的区域分工格局，促进区域经济的协调发展。

（2）促进经济发展方式的转变。

20 世纪 90 年代以来，地方发展经济的积极性被极大释放，各地区不管有无条件，都片面追求 GDP 增长，强调加快工业化和城市化，结果导致各地开发区遍地开发，工业项目散乱布局，城市规模无限扩张，生态环境污染严重。划分不同类型的主体功能区，明确哪些区域应该优化开发，哪些区域应该重点开发，哪些区域应该限制或禁止开发，将有利于促进各地区经济发展方式的转变，规范和优化空间开发秩序，逐步形成科学的空间开发结构，使经济建设逐步走向可持续发展的轨道。

（3）有利于政府分类指导与调控。

20 世纪 90 年代以来出现的盲目攀比、相互竞争、无序开发等现象，与现行的一些不合理的行政体制、政绩考核和相关政策密切相关。因此，从科学发展和适宜性评价的角度，开展主体功能区规划工作，并对不同主体功能区实行分类的区域政策和政绩考核，有利于贯彻“区别对待、分类指导”的思想，促进政府职能创新，对不同类型的区域实行分类管理和调控，避免过去宏观调控中长期存在的“一刀切”现象。

二、主体功能区对低碳城乡影响

主体功能区的提出，在理论上丰富了区域经济发展理论、创新了区域经济管理理论、完善了区域规划体系，实践中促进了区域的合理分工与协调发展、推动经济发展方式转变、有利于政府对区域分类指导和调控。尽管主体功能区规划的推进实施有各种阻力，但“十二五”规划进一步明确要实施主体功能区战略，相比于“十一五”依据开发强度划分的四类功能区，“十二五”规划更加具体和形象，依据区域形态划分为城市化地区、农产品主产区和生态功能区三类。作为空间规划的主体功能区战略看似与低碳城乡发展关联性不大，实则不然。因为主体功能区规划是基于各区域自然生态的本底条件与承载能力来选择适宜本地区的发展模式与道路，是从根本上扭转工业化、城市化对生态敏感地区的冲击与破坏，降低不同区域碳排放、克服超出区域承载能力的过度开发的战略思路[①]。唯有落实主体功能区规划，才能规范国土空间开发秩序、协调不同区域的主体功能定位，形成差异化定位、错位互补的协调发展格局。在此基础上，针对各类主体功能区构建适应开发强度的碳减排实施路径，发挥不同功能区之间在固碳减排上的协作效应，从而实现整体节能减排、固碳增汇的目标。

（一）主体功能区与城乡关系协调[②]

主体功能区作为规范国土空间开发秩序的一种空间规划，对城乡两类地域单元在发展定位、比较优势识别、协作关系、绩效考核引领等方面做出了新的规划与调整，有助于在以城带乡、以工促农背景下进一步提高农村、农业、生态的发展地位，进而协调城乡关系。

1. 明确城乡定位，走差异化发展道路

主体功能区立足于资源环境承载能力来确定各区域的开发强度和发展形态，对城市与农村两大类地域系统明确各自定位，形成差异化发展模式具有促进作用。落实主体功能区正是改变目前某些地区“城市像农村、农村像城市”的根本策略。不同区域明确主体功能定位，采取差异化的发展战略形成布局合理、形态各异、功能互补的空间格局，是保障城市与农村两类异质单元得以可持续协调发展的必由之路。

对于开发密度较高的区域实行优化开发，重点发展服务业等高端产业，引导一般产业向城市外围转移，通过产业转移、功能辐射带动周边地区发展，从而实现城乡协调发展；对承载能力较强的区域实行重点开发，使之成为工业化、城镇化的主要空间载体，提高综合承载能力集聚更多农村富余人口，为统筹城乡发展、发展现代农业减轻人口压力；对担负一定生态职能的区域实行限制开发，发展符合地方承载容量的特色产业，并逐步引导超载人口转移到重点开发地区，这类地区切不可盲目追求工业化和城镇化而破坏生态环境。从局部视角看，盲目开发似乎短期内提高了城乡居民收入实现了城乡发展，但从全局考虑，限制开发地区的生态破坏会影响到更大范围乃至全国的生态安全和粮食安全，尤其对该区域的农村和农民而言，更是失去了未来发展的基础和保障；对各类自然保护区实施

---

① 杨梅：《统筹湖北城乡发展的规划思路探讨》，《湖北省社会主义学院学报》2012 年第 5 期。

② 郝华勇：《基于宏观中观微观规划视角的统筹城乡发展探讨》，《湖北农业科学》2013 年第 18 期。

严格的禁止开发的保护策略，控制人为因素的干扰与破坏。

2. 理顺城乡协作关系，彰显各自比较优势

在二元经济结构中，城市与农村的协作关系表现为农村提供农产品、城市生产工业品和提供服务，农产品相对于工业品和社会服务而言，价格波动大且需求弹性小，农民既承受着自然风险对农产品产量的影响和市场风险对农产品价格的冲击，收益难以稳定。而广大农村除提供农产品外，一些林区、牧区等区域通过退耕还林、退草还林修复了生态环境，但生态环境改善带来的外部效益并不能内化为生态敏感区域农民的收益，生态环境的公共地悲剧效应挫伤了生态区域农民从事生态环境修复与保护的积极性，也无法使区域外部享受生态环境改善带来正效应的群体支付外部成本，故城市与农村的协作关系只表现为市场经济条件下商品的交换和要素的流动，对广大农村地区（包括农产品主产区、林区、牧区）所拥有的生态环境职能和优势却未赋予价值内涵和量化补偿，抹杀了这些地区的生态环境优势，虽然强化了城市在要素集聚与生产交换方面的优势，却弱化了广大农村生态环境优势作为比较优势的彰显，使农村在城乡关系中处于被动、弱势地位。

主体功能区规划的实施，其中一个重要的配套政策就是建立生态补偿机制，而这一机制发挥作用的前提就是首先对生态产品赋予价值内涵和量化测度，肯定生态环境的价值与价格。这既是彰显广大农村集聚生态要素的比较优势、保护当地农民生态修复与维护积极性，也是约束城市保护环境、节能减排，对享受生态正效应付费的举措。因此，主体功能区的实施，可以通过生态产品定价和补偿的形式来提高这些地区农民收益，协调城乡关系。

3. 区别城乡绩效考核，引导人口与经济协调

目前区域发展绩效考核存在片面强调经济产值、GDP 崇拜的倾向，导致广大农村地区无论是否拥有生态环境承载能力和要素保障条件，都纷纷招商引资，承接城市淘汰的高污染企业，短期来看，似乎创造了工业产值、带来了财政收入、提供了就业岗位、致富了部分农民，但从长期看，对当地生态环境的冲击与破坏为日后埋下了隐患，且短期的收益远不足以支付未来修复的成本。并且，无差别的政绩考核更是引导广大农村陷入唯有工业化才能破解城乡差距的怪圈，忽略了农村挖掘自身比较优势和特色产业的机会，束缚了农村自我发展能力的培育。

主体功能区实施的一个保障条件，就是对不同类型区域采取差异化的考核体系，以引导不同区域朝自身合理定位和主体功能方向发展。如对优化开发区域，重点考核转变经济发展方式的程度，自主创新能力的培育和高端产业的发

展；对重点开发区域，重点考核新型工业化和新型城镇化的发展水平，综合考察经济增长速度与质量的协调水平；对限制开发区和禁止开发区，则不再以 GDP 和经济指标作为考核对象，侧重于考核对当地生态环境的保护与修复，当地生态承载能力的提升。这些基于不同类型区域的差异化考核体系，可以为各类功能区指明努力方向和发展目标，城市地区通过产业集聚和城市群规划，提高承载产业和人口的能力与质量，农村地区主要围绕粮食生产和农产品加工，或生态环境保护与修复来发挥各自的主体功能，立足于各地生态环境承载能力引导人口迁移和产业集聚，实现城乡差异有序、良性互动的发展格局。

（二）主体功能区与低碳减排

主体功能区规划作为规范空间开发秩序的一类空间规划，对发展低碳经济、实现国民经济的节能减排具有明显的正向促进作用。这种效应主要表现在规范碳排放空间格局、有助于构建碳排放交易机制等方面。

1. 规范碳排放空间格局

在当前国土空间开发格局下，各区域基于 GDP 目标导向而盲目追求工业化和城镇化开发，导致能源消耗与 CO_2 排放呈现快速增长且工业排放源头分布零乱、不断扩散的空间格局。主体功能区战略的实施，势必会在规范国土空间开发秩序的背景下，使得 CO_2 排放源头的工业化项目与城镇化聚集强度因各区域主体功能差异而趋于集中，进而规范温室气体的空间排放格局，便于在集聚产业和人口的城市化地区大范围推广节能减排技术、应用清洁能源和普及低碳理念来发展低碳经济、建设低碳社会；在农产品主产区，依靠农业科技投入推进农业结构调整，降低温室气体排放强度；重点生态功能区通过推进天然林资源保护、退耕还林还草、退牧还草、风沙源治理、防护林体系建设、野生动植物保护、湿地保护与恢复等，增加陆地生态系统的固碳能力①。

2. 构建碳排放交易机制

主体功能区战略的实施需要生态补偿机制的保障，生态补偿机制是根据生态系统服务价值、生态保护成本、发展机会成本，综合运用行政和市场手段，调整生态环境保护和建设相关各方之间利益关系的环境经济政策，这与低碳经济发

① 张玉军、侯根然：《浅析我国的区域环境管理体制》，《环境保护》2007 年第 5 期。

展中碳排放权交易机制具有共同之处。碳排放权交易机制是通过排放单位排放量配额的分配，通过市场交易实现自身排放与配额的平衡，实际排放小于配额则可通过转让指标获得收益，实际排放大于配额则需要在市场上购买指标获得排放许可。主体功能区生态补偿机制的建立，既协调了不同主体功能区域的发展关系，也使生态产品理念深入人心，对构建碳排放交易机制大有裨益，从而约束不同区域碳排放行为，达到减少温室气体排放的目的。

（三）主体功能区与低碳城乡

主体功能区依据开发强度将国土空间划分为优化开发、重点开发、限制开发和禁止开发四类区域，依据开发内容划分为城市化地区、农产品主产区和重点生态功能区，这样的划分对城乡两类地域单元分别建设低碳城市、低碳农村及构建低碳城乡协作关系将产生积极的促进作用。

1. 主体功能区加速低碳城市建设

主体功能区中的城市化地区，作为集聚经济和人口的主要载体，具体又划分为优化开发区域和重点开发区域。优化开发的城市化区域指发展基础较好、开发密度较高，资源环境问题较突出的城镇地域，这类地区今后的发展方向应该是更加注重经济发展的内涵与效益，提高创新发展质量，扭转依靠要素投入驱动经济发展的传统模式，实现发展方式的转型。这既是发展低碳经济的契机与约束机制，也为低碳技术研发、创新提供了政策支持，让优化开发的城市化地区真正实现经济发展与能源消耗的脱钩，从高碳经济转向低碳经济。重点开发的城市化地区是指具备发展基础和大规模承载人口和产业的能力，今后的发展方向是走新型工业化、新型城镇化道路，在壮大经济实力的过程中同步建设两型社会，发展低碳经济，这既为这类区域发展低碳经济指明了道路，也为转变传统发展模式提出了目标导向，通过大力发展循环经济、清洁生产、紧凑型布局和节约型社会，实现经济发展与低碳社会目标的一步到位。

2. 主体功能区助推农村低碳发展

首先主体功能区的提出，对城乡协调发展的核心目标有了更高层次的认识，即城乡协调发展的目标是缩小不同区域享受基本公共服务的水平和差距，而非追求城乡经济发展水平与速度的同步，这为城乡协调发展、体现以人为本具有重要意义，为农村改善公共服务、提升农民生活水平、践行低碳生产生活方式提供了前提和基础。其次，主体功能区基于不同区域资源环境承载能力进行区域划分，对农村地区具有比较优势的生态资源、生态服务予以肯定，克服以往单纯强调经济增长下农村发展的劣势，突出在生态文明背景下，拥有生态基础、提供生态产品和服务亦可获得收益及发展的理念。第三，主体功能区对农村地区发展方向提出了差异化的定位思路，即提供农产品或发挥重要生态功能作为主要职能，在此基础上适度集聚人口和发展特色产业，避免发展高碳行业带来环境的负面影响①。

3. 主体功能区密切城市与农村碳排放协作

主体功能区所倡导的区域承担主体功能，体现地域专业化分工的思想，既指明了城市和农村差异化的发展方向和各自的比较优势，又为城乡加强联系、密切协作提供了机制与平台，即依托城乡所属的不同主体功能区展开生态补偿协作，一方面有利于城市将低碳理念、技术、产业向农村扩散，另一方面也促使农村提高固碳增汇的积极性，降低整体城乡地域系统的温室气体排放强度②。

三、不同功能区低碳城乡发展特色定位

（一）城市化地区

1. 优化开发的城市化地区

优化开发的城市化地区，作为经济发展具备实力、基础较好且开发密度已经较高的地区，今后低碳城乡的发展方向应体现在：产业结构上加快向高端、高效、高附加值方向升级，推动一般产业向周边区域扩散；动力结构上，构建区域创新体系，尤其是加大对低碳技术的研发投入力度，成为区域乃至全国的低碳技术创新中心，形成一批拥有自主知识产权的核心技术和知名品牌；空间布局上，优化城乡空间结构，控制建设用地增长，通过生态化、一体化的交通基础设施尽快形成城乡网络化的空间布局，保护并恢复农业和生态用地，提高区域生态环境

① 曹子坚、贾云鹏、张伟齐：《行政区经济约束下的主体功能区建设研究》，《华东经济管理》2009 年第 10 期。

② 刘桂文：《主体功能区建设对县域经济发展的影响分析》，《山东省农业管理干部学院学报》2010 年第 2 期。

的自我修复与保障能力。

2. 重点开发的城市化地区

重点开发的城市化地区，作为承载能力较好、具备大规模集聚产业和人口条件的区域，今后低碳城乡发展的方向应体现在：产业结构上，兼顾传统产业的生态化、低碳化转型与低碳新兴产业的培育，既要保留一定吸纳劳动力就业的产业形态，又要推进制造业与服务业的融合、工业化与信息化的融合，处理好经济增长、工业规模扩张与资源环境生态的关系，在走新型工业化道路上推进城乡融合，实现城乡一体化低碳发展；动力结构上，注重技术引进与消化吸收再创新，提高经济发展的科技进步贡献率，大力发展循环经济，实施重点节能工程，积极发展和利用可再生能源，加大能源资源节约和高效利用技术开发和应用力度，逐步向创新驱动型经济发展模式转型；基础设施上，提高规划的前瞻性与科学性，通过城乡基础设施的一体化布局，减少重复建设带来的浪费和不必要的交通需求，优化交通结构和各种交通运输方式的衔接与配合，超前规划轨道交通及城乡快速联通通道，体现交通过程的低碳化特征；空间布局上，扶持和培育城市群作为推进城镇化的主体形态，加大不同等级规模城市间的分工与协作，优化生产空间、生活空间和生态空间布局，将城乡一体化发展纳入城市群内部一体化融合进程中，并在一体化进程中实现低碳发展的一步到位，形成低碳城乡一体化发展格局。

（二）农产品主产区

农产品主产区作为主体功能区划分的一个类型，对保护耕地、维护国家粮食安全、克服过度工业化、城镇化对耕地的侵蚀发挥重要作用。农产品主产区的低碳城乡发展应在保障粮食安全、立足区域主体功能基础上，发展低碳生态农业、低碳农村社区，实现农业、农村的低碳发展目标①。具体模式包括：

1. 有害生产资料的减量、替代模式

化肥、农药、农用薄膜的使用，是工业革命成果在农业上的应用，对农业的增产作用显著。但带来农产品残毒，又有可能带来农业面源污染和土壤退化，影响农业的可持续发展。因此，低碳农业倡导化肥、农药、农用薄膜的减量、替

① 涂同明：《论低碳农业》，《湖北职业技术学院学报》2010 年第 4 期。

代。如用农家肥替代化肥，用生物农药、生物治虫替代化学农药，用可降解农膜替代不可降解农膜。

2. 立体种养的节地模式

立体种植、养殖可以充分利用土地、阳光、空气、水等农业生产条件，拓展了生物生长空间，增加了农产品产量，提高了产出效益。常见的形式包括农作物合理间种、套种的农作物立体种植，桑田秋冬套种蔬菜、桑田夹种玉米的农桑结合。意杨林中套种小麦、大豆、棉花等农作物的农林结合，苗木合理科学夹种的苗木立体种植，稻田养殖、菱蟹共生、藕鳖共生、藕鳝共生的农渔结合，稻田养鸭的农牧结合，意杨树下种牧草，养殖羊、鸭、鹅的林牧结合，水网地区的渔牧结合等。

3. 节水模式

鉴于我国农业用水量、灌溉用水量大、灌溉水利用系数低的现实，低碳农业需要大力发展节水型农业，采取科学的工程措施，积极发展砼防渗渠道和管道输水。减少和避免了水的渗漏与蒸发。推广水稻节水灌溉技术和农作物喷灌、微喷灌、滴灌等技术，最大限度提高水资源的利用率。

4. 节能模式

推广节能技术，从耕作制度、农业机械、养殖及龙头企业等方面减少能源消耗。变革不合理的耕作方式和种植技术，探索建立高效、节能的耕作制度。大力推进免耕、少耕和水稻直播等保护性耕作。旱作地区推广耐旱作物品种及多种形式的旱作栽培技术。冬季建造充分利用太阳能的温室大棚，种植反季节蔬菜。推广集约、高效、生态畜禽养殖技术，降低饲料和能源消耗。利用太阳能和地热资源调节畜禽舍温度，降低能耗①。

5. 清洁能源模式

利用农村丰富的资源发展清洁能源，包括：风力发电、秸秆发电、秸秆气化、沼气、太阳能利用等。结合新农村建设中“一池（沼气池）三改（改厕、改厨、改圈）”等工程实施，普及低碳理念、推广先进生活方式，加大农村废弃物的循环利

① 翁伯琦、王义祥、雷锦桂：《论循环经济发展与低碳农业构建》，《鄱阳湖学刊》2009 年第 6 期。

用力度，如秸秆还田培肥地力、秸秆氨化后喂畜、秸秆替代木材生产复合板材、利用桑树修剪下的枝条种植食用菌、利用畜禽粪便生产微生物有机肥等①。

（三）重点生态功能区

重点生态功能区，即生态系统脆弱或生态功能重要，资源环境承载能力较低，不具备大规模高强度工业化城镇化开发的条件，必须把增强生态产品生产能力作为首要任务，从而限制进行大规模高强度工业化城镇化开发的地区。根据我国不同区域承担各异的生态功能，可将重点生态功能区域低碳城乡划分为以下几类。

1. 水源涵养型区域

参考全国主体功能区规划，我国大小兴安岭森林生态功能区、长白山森林生态功能区、阿尔泰山地森林草原生态功能区、三江源草原草甸湿地生态功能区、若尔盖草原湿地生态功能区、甘南黄河重要水源补给生态功能区、祁连山冰川与水源涵养生态功能区、南岭山地森林及生物多样性生态功能区等区域属于水源涵养型区域。这类区域低碳城乡发展的定位应重点加强天然林保护和植被恢复，大幅度调减木材产量，对生态公益林禁止商业性采伐，植树造林，涵养水源，保护野生动物，禁止非保护性采伐，防止水土流失，封育草原，治理退化草原，减少载畜量，恢复湿地，实施退牧还草、退耕还林还草、生态移民等工程，依靠生态补偿机制和财政转移支付提高此类区域承载人口的公共服务水平，提升区域生态产品的服务能力和固碳能力。

2. 水土保持型区域

黄土高原丘陵沟壑水土保持生态功能区、大别山水土保持生态功能区、桂黔滇喀斯特石漠化防治生态功能区、三峡库区水土保持生态功能区等区域的生态功能主要体现在水土保持上。这类区域低碳城乡发展的定位应控制开发强度，以小流域为单元综合治理水土流失，封山育林育草，种草养畜，实施生态移民，改变耕作方式，降低人口密度，恢复植被，保护生物多样性。依靠生态补偿机制和财政转移支付提高此类区域生态修复的积极性与力度，提升区域生态产品的服务能力和固碳能力。

---

① 王昀:《低碳农业经济略论》,《中国农业信息》2008 年第 8 期。

3. 防风固沙型区域

塔里木河荒漠化防治生态功能区、阿尔金草原荒漠化防治生态功能区、呼伦贝尔草原草甸生态功能区、科尔沁草原生态功能区、浑善达克沙漠化防治生态功能区、阴山北麓草原生态功能区等区域的生态功能主要体现在防风固沙。这类区域低碳城乡发展的定位应合理利用地表水和地下水，调整农牧业结构，退牧还草，防治草场退化沙化，控制放牧和旅游区域范围，禁止过度开垦，恢复天然植被，防止沙化面积扩大，防范盗猎，降低人口密度，减少人类活动干扰。依靠生态补偿机制和财政转移支付提高此类区域生态产品的服务能力和固碳能力，为一定地域范围乃至全国低碳发展提供保障。

4. 生物多样性维护区域

川滇森林及生物多样性生态功能区、秦巴生物多样性生态功能区、藏东南高原边缘森林生态功能区、藏西北羌塘高原荒漠生态功能区、三江平原湿地生态功能区、武陵山区生物多样性及水土保持生态功能区、海南岛中部山区热带雨林生态功能区的生态功能主要体现在维护生物多样性。这类区域低碳城乡发展的定位应保护森林、草原植被，在已明确的保护区域保护生物多样性和多种珍稀动植物基因库，减少林木采伐，恢复山地植被，保护野生物种，控制农业开发和城市建设强度，改善湿地环境，巩固退耕还林成果，恢复森林植被和生物多样性等。依靠生态补偿机制和财政转移支付保证该类区域主体功能的实现，为全国低碳发展提供固碳能力保障。

四、低碳城乡发展的政策措施

主体功能区战略的思想，有助于不同区域立足生态环境的承载能力差异发挥主体功能，优化导致碳排放增加的工业化、城镇化开发空间格局，进而协调城乡地域协作关系，为构建低碳城乡关系提供了空间规划基础。主体功能区规划的美好愿景能否顺利实现，能否推动形成城乡低碳互动的发展格局，需要有配套的管理政策，来落实不同区域的主体功能，包括综合运用财政、投资、产业、土地、人口、绩效评价等工具规范空间开发强度，突出区域的主体功能。

（一）财政政策[①]

1. 政策目标

基于主体功能区的低碳城乡发展，财政政策目标包括：一是使四类功能区的居民享有均等化的基本公共服务，通过政府间转移支付制度，实现财力在国土空间和功能区之间的重新分配，保证所有地区的财力都能支持基本公共服务的提供。二是引导资源要素合理向目标功能区流动，体现为引导资本、劳动力和技术向重点、优化开发区流动；引导人口从限制开发区和禁止开发区迁出，推进生态移民；引导优化开发区加快技术创新和产业升级，推进产业在国内合理转移等。三是引导市场主体与居民节约资源和重视环境保护。政策着力点是，使资源浪费和环境污染的行为支付必要的成本，通过成本影响市场主体和居民的行为；支持采用节约资源和环境保护技术的企业提升竞争力；逐步建立起生态环境的跨区域补偿机制，有效纠正外部性[②]。

2. 各类主体功能区的政策建议

（1）优化开发区的财政政策。

加大对低碳技术创新和产业低碳化改造的引导支持，对高科技产业和新技术运用推广提供贴息、税收优惠等政策；对可再生能源、新能源开发和节能新技术利用的支持，对节能设施改造和技改提供补贴；全面推行政府绿色采购，引导全社会发展循环经济；逐步拓展排污费征收范围，适当提高征收标准[③]。

（2）重点开发区的财政政策。

对国家鼓励的产业和投资领域，实施税收优惠、投资补贴、加速折旧、贴息等优惠政策；加大对重点项目建设和基础设施投入，国债投资项目要向重点开发区适当倾斜；对承接其他三类地区的人口转移提供配套资金支持，加大对基本公共服务的基础建设投入；鼓励中小企业和民营企业发展，并择优提供政府信用

① 国务院发展研究中心课题组：《主体功能区形成机制和分类管理政策研究》，中国发展出版社 2008 年版，第 175—186 页。

② 杜黎明：《推进形成主体功能区的区域政策研究》，《西南民族大学学报》（人文社科版）2008 年第 3 期。

③ 贾康、马衍伟：《推动我国主体功能区协调发展的财税政策研究》，《财会研究》2008 年第 1 期。

担保和财政贴息等政策支持[①]。

（3）限制开发区和禁止开发区的财政政策。

探索建立跨地区和跨领域的生态补偿机制，通过水、电、气价格附加等形式，设立生态保护专项基金，其收入全部用于这两类地区的生态建设和生态保护投入；扩大资源税征收范围，调整资源税征收模式，税率设置要充分反映资源的稀缺程度；加快完善禁止开发区中各类自然保护区和国家公园等管理体制，保障其有效运行；加大政府生态基础设施直接投资；对生态移民给予更多支持，注重对移民的技能培训，强化扶贫资金管理，提高扶贫效率[②]。

（二）投资政策

投资政策，要重点支持限制开发区域、禁止开发区域公共服务设施建设和生态环境保护，支持重点开发区域绿色基础设施建设。

1. 政策目标

主要解决限制开发区和禁止开发区资本形成能力不足、优化开发地区的低水平重复建设问题、重点开发地区的高能耗等问题。目标在于，加强政府投资的导向作用，按功能区安排投资和按领域安排投资相结合，引导社会资本合理流动，使不同主体功能区有充足的资本发挥其主体功能；利用政府投资，重点支持限制开发、禁止开发区域公共服务设施建设、生态建设和环境保护，支持重点开发区域绿色、低碳化的基础设施建设，支持优化开发区域用于低碳技术研发的资金投入。

2. 各类主体功能区的政策建议

（1）优化开发区的投资政策。

制定扶持清洁能源、自主创新、循环经济、低碳生产等方面的税收优惠标准，明确对高新技术产业、吸纳就业型产业、外地转移型产业的信贷优惠额度、期限和利率标准，以政府投资带动区域投资结构优化。

（2）重点开发区的投资政策。

制定吸引产业项目进入和集聚的投资补贴、税收减免、信贷优惠等实施办法；

---

① 李琳：《推进主体功能区建设的财政政策思考》，《特区经济》2010 年第 8 期。

② 国务院发展研究中心课题组：《主体功能区形成机制和分类管理政策研究》，中国发展出版社 2008 年版，第 186—187 页。

制定加大交通、能源、水利、水电气热供应、污水垃圾处理等基础设施和公用事业节能减排发展的财政资金、国际资金、民间资金等投入的优惠力度和标准。

（3）限制开发区的投资政策。

出台投资补贴、税收减免、信贷投放等方面优惠政策，扶持符合主体功能的特色优势产业发展，限制不符合主体功能、高耗能行业的进入。

（4）禁止开发区的投资政策。

禁止不符合区域功能定位的所有工业项目建设，从严控制旅游设施、商业服务设施的项目建设，防止出现借发展旅游或环境保护之名大兴土木的现象再度出现。适度进行公共服务设施建设，支持改善生态环境的投资项目建设①。

（三）产业政策

产业政策，要引导优化开发区域转移占地多、能耗高的加工业和劳动密集型产业，提升产业结构层次；引导重点开发区域加强产业配套能力建设；引导限制开发区域发展特色产业，限制不符合主体功能定位的产业扩张。

1. 政策目标

产业政策主要针对区域产业选择和区域资源禀赋不协调、产业区际转移以及产业结构优化升级存在障碍等问题发挥作用。政策目标在于通过经济杠杆，影响不同区域的经济主体决策，形成符合区域主体功能定位的产业结构体系，并引导各类区域产业结构的生态化转型。具体而言，提出不同主体功能区的产业指导目录及措施，加强对产业转移的引导，确保不同区域的产业选择、产业发展规模、产业布局符合区域主体功能定位和节能减排目标；引导优化开发区域增强自主创新、低碳发展能力，提升产业结构层次、降低能源消耗；引导重点开发区域加强产业配套能力建设，增强吸纳产业转移和自主创新能力；引导限制开发区域发展特色产业，限制不符合主体功能定位的产业扩张。

2. 各类主体功能区的政策建议

（1）优化开发区的产业政策。

制定严格的产业准入制度，提高传统产业的进入门槛；推进产业结构的高级

---

① 贾康、马衍伟：《推动我国主体功能区协调发展的财税政策研究》，《经济研究参考》2008年第1期。

化和低碳化；加快发展现代服务业，以生产性服务业的发展提升服务业结构和国际竞争力；积极引导不符合主体功能的产业转移；通过组织创新、技术创新和制度创新，大力实施品牌战略、创新战略、信息化战略和可持续发展战略，推动产业集群的升级换代，实现经济发展与能源消耗的脱钩。

（2）重点开发区的产业政策。

深化体制改革；加快基础设施和产业配套能力建设，积极培育产业集群；鼓励发展现代能源产业、原材料产业和劳动密集型产业；在大规模集聚产业的同时，控制好能耗标准和环境标准；加大"产、学、研"合作的支持力度，促进低碳技术成果的转化和推广应用。

（3）限制开发区的产业政策。

建立生态利益补偿机制，不符合主体功能定位的产业逐步从区域迁出；制定特色产业扶持基金，增强当地特色产业的自我发展能力；积极利用独特的自然条件，开发绿色生态产品。

（4）禁止开发区的产业政策。

积极探索多渠道的资金投入政策；适度开展绿色生态旅游产业，建立动态跟踪监控机制，及时制止过度的开发行为，形成自然保护与产业开发的动态平衡机制。

（四）土地政策

土地政策，要对优化开发区域实行更严格的建设用地增量控制，在保证基本农田不减少的前提下适当扩大重点开发区域建设用地供给，对限制开发区域和禁止开发区域实行严格的土地用途管制，严禁生态用地改变用途①。

1. 政策目标

土地政策主要针对土地开发过快，土地利用效益不高，土地使用不当，保障粮食安全的基本农田受到侵蚀等问题。目标在于，用土地供应数量和土地供应结构引导经济主体的行为，规范空间开发秩序，通过土地用途控制，保障区域主体功能的发挥。

---

① 许根林、施祖麟：《主体功能区差别化土地政策的合理定位分析》，《经济体制改革》2007年第5期。

2. 各类主体功能区的政策建议

（1）优化开发区的土地政策。

在进一步保护耕地的基础上，实行更严格的建设用地增量控制，制定严格的建设用地期限和年度增量指标，明确城镇、产业和园区单位面积土地经济密度、承载量的集约用地标准；新增建设用地主要立足城市内部空间存量土地的开发利用，以促进优化开发区的土地集约化利用。

（2）重点开发区的土地政策。

严格控制重点开发区内耕地总量，在保证基本农田不减少的前提下适当扩大重点开发区域的建设用地，新增建设用地主要来源于城市存量土地与土地整理；要确定土地优先供地的额度、速度指标和简化程序，制定土地置换的优惠办法；积极引导土地集约利用，避免"摊大饼"式土地扩张。

（3）限制开发区的土地政策。

保护耕地，保护好现有的园地、林地、湿地等土地资源，通过严格的土地用途管制，严禁生态用地改变用途；严格控制新增建设用地总量，在限制开发区域资源环境可承载的前提下，新增建设用地主要用于发展特色产业以及基础设施、公共设施；加大财政转移支付力度，建立完善生态补偿支付制度，改善城乡居民的居住条件和居住环境。

（4）禁止开发区的土地政策。

在科学规划的基础上，合理划分禁止开发区的土地范围；在生态环境可承载范围内，适度发展旅游业；迁移禁止开发区内的人口，拆迁部分建筑物，保护土地资源，保护生态环境。

（五）人口政策

人口管理政策，要鼓励在优化开发区域、重点开发区域有稳定就业和住所的外来人口定居落户，引导限制开发区域和禁止开发区域的人口逐步自愿平稳有序转移。

1. 政策目标

引导人口有序流动，实现人口在国土空间内合理分布，逐步形成人口与资金等生产要素同向流动的机制；引导限制开发和禁止开发区域的人口逐步自愿平稳有序转移，缓解人与自然关系紧张的状况；鼓励优化开发区域、重点开发区域吸纳外来人口定居落户，促使经济集聚和人口集聚协同发展，使经济聚集区成为相应的人口聚集区。

2. 各类主体功能区的政策建议

（1）优化开发区和重点开发区的人口政策。

稳定人口低生育率；进行制度创新，提高该区域吸纳外来人口的动力；通过经济发展创造更多的就业机会，使得流入的人口获得稳定的就业，融入当地社区，并长期居住；进一步完善劳动力市场建设，促进劳动力在不同区域之间充分流动。

（2）限制开发区和禁止开发区的人口政策。

稳定并进一步降低人口生育率；鼓励人口外迁，使人口数量限制在可承载范围内；加强公共服务，改善基础教育和职业教育，提高人力资本水平，促进人口外出就业的能力，并使所承载的人口具备相应的能力和素质，以承担维护区域生态环境的管护职能；按照主体功能的要求，在产业结构和生产方式重新调整的前提下，通过发展特色产业、合理规划村镇和城镇布局，引导区内人口结构布局朝着符合主体功能要求的方向重新调整和优化。

（六）绩效评价和政绩考核

1. 政策目标

绩效评价和政绩考核，是牵动其他区域政策的核心和关键，推进形成主体功能区的不同区域政策的制定和实施，以及不同区域政策间的协调，最终都是以绩效评价和政绩考核为保障。通过差异化的评价考核体系，来规范目前地方的盲目发展冲动，引导各主体功能区步入符合自身定位的良性发展轨道。

2. 各类主体功能区的政策建议

（1）优化开发区的绩效评价。要强化经济结构、资源消耗、温室气体排放、低碳技术创新等的评价，弱化经济增长的评价。

（2）重点开发区的绩效评价。要综合评价经济增长、质量效益、节能减排、工业化和城镇化模式的转型和提升。

（3）限制开发区的绩效评价。要突出生态环境保护、区域固碳增汇的评价，弱化经济增长、工业化和城镇化水平的评价。

（4）禁止开发区的绩效评价。主要评价生态环境保护和文化遗产保护等方面。

第四章　低碳城乡发展规划

规划是对未来发展的战略谋划与部署。统筹城乡低碳发展，既需要发挥市场在资源配置中的决定性作用，更需要发挥政府在制定规划、宏观调控方面的作用以弥补市场的不足，形成以城带乡、以工促农、城乡一体的发展格局。

一、低碳城乡规划概述

统筹低碳城乡发展，首先要制定科学的低碳城乡规划。在2009年中国城市规划年会上，住房和城乡建设部副部长仇保兴强调，让低碳理念贯穿城乡规划始终，实施低碳城乡发展战略尤为重要。因此，低碳城乡规划，将成为自城乡规划走上法制化轨道后的又一次革命，低碳理念将贯穿今后城乡规划的始终[①]。

（一）低碳城乡规划的特点

和传统城乡规划不同，低碳城乡规划在服务于区域经济建设、提高经济效益的同时，还必须按照自然生态的要求，以低碳发展为主轴，提高资源的综合效益和环境生态效益，因此低碳城乡规划具有一些鲜明的特点。

1. 低碳城乡规划具有生态性

低碳经济是以低能耗、低污染、低排放为基础的经济模式。因此，制定低碳城乡规划必须以生态价值观为价值取向，以生态学、生态经济学和生态规划等

① 冯占民:《统筹低碳城乡协调发展研究》,《湖北省社会主义学院学报》2010年第6期。

理论为基础，立足于城乡自然生态环境的承载能力，通过科学规划，加大城乡环境保护，大力发展低碳产业，推动低碳城市和低碳乡村的可持续发展，实现经济效益、社会效益与自然生态效益的协调发展，以实现低碳城乡协调发展。

2. 低碳城乡规划具有集约性

低碳城乡发展必须避免以往的粗放式发展之路，走集约化发展模式。在地域空间布局上低碳城乡空间布局规划更加注重空间积聚。散居的空间布局使得生活成本及能源消耗更大，资源运输成本大，而且对生态环境破坏较大，占用大量的有限土地资源。集中的空间布局会使资源供给相对集中，节约土地资源，降低各种材料的运输供给成本。在产业布局方面，低碳城乡产业规划将更加注重集约化发展之路，以较少的资源消耗获取更大的经济效益。

3. 低碳城乡规划具有和谐性

低碳城乡建设以人与自然、人与社会、城市与乡村和谐共生、协同发展为价值取向，不以损害自然环境谋取人类社会的福利，不以损害乡村的利益谋取城市利益。因此低碳城乡规划更加重视生态环境的保护，更加注重乡村弱势地位的保护，通过编制科学的生态环境规划、城乡建设规划等，保证经济效益、社会效益与环境利益的协调，统筹协调城市和乡村利益，实现资源环境可持续、城乡经济社会协调发展，以实现城市、乡村高效可持续科学发展。

（二）低碳城乡规划的内容

低碳城乡规划是统筹低碳城乡建设的行动指南，是一个比较全面复杂的系统，其主要内容有以下几个方面。

1. 低碳城乡总体规划

低碳城乡总体规划主要是对低碳城乡的发展布局，发展目标，发展阶段，地域空间功能分区，低碳产业布局，新能源的开发利用，低碳综合交通体系等方面的一个总体涉及、安排和描述。按照城乡规划法，低碳城乡总体规划可以包括低碳城市总体规划和低碳乡村总体规划。低碳城市总体规划一般包括低碳城市的发展目标，功能分区，用地布局，低碳综合交通体系，禁止、限制和适宜建设的地域范围，各类低碳专项规划等。低碳乡村总体规划的内容一般包括：乡村规划区的范围，低碳村庄空间布局，低碳住宅、垃圾收集、畜禽养殖场所等农村生产、生活服务设施、公益事业等各项低碳项目建设的用地布局，以及对耕地等自然资源和历史文化遗产保护等具体安排。按照重庆区县城乡统筹规划的编制经验，在我国发展低碳经济的初期，低碳城乡总体规划的编制可以采取“城市总体规划＋城镇体系规划＋新农村总体规划＋城乡总体规划”的模式。通过分步编制和实施规划，逐步改善城乡功能和结构，实现城乡生产要素合理配置，协调低碳城乡利益结构和利益再分配，逐步加快工业化、城市化进程，逐步消除城乡二元结构，缩小城乡差别①。

2. 低碳城乡专项规划

在低碳城乡总体规划的前提下，统筹低碳城乡建设需要制定低碳城乡专项规划，以确保低碳城乡总体规划顺利实施，实现预期目标。低碳城乡专项规划主要包括以下几个方面。一是低碳城乡产业规划。构建低碳城乡，大力发展低碳产业是关键，需要制定长期发展的低碳产业发展规划。低碳城乡产业规划的主要内容包括，区域低碳产业发展现状，未来发展潜力分析，低碳产业发展目标，发展低碳产业的指导方针，具体促进措施等。在大力发展区域系能源产业的同时，坚持统筹城乡产业协调发展和因地制宜的原则，统筹城乡低碳产业发展布局，提倡循环、自然、共生的规划理念，合理地在生态空间规划城乡低碳产业的发展，不能以以工促农等借口，将需要淘汰的落后产业或高碳产业转移到乡村，以至于给乡村生态环境带来伤害。二是低碳城乡交通规划。低碳城乡交通规划一般包括低碳城乡交通设施规划、低碳城乡道路交通规划等。低碳交通就是在日常出行中选择低能耗、低排放、低污染的交通方式。因此，制定城乡低碳交通规划首先要倡导与大力发展以公共交通优先和主导的交通模式，加强城乡轨道交通建设，大力发展快速公交系统。其次是为倡导绿色出行、电动车出行、公交出行等低碳出行方式，制定低碳交通基础设施规划，鼓励清洁能源和新技术的应用，引导城乡交通集约式发展。再次是转变传统的交通管理理念，以减排、节能为导向，严格控制城市机动车的出行，降低交通造成的噪声污染。三是低碳城乡生态环境规划。低碳城乡生态环境规划主要包括城乡生态系统规划、城乡环境保护规划和城乡水资源保护规划等。制定低碳城乡生态系统规划要遵循区域自然生态系统的承载能力，重视区域生态景观的保护，根据生态环境的空间制定生态环境的保护与开发。低碳城乡环境保护规划要根据城乡区域内污染源的分布、污染物的排放以及外来污

---

① 《中华人民共和国城乡规划法》，中国人大网（http://www.npc.gov.cn/npc/xinwen/lfgz/zxfl/2007-10/28/content_373842.htm）。

染趋势等，在科学预测的基础上，统一制定相应的环境质量和污染物控制目标及措施，通过无害化、减量化处理等手段实现区域生态环境的保护目标。低碳城乡水资源规划就是要对区域内的河流、湖泊以及地下水资源等情况进行科学的分析评估，强化水资源的开发与保护，控制和改善流域环境，合理布局，避免污水排放污染等。四是低碳城乡新能源发展规划。低碳城乡新能源发展规划主要包括对区域内现有能源供给与利用现状分析，限制高碳能源的使用，大力发展新能源，大力推广节能技术等。就低碳城乡新能源规划而言，重点是发展新能源，包括清洁煤的使用、太阳能利用、地热能的开发利用以及农村沼气利用等。

另外低碳城乡规划还包括城乡低碳基础设施规划等，可以在制定规划时，针对不同的情况制定不同的专项发展规划。

（三）低碳城乡规划的编制

由于城乡二元结构的存在，我国城乡之间存在行政分割、部门分割，给低碳城乡规划的编制带来一定的制约。统筹低碳城乡规划，必须更加重视低碳城乡规划的编制工作，增强低碳城乡规划编制的科学性、合理性。

低碳城乡规划在科学发展观的指导下，立足于应对全球气候变化和特有资源环境承载能力的基础上，创新发展方式，合理规划，积极探索环境友好、资源节约和社会和谐的城乡和谐发展模式。为此，科学编制低碳城乡规划应坚持如下基本原则。

1. 整体系统原则

自 2008 年 1 月 1 日实施《城乡规划法》以来，统筹城市和乡村协调发展成为城乡一体化建设的重要任务，在城市和乡村的二元结构中，乡村的地位不断提升，乡村发展规划也日益得到重视。在统筹低碳城乡规划中，编制低碳城乡规划不是城市规划和乡村规划的简单叠加，而是要把城市和乡村的发展作为一个发展整体进行系统规划，加强城市和乡村的整体性和系统性，使低碳城乡规划的整体效益最大化。

2. 综合平衡原则

统筹低碳城乡规划就是要统筹城乡低碳发展，实现区域生态平衡，实现城市和乡村的有机统一。在编制低碳城乡规划时，要综合平衡利用城乡区域内的资源能源，保持区域内生态环境的稳定，在合理开发的基础上实现经济、社会与环境的均衡。在处理城乡发展时，均衡考虑城市和乡村的协调发展，避免将高碳产业转移到乡村，保证乡村土地的合理利用和耕地安全，做到城乡均衡发展。

3. 生态高效原则

建设低碳城乡，就是要通过科学规划，指导城乡低碳协调发展，降低城乡发展过程中的污染排放，提高资源利用效率，增强经济效益、社会效益和环境效益。因此，在编制低碳城乡规划时，要遵循生态高效原则，提高区域内资源和能源的利用效率，充分考虑区域自然生态环境的承载能力，保护好城乡区域的生态环境。

4. 因地制宜原则

由于地域空间的差异性，城市和乡村在经济、社会、文化等方面具有不同的形态，自然环境承载能力也不同，因此编制低碳城乡规划必须遵循因地制宜的原则，充分考虑城市和乡村的地方资源、特色等，依据城市和乡村的经济发展条件、资源现状等进行规划设计，充分体现地方特色，走集约化发展道路，使低碳城乡发展更具特色，生态效益更高。

（四）低碳城乡规划的实施

实施低碳城乡规划应严格以《城乡规划法》为准则，按照低碳城乡规划的制定方案，依法实施。科学安排城乡空间布局，改善人居环境，促进低碳城乡经济社会与自然环境全面协调可持续发展。

1. 低碳城乡规划实施原则

低碳城乡规划编制完成后，我国各级政府能够依法对低碳城乡规划有计划、有步骤地实施。其中，低碳城镇的建设与发展将优先安排低碳基础设施的建设，包括供水、排水、供电、道路、通信等基础设施和公共服务设施的建设。在低碳城乡建设用地方面，禁止擅自改变用于基础设施和公共服务设施的用地以及其他需要依法保护的用地，严格控制对乡村农用耕地的占用。严格保护自然资源和生态环境，严格保护历史文化遗产、历史文化名城、名镇、名村等具有地方特色传统风貌。坚持因地制宜、节约用地的原则，科学引导城乡合理进行建设，推动城乡和谐发展。

2. 土地使用及工程建设

在低碳城乡规划建设用地时，将规划区内土地使用分为土地划拨和土地出让两种方式。在城市和镇规划区内以划拨方式提供国有土地使用权的建设项目，由建设单位提出申请，经有关部门批准、核准和备案后，由城市、县人民政府城乡规划主管部门核发建设用地规划许可证，然后建设单位凭建设用地规划许可证向土地主管部门申请划拨用地。在城市、镇规划区内以出让方式提供国有土地使用权的，建设单位需先签订国有土地使用权出让合同，然后持建设项目的批准、核准、备案文件和国有土地使用权出让合同，向城市、县人民政府城乡规划主管部门领取建设用地规划许可证，再向土地主管部门申请土地使用。在城乡建设过程中，严禁规划外用地，严禁非法占地，不得擅自改变土地使用用途，确需变更的，必须向城市、县人民政府城乡规划主管部门提出申请。在乡、村庄规划区内进行项目建设，不得私自占用农用地。

对于规划内的工程项目建设的，应积极向城市、县人民政府城乡规划主管部门或者省、自治区、直辖市人民政府确定的镇人民政府申请办理建设工程规划许可证，未取得建设工程规划许可证不得私自施工。

3. 低碳城乡规划的修改

在低碳城乡规划的总体规划实施过程中，依照相关法律，各级政府城乡规划组织编制机关应定期组织有关部门和专家对规划实施情况进行评估，并采取论证会、听证会或者其他方式征求公众意见，及时提出评估报告。由于特殊原因确需修改规划的，向原审批机关报告，经同意后，方可编制修改方案。修改后的控制性详细规划，应当依照城乡规划法的规定的审批程序报批。因依法修改城乡规划给被许可人合法权益造成损失的，应当依法给予补偿。对于依法审定的详细规划、建设工程设计方案的总平面图，任何单位或个人不得随意修改；确因实际情况需修改的，低碳城乡规划主管部门应结合总体规划的相关内容，采取听证会等

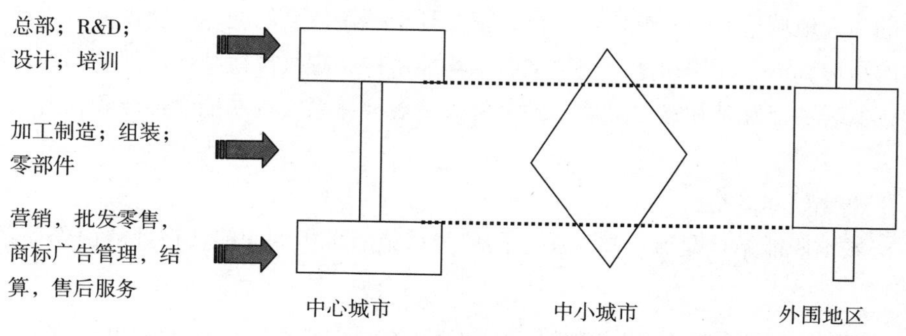

图 4—1　城镇体系内各城市的产业分工

多种形式，积极听取利害关系人的意见，修改后仍按相关规定的审批程序报批；因修改给利害关系人合法权益造成损失的，应当依法给予补偿。

二、低碳城乡规划编制

我国《城乡规划法》规定，城乡规划包括城镇体系规划、城市规划、镇规划、乡规划和村庄规划。其中，城市规划、镇规划分为总体规划和详细规划。详细规划分为控制性详细规划和修建性详细规划。低碳城乡规划编制应将低碳发展作为一种规划理念，融入城乡规划各层面和全过程，通过规划的引导促进经济、社会、生态发展的低碳化转型。

（一）低碳城镇体系规划

城镇体系规划是以生产力科学布局和人口分布有序化为依据，确定不同城镇的人口规模等级、职能分工的发展规划。低碳发展理念融入城镇体系规划，即要求区域城镇等级规模的合理化和职能分工的差异化，以期通过城镇资源配置的最大化实现城镇发展对能源需求和二氧化碳排放的最小化，力求达到城镇现代化程度、城镇居民福利水平和资源环境承载能力的平衡。

城镇等级规模结构是城镇体系规划中的重要方面，尽管城镇规模与低碳发展水平没有直接的相关关系，但着眼于区域整体视角，城镇等级规模结构的合理性、序列性，有利于不同城镇之间彼此分工协作，发挥不同等级规模城镇各自的优势，形成差异化的低碳发展模式。按照系统论的观点，结构决定功能，城镇体系结构的优劣直接决定了城镇体系组织生产要素的效率与效益。而统筹城乡发展中的两大地域单元——城市和农村，正是处于城镇体系的两端，实现城市带动农村的目标，需要在城镇体系规划上明晰职能结构和等级规模结构，即明确的职能分工实现功能互补和错位发展、健全的等级规模体系实现功能的传导和辐射①。

1. 城镇职能结构

城镇职能结构是城镇体系中不同层级城镇所承担的职能及彼此的协作关系。

---

① 郝华勇：《湖北城镇体系发育障碍与优化对策》，《江汉大学学报》（社会科学版）2012 年第 1 期。

目前我国中西部城乡差距较大的省域，城镇体系职能结构上存在功能定位模糊、同质化竞争加剧以及区域剥夺问题。具体表现为城市过度依赖第二产业发展拉动，第二产业仍停留于传统行业层面，未能实现新型工业化的转型升级，与低碳发展、绿色发展、循环发展的目标要求尚有差距，且第二产业对农业的拉动有限，第三产业滞后，中小城市和小城镇缺乏立足各自区情的特色产业，大城市集聚过多资金、技术、人才等要素而对中小城市及村镇扩散辐射不够。

鉴于城镇职能结构在城乡关联、协同发展上的作用与地位，统筹城乡低碳发展规划应着眼于城镇职能结构的完善以促进其对城乡协调发展的贡献。在职能结构规划上应按照各城市之间在产业链条的不同环节发挥各自的比较优势，实现分工协作在产业链上的契合，如图 4—1 所示。中心城市在产业链条的两端从事高附加值的行业，如上游的总部经济、研发设计、人力资源培训和下游的物流、营销、结算、售后服务等；外围小城镇与中心城市形成互补，从事中间环节的加工制造、组装等环节；中小中心城市作为二者之间的过渡，承担相应的产业分工，以此促进区域内城乡地域分工网络的形成。同时，广大的县域与农村需要立足区情，挖掘自身拥有比较优势且和本地农业关联密切的加工业、特色产业，以提升农业产业化水平和农民收入，实现就地城镇化。

2. 城镇等级规模结构

城镇等级规模结构是城镇体系中不同等级规模城镇的数量及比例关系。城镇等级规模结构表征城镇体系的发育程度，也反映城乡关联及协调发展水平。合理的城镇等级规模结构表现为不同等级城镇的数量合理及匹配科学，可以发挥各自的规模与职能优势，对集聚产业、承载人口、促进城乡关联发展具有正向促进作用。我国各省域的城镇等级规模结构，表现为中西部省域呈现首位分布的特征，首位城市垄断性强，等级序列存在中间断层，制约了城镇功能的传导与辐射。而城乡发展一体化程度较高的东部发达省域，等级规模体系较为健全，依托中心城市、大中小城市、小城镇构建的等级体系发挥联系城乡的载体与纽带作用，生产要素在不同等级城镇之间得到高效配置，城镇规模和功能在动态升级中得到提升，从而实现城市与农村的一体化发展①。

城镇体系规模结构常用城市首位度和城镇体系的 Hausdorff 分形维数来衡量。首位度是指一个区域最大城市与第二位城市经济总量或人口的比值，它反映了城

① 郝华勇：《湖北城镇体系发育障碍与优化对策》，《江汉大学学报》（社会科学版）2012 年第 1 期。

市体系中经济总量或人口在最大城市的集中程度，记为（S2），首位度大的城市规模分布叫作首位分布。为了改进首位度两个城市指数的简单化，又提出了4个城市指数（S4）和11个城市指数（S11），即：S2=C1/C2；S4=C1/（C2+C3+C4）；S11=2C1/（C2+C3+...+C11）。式中C1、C2、C3……C11分别代表由大到小排序后各城市的规模，规模可用地区生产总值或人口数量表征。按照位序—规模的原理，正常的S2值应为1.5到2之间，S4值和S11值都应为1。

引入城市经济首位度来衡量城镇等级规模体系，用城镇人均可支配收入与农民纯收入之比测度城乡发展差距，以2010年数据为例，可以看出中西部省域城镇体系发育程度整体滞后于东部，多数省域仍处于单中心增长阶段，城市经济首位度普遍较高，且大于首位度的合理取值区间：1.5至2之间。与此对应，东部省域城镇体系发育程度较高，省域内部不再依赖单增长极带动区域发展，呈现双核心或多极化增长，城乡发展的网络化组织体系日益健全完善[①]。如表4—1所示。

表4—1　2010年主要省份城市经济首位度排序及城乡收入差距对比

（单位：亿元）

排名	省份	首位城市		第二位城市		首位度	城乡收入差距
1	四川	成都	5551	绵阳	960	5.78	3.04
2	湖北	武汉	5566	宜昌	1547	3.60	2.75
3	湖南	长沙	4547	岳阳	1539	2.95	2.95
4	甘肃	兰州	1100	酒泉	405	2.72	3.85
5	海南	海口	595	三亚	231	2.58	2.95
6	宁夏	银川	769	石嘴山	299	2.57	3.28
7	安徽	合肥	2702	芜湖	1109	2.44	2.99
8	云南	昆明	2120	曲靖	1006	2.11	4.06
9	江西	南昌	2200	赣州	1120	1.96	2.67
10	山西	太原	1778	长治	920	1.93	3.30
11	新疆	乌鲁木齐	1339	克拉玛依	711	1.88	2.94
12	吉林	长春	3329	吉林	1801	1.85	2.47
13	陕西	西安	3241	榆林	1757	1.84	3.82
14	河南	郑州	4040	洛阳	2320	1.74	2.88
15	江苏	苏州	9229	无锡	5793	1.59	2.52

① 郝华勇：《基于宏观中观微观规划视角的统筹城乡发展探讨》，《湖北农业科学》2013年第18期。

续表

排名	省份	首位城市		第二位城市		首位度	城乡收入差距
16	广西	南宁	1800	柳州	1315	1.37	3.76
17	河北	唐山	4469	石家庄	3401	1.31	2.73
18	山东	青岛	5666	烟台	4358	1.30	2.85
19	黑龙江	哈尔滨	3665	大庆	2900	1.26	2.23
20	贵州	贵阳	1121	遵义	909	1.23	4.07
21	浙江	杭州	5949	宁波	5163	1.15	2.42
22	福建	泉州	3565	福州	3123	1.14	2.93
23	广东	广州	10748	深圳	9582	1.12	3.03
24	内蒙古	鄂尔多斯	2643	包头	2460	1.07	3.20
25	辽宁	大连	5158	沈阳	5018	1.03	2.56

注：京、津、沪、渝四市和西藏、青海两省未列入。

数据来源：《中国城市统计年鉴 2011》。

城镇体系的等级规模结构具有一定的发展惯性，而且也体现区域经济增长中的循环累积因果效应，即长期发展形成的城镇体系结构，短期不可能发生快速的转变。例如，比较 2010 年至 2012 年各省城市经济首位度可以发现，各省城镇等级规模结构基本格局无大的变化，首位度偏高的省份仍以中西部地区为主，东部已形成双核心、多核心城镇体系的省份区域，更容易实现城镇等级规模的健全发展，促进城镇体系结构的优化。如表 4—2 所示。

表 4—2　2012 年各省城市经济首位度

（单位：亿元）

排名	省份	首位城市		第二位城市		首位度
1	四川	成都	8139	绵阳	1346	6
2	湖北	武汉	8004	宜昌	2509	3.2
3	湖南	长沙	6400	岳阳	2200	2.9
4	宁夏	银川	1141	石嘴山	409	2.8
5	甘肃	兰州	1564	酒泉	575	2.7
6	海南	海口	821	三亚	331	2.5
7	新疆	乌鲁木齐	2060	巴音郭楞	906	2.3
8	安徽	合肥	4164	芜湖	1874	2.2
9	云南	昆明	3011	曲靖	1451	2.1
10	江西	南昌	3000	赣州	1508	2
11	河南	郑州	5550	洛阳	2981	1.9

续表

排名	省份	首位城市		第二位城市		首位度
12	吉林	长春	4457	吉林	2430	1.8
13	山西	太原	2311	长治	1329	1.7
14	陕西	西安	4369	榆林	2707	1.6
15	江苏	苏州	12012	无锡	7568	1.6
16	青海	西宁	851	海西	570	1.5
17	广西	南宁	2504	柳州	1780	1.4
18	山东	青岛	7302	烟台	5281	1.4
19	河北	唐山	5862	石家庄	4500	1.3
20	贵州	贵阳	1700	遵义	1344	1.3
21	浙江	杭州	7804	宁波	6525	1.2
22	黑龙江	哈尔滨	4550	大庆	4000	1.1
23	福建	泉州	4727	福州	4218	1.1
24	内蒙古	鄂尔多斯	3661	包头	3410	1.1
25	辽宁	大连	7003	沈阳	6607	1.1
26	广东	广州	13551	深圳	12950	1

数据来源：2013 年各省统计年鉴和统计公报。

对中部六省各自城镇体系做比较，2010 年至 2012 年中部省份中，湖北与湖南的城市经济首位度偏高，而河南、安徽、江西、山西的城镇等级规模结构较为合理，尤其是河南，全省城镇等级规模体系相对健全，省内除了省会外，其他地级城市的发展比较协调，而地级市之间规模实力的均衡发展，体现了地级市下县域经济的崛起，依托县域经济的壮大支撑了地级城市的成长。安徽、江西、山西的省会城市规模与武汉、长沙、郑州存在一定差距，故省内其他地级城市规模也相应较小，等级体系相对合理。如表 4—3、表 4—4、表 4—5 所示。

表 4—3　2010 年中部六省各城市经济规模对比

（单位：亿元）

排序	1	2	3	4	5	6	7	8	9	10	11	12	13	14	15	16	17	18
湖北城市	武汉	宜昌	襄阳	黄冈	荆州	孝感	十堰	荆门	黄石	咸宁	随州	鄂州						
GDP	5565	1547	1538	862	837	801	737	730	690	520	402	395						

续表

排序	1	2	3	4	5	6	7	8	9	10	11	12	13	14	15	16	17	18
河南城市	郑州	洛阳	南阳	许昌	平顶山	焦作	周口	安阳	新乡	商丘	信阳	驻马店	开封	三门峡	濮阳	漯河	鹤壁	济源
GDP	4040	2320	2065	1362	1320	1309	1305	1292	1243	1215	1150	1000	891	845	760	674	420	328
湖南城市	长沙	岳阳	常德	衡阳	株洲	郴州	湘潭	永州	邵阳	益阳	娄底	怀化	张家界					
GDP	4547	1539	1492	1420	1275	1081	894	767	727	712	678	674	242					
安徽城市	合肥	芜湖	安庆	马鞍山	阜阳	滁州	六安	宿州	蚌埠	巢湖	淮南	宣城	亳州	铜陵	淮北	黄山	池州	
GDP	2702	1109	988	811	722	696	676	651	637	630	604	526	513	467	462	309	301	
江西城市	南昌	赣州	九江	上饶	宜春	吉安	新余	抚州	萍乡	景德镇	鹰潭							
GDP	2200	1120	1032	901	870	721	631	630	520	462	345							
山西城市	太原	长治	临汾	吕梁	运城	晋中	晋城	大同	朔州	忻州	阳泉							
GDP	1778	920	890	846	827	764	731	696	670	437	429							

数据来源：2011 年各省统计年鉴。

表 4—4　2011 年中部六省各城市经济规模对比

（单位：亿元）

排序	1	2	3	4	5	6	7	8	9	10	11	12	13	14	15	16	17	18
湖北城市	武汉	宜昌	襄阳	黄冈	荆州	孝感	荆门	黄石	十堰	咸宁	随州	鄂州	仙桃	潜江	天门			
GDP	6756	2140	2132	1045	1043	958	942	926	851	652	518	491	378	378	275			
河南城市	郑州	洛阳	南阳	许昌	平顶山	焦作	新乡	安阳	周口	商丘	信阳	驻马店	开封	三门峡	濮阳	漯河	鹤壁	济源
GDP	4980	2702	2202	1589	1485	1443	1489	1487	1407	1308	1258	1245	1072	1030	897	752	501	373
湖南城市	长沙	岳阳	常德	衡阳	株洲	郴州	湘潭	永州	邵阳	益阳	娄底	怀化	湘西州	张家界				
GDP	5619	1899	1811	1734	1564	1346	1124	945	907	884	847	845	361	298				

续表

排序	1	2	3	4	5	6	7	8	9	10	11	12	13	14	15	16	17	18
安徽城市	合肥	芜湖	安庆	马鞍山	阜阳	滁州	六安	宿州	蚌埠	淮南	宣城	亳州	铜陵	淮北	黄山	池州		
GDP	3637	1658	1215	1144	853	850	821	802	780	710	671	627	579	555	379	372		
江西城市	南昌	赣州	九江	上饶	宜春	吉安	新余	抚州	萍乡	景德镇	鹰潭							
GDP	2689	1336	1256	1111	1078	879	779	743	658	565	428							
山西城市	太原	长治	临汾	吕梁	运城	晋城	晋中	朔州	大同	忻州	阳泉							
GDP	2080	1219	1136	1131	1017	895	890	855	844	555	528							

数据来源：2012 年各省统计年鉴。

表 4—5　2012 年中部六省各城市经济规模对比

（单位：亿元）

排序	1	2	3	4	5	6	7	8	9	10	11	12	13	14	15	16	17	18
湖北城市	武汉	宜昌	襄阳	黄冈	荆州	孝感	荆门	黄石	十堰	咸宁	随州	鄂州	仙桃	潜江	天门			
GDP	8004	2509	2502	1193	1196	1105	1085	1041	956	761	591	560	444	442	321			
河南城市	郑州	洛阳	南阳	许昌	新乡	周口	安阳	焦作	平顶山	商丘	信阳	驻马店	开封	三门峡	濮阳	漯河	鹤壁	济源
GDP	5550	2981	2341	1716	1620	1575	1567	1551	1496	1397	1397	1374	1207	1127	990	797	546	431
湖南城市	长沙	岳阳	常德	衡阳	株洲	郴州	湘潭	永州	邵阳	益阳	娄底	怀化	湘西州	张家界				
GDP	6400	2200	2039	1958	1759	1517	1282	1049	1028	1020	1002	1001	198	339				
安徽城市	合肥	芜湖	安庆	马鞍山	滁州	阜阳	六安	宿州	蚌埠	淮南	宣城	亳州	铜陵	淮北	黄山	池州		
GDP	4164	1874	1360	1234	971	963	918	915	890	782	757	716	621	621	425	417		
江西城市	南昌	赣州	九江	上饶	宜春	吉安	新余	抚州	萍乡	景德镇	鹰潭							
GDP	3000	1508	1420	1265	1248	1006	830	825	733	628	482							
山西城市	太原	长治	吕梁	临汾	运城	晋城	朔州	晋中	大同	忻州	阳泉							
GDP	2311	1329	1230	1221	1069	1013	1007	987	931	621	602							

数据来源：2013 年各省统计年鉴。

为动态衡量城镇体系发育进展，引入城市地理学中分形维数 D。其含义是对于一个特定区域，将城市人口数量从大到小排序，用人口尺度 r 来度量人口数量大于 r 的城市数目 N（r），改变人口尺度 r 时，区域内的城市数目 N（r）也会随之改变，当 r 由大变小时，N（r）不断增多。在某个标度范围内，N（r）与 r 满足关系：N（r）∝ r–D。式中：r 为人口尺度；N（r）为人口数量大于 r 的城市数目，D 是 Hausdorff 分形维数。运用 G.K.Zipf 提出的城市规模分布法则，即 lnP（a）=lnP1-qlna，其中：a 为城市排序（a=1，2，3，…，n）；P（a）为排序为 a 的城市人口数量；P1 为首位城市人口数量；q 为与区域条件和发展阶段有关的常数。Zipf 公式服从幂定律，具有分形意义。参数 Zipf 维数 q 与 Hausdorff 维数 D 互为倒数。

D 值的大小具有明确的地理意义，直接反映了城镇体系的规模结构。当 D<1，表示该区域城市体系的规模结构比较松散，人口分布差异程度较大，首位城市的垄断性较强，城市体系发育还不成熟；当 D=1，说明该区域首位城市与最小城市的人口规模之比恰好等于区域内整个城市体系的城市数目，城市规模分布呈理想的“金字塔”形；当 D>1，表示该区域城市规模分布比较集中，人口分布比较均衡，中间位序的城市数目较多，整个城市体系发育比较成熟；当 D → 0，表示该区域只有一个城市；当 D →∞，表示该区域内所有城市一样大，人口规模分布无差别①。后两种极端情况在现实中一般是不存在的。

考察湖北省的城镇等级规模体系，查阅历年《中国城市统计年鉴》与《中国人口和就业统计年鉴》中的各城市非农业人口数据，绘制湖北 2003—2010 年城市规模分布的双对数坐标图，如图 4—2 所示。从图中线性方程求出分形维数 D 分别为：D2003 为 0.99、D2004 为 0.88、D2005 为 0.83、D2006 为 0.84、D2007 为 0.89、D2008 为 0.89、D2009 为 0.85、D2010 为 0.91。表明湖北城镇体系的规模结构比较松散，首位城市垄断性强，且自 2004 年以来这种垄断趋势并未减弱，城镇体系仍处于发育初期阶段，未形成合理的等级规模体系②。

综上所述，城镇体系是一个区域中不同等级规模城市的数量比例关系，是城镇化发展的骨架和载体。科学合理的城镇体系结构能够高效地组织生产要素，起到空间组织协调的作用，实现宏观整体效益的最大化。根据城镇体系的规模分布理论，高效的区域城镇体系会在等级规模组合方面表现出序列性，在职能分工

---

① 陈彦光：《分形城市系统：标度、对称、空间复杂性》，科学出版社 2008 年版，第 56 页。

② 郝华勇：《湖北城镇体系发育障碍与优化对策》，《江汉大学学报》（社会科学版）2012 年第 1 期。

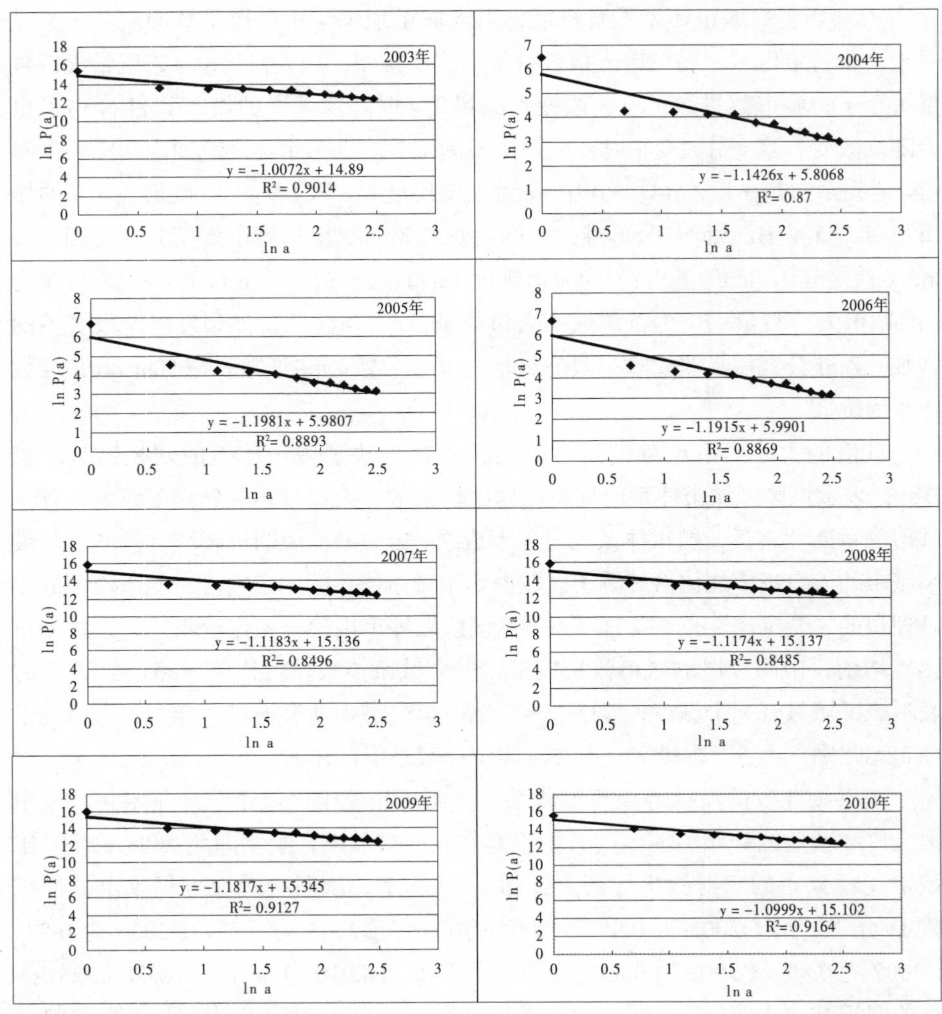

图 4—2　湖北 2003—2010 年城市规模分布的双对数坐标图

上体现出差异性，不同规模的城镇在城镇体系序列中发挥不同的作用，承担各异的职能，能够合理发挥大城市的集聚扩散效应、辐射带动效应，推动城镇体系向更高的层次演进。

（二）低碳城市规划

依据城市规划的核心内容，低碳城市规划应涵盖生态承载容量、产业体系配置、空间结构布局、生态系统构建、绿色交通体系等方面。

1. 生态承载容量

城市是一个资源、环境、人口、经济、社会的系统，资源要素的组合条件决定了城市的生态承载容量。低碳城市规划首先需要明确城市的生态承载容量，在承载容量的限度内规划人口、产业、交通等布局，以实现城市发展的最大化效益。如果城市发展过度膨胀、超出了生态环境承载容量，就会带来规模不经济现象，而且依靠自然生态系统的自然效应难以实现平衡运行，需要以更大的投入维持城市的运行，高成本、低效益的城市发展模式与低碳发展要求是相背离的。

研判一个城市的生态承载容量，常用的研究方法是生态足迹法。生态足迹（Ecological Footprint,EF）最早由加拿大生态经济学家威廉等人提出，它是一种度量可持续发展程度的方法。该方法的思想是计算一个区域维持资源消费和废弃物处理所必需的生物生产面积（BPA）作为生态需求量或生态足迹，再计算该区域范围内所能提供最大生物生产面积作为生态供给量或生态承载力，对生态需求量与生态供给量进行比较后，判断该区域的生产生活状态是否处于生态系统的承载力范围内。当一个区域的生态需求量小于生态供给量时，就判断处于“生态盈余”状态；当一个区域的生态需求量大于生态供给量时，则出现“生态赤字”。在生态足迹计算中，形成生态需求量的各种资源、能源消费项目和提供生态供给量的生产面积均被折算为耕地、草场、林地、建筑用地、化石燃料用地和海洋（水域）6 种生物生产面积类型。

2. 产业体系配置

城市经济社会的发展都依赖产业支撑，低碳城市的发展也不例外。低碳城市规划应把产业体系配置作为重要的组成部分，遵循产业发展规律、顺应低碳理念要求、引导产业结构升级，实现城市经济发展与能源消耗及二氧化碳排放的脱钩。

城市以非农产业为主的产业结构，第三产业在能耗与二氧化碳排放上都比第二产业具有优势，需要加快产业结构升级以符合低碳时代的要求；另一方面，大多数城市目前仍处于工业化中期，第二产业占比较高，产业结构的升级也不会一蹴而就，这就需要顺应低碳理念的要求，对传统产业进行低碳化升级，注重资源能源的节约、推广清洁生产、运用循环经济模式改造生产工艺和流程再造，以达到节能低碳的目标。

脱钩理论是衡量产业结构演进与能源消耗关系的一个重要思路，考察城市产业体系配置与结构升级是否达到或接近低碳发展的要求，可以运用该模型判断城市经济增长是否摆脱对能源消耗的直接依赖。

根据 OECD 提出的脱钩（decoupling）概念，建立经济增长与能耗增长的关系模型，采用弹性系数衡量脱钩指数（e），计算公式为：$e=(\Delta D/D)/(\Delta G/G)$。其中，D 为能源消耗总量，$\Delta D/D$ 为能耗总量变化率，G 为经济增长指标，$\Delta G/G$ 为经济增长变化率。依据经济增长率与能耗增长率变化的不同组合，形成不同的脱钩类型[①]，如图 4—3 所示。A 类型代表强正脱钩，是经济增长与能耗增长的最佳组合状态，此时经济增长为正、能耗增长为负，并且弹性系数的绝对值越大越好。B 类型代表增长弱脱钩，经济增长与能耗增长均为正，但经济增长率大于能耗增长率，经济增长对能耗的依赖程度降低。C 类型代表衰退弱脱钩，经济与能耗均负增长，但能耗下降幅度大于经济减速程度，意味着处于结构调整阶段，以牺牲经济增长换取能耗水平下降。D 类型代表增长联结，经济与能耗均正增

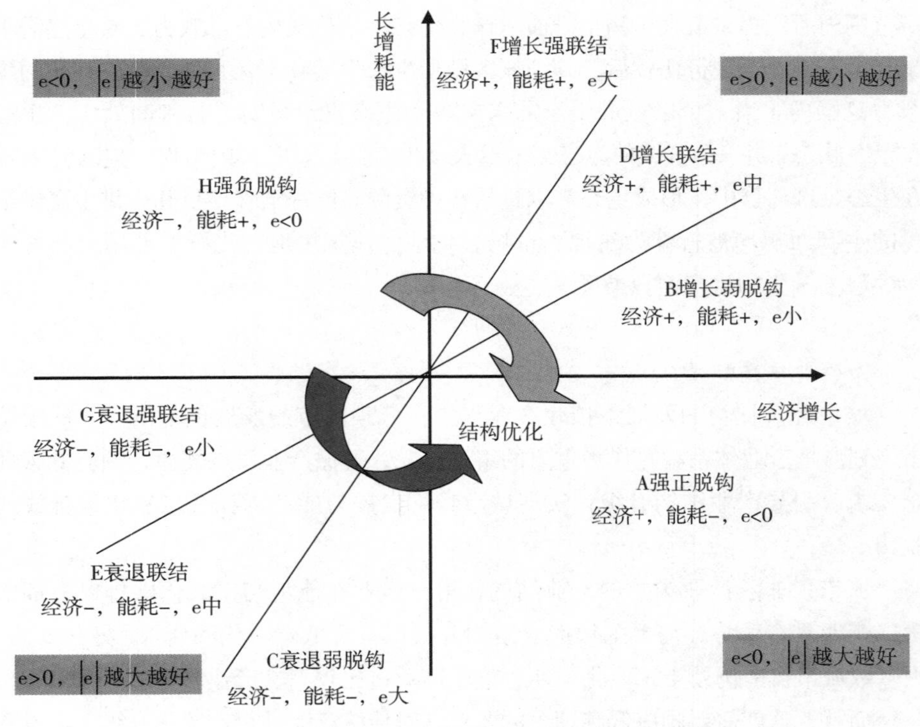

图 4—3　经济增长与能耗增长的脱钩状态组合

① 刘婷婷、马忠玉、万年青、刘正广：《经济增长与环境污染的库兹涅茨曲线分析与预测——以宁夏为例》，《地域研究与开发》2011 年第 3 期。

长，弹性系数处于中等稳定阶段，经济发展模式沿袭之前的惯性。E 类型代表衰退联结，经济增长与能耗增长均为负，二者下降的幅度相似，节能降耗的效应不显著。F 类型代表增长强联结，经济增长与能耗增长均为正，但能耗增长幅度大于经济增长，经济增长对能源的依赖程度更高。G 类型代表衰退强联结，经济增长与能耗均为负，但经济下降的幅度大于能耗降低的水平，即尽管经济减速，但经济增长对能耗的依赖仍然很高。H 类型代表强负脱钩，是一种效益最差的组合，经济衰退、能耗却增长。现实中，经济发展与能耗增长要向 A 类型转化，避免徘徊于 F 和 G 区间，要形成结构优化的两条路径：增长强联结（F）→增长联结（D）→增长弱脱钩（B）→强正脱钩（A），或者衰退强联结（G）→衰退联结（E）→衰退弱脱钩（C）→强正脱钩（A）。

为衡量城市产业结构演进与污染排放的关系，可以引入环境库兹涅茨曲线。美国经济学家 Grossman 和 Krueger 等人用描述人均收入差异与经济发展阶段关系的库兹涅茨曲线来定量描述环境污染与经济发展的关系，即环境库兹涅茨曲线 (Environmental Kuznets Curve，EKC)。该曲线描述了当一个国家或区域经济发展水平较低时，环境污染程度较轻；随着经济的发展，环境污染程度日趋严重，当经济发展达到某个临界点之后，环境污染将随着人均收入的增加而降低，污染程度逐渐减缓，环境质量逐渐得到改善。EKC 通过人均收入与环境污染之间的关系模型模拟，提出经济发展与环境污染程度存在倒“U”形的关系，即在经济发展过程中，环境状况先是恶化而后得到逐步改善。

以湖北省为例，产业结构升级的过程也是人均 GDP 不断提高的过程，湖北目前处于工业化中期，工业份额在经济总量中占比超过一半，因此，构建湖北人均 GDP 与工业污染的环境库兹涅茨曲线，以衡量湖北产业结构优化升级过程中与生态环境的冲突程度。

描述 EKC 的函数模型通常有线性函数、二次多项式、三次多项式、logistics 函数和指数函数等，这种差异可以从宏观上用环境与经济社会发展的阶段及其协调状态的差异来解释。最常用的三种模型为二次函数、三次函数以及对数函数关系，计量模型分别为：

$$Et=\beta_1+\beta_2 Y+\beta_3 Y^2+u_t$$

$$Et=\beta_1+\beta_2 Y+\beta_3 Y^2+\beta_4 Y^2+u_t$$

$$lnEt=\beta_1+\beta_2 lnY+\beta_3(lnY_t)^2+\beta_4(lnY_t)^2+u_t$$

式中：Y_t 为某区域在 t 时刻的环境污染指标；为人均 GDP，β_1、β_2、β_3、β_4 为系数，u_t 为随机扰动项。对数函数模型中，若 $\beta_2 < 0$，$\beta_3 > 0$，且 $\beta_4=0$，则环境污染程度曲线呈“U”形曲线；若 $\beta_2 > 0$，$\beta_3 < 0$，且 $\beta_4=0$，则环境污染程度曲线呈倒

"U"形曲线；若 $\beta_2>0$，$\beta_3<0$，$\beta_4>0$，则环境污染程度曲线呈"N"形；$\beta_2<0$，$\beta_3>0$，且 $\beta_4<0$，则环境污染程度曲线呈倒"N"形。无论曲线是呈倒"U"形还是呈倒"N"形都意味着，从长远来看，随着人均 GDP 的增长，污染排放量等指标总体上呈持续下降趋势。

依据湖北省 1985—2012 年污染排放和人均 GDP 数据（表 4—6），分别进行曲线回归模拟。回归拟合结果见表 4—7。从回归拟合度来看，三种函数的模拟结果差异较小，其中对数函数模拟结果较优。三种拟合结果均显示除工业废气排放量之外，其他环境指标的 R^2 均大于 0.9。同时，F 检验值显示这些指标的回归方程总体上也是显著的。对数函数模拟结果见图 4—4、图 4—5、图 4—6。

表 4—6　湖北省 1985—2012 年经济增长与环境污染数据

年份	人均 GDP（元）	工业废水排放量（万吨）	工业废气排放量（亿标立方米）	工业固体废弃物排放量（万吨）
1985	478.7	160820	2425	1652
1986	498.5	167461	2443	1764
1987	533.1	166865	2725	1795
1988	567.0	166562	3191	1735
1989	584.7	156170	3279	1770
1990	599.3	162302	3416	1799
1991	624.3	153420	3892	1844.4
1992	703.3	144625	3645	1889
1993	784.9	141251	3971	1901.5
1994	881.6	142685	4295	1999.8
1995	987.5	139938	4485	2063.1
1996	1091.5	132329	4341	2225.2
1997	1211.0	116435	4562	2028.1
1998	1306.3	124177	5105	2221
1999	1399.9	115985	5566	2511
2000	1598.1	106733	5674	2817.8
2001	1734.3	97714	5820	2694.1
2002	1889.5	98481	6440	2976.7
2003	2068.1	96498	6707	3112.3
2004	2294.6	97451	8838.1	3266.4

续表

年份	人均 GDP（元）	工业废水排放量（万吨）	工业废气排放量（亿标立方米）	工业固体废弃物排放量（万吨）
2005	2565.4	92432	9404.1	3692
2006	2904.0	91146	11014.6	4315.3
2007	3330.9	90437	10212.8	4862.7
2008	3770.6	93687	11558	5014.2
2009	4272.1	91324	1253	5561.5
2010	4900.1	94593	13865	6813
2011	5561.6	104434	22840	7595.8
2012	6156.7	91609	19512	7610.9

注：人均 GDP 按 1952 年可比价格折算。

表 4—7　湖北 EKC 曲线的回归结果

环境指标	R^2			F 检验值
	二次函数	三次函数	对数函数	对数函数
工业废水排放量	0.8098	0.8279	0.9705	48.537
工业废气排放量	0.6495	0.5843	0.7639	29.820
工业固体废弃物排放量	0.9907	0.9742	0.9932	56.214

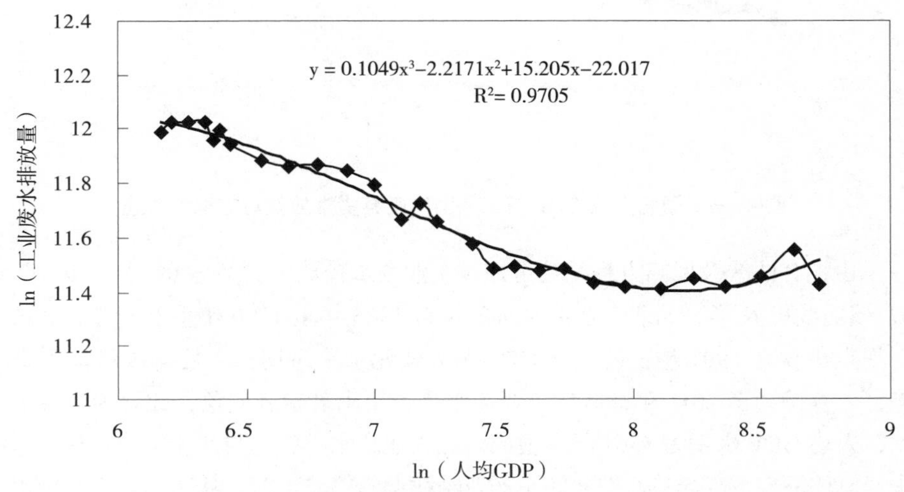

图 4—4　湖北人均 GDP 与工业废水排放量对数拟合曲线

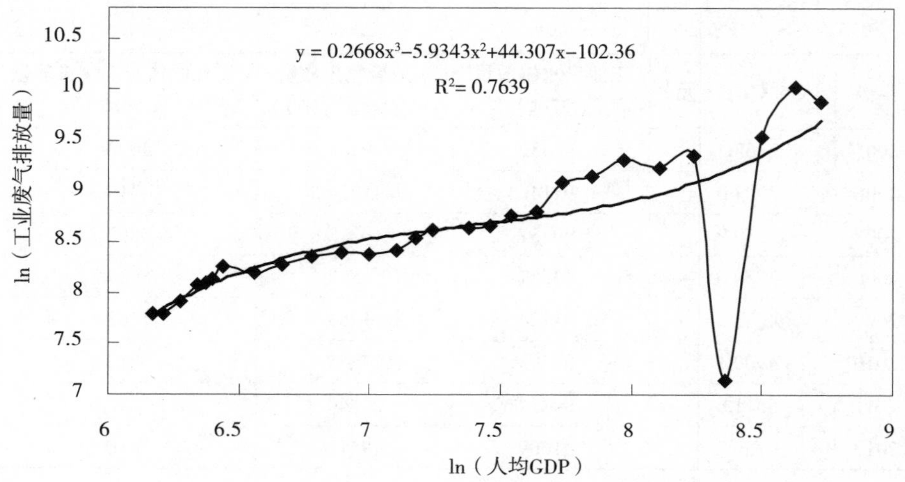

图 4—5 湖北人均 GDP 与工业废气排放量对数拟合曲线

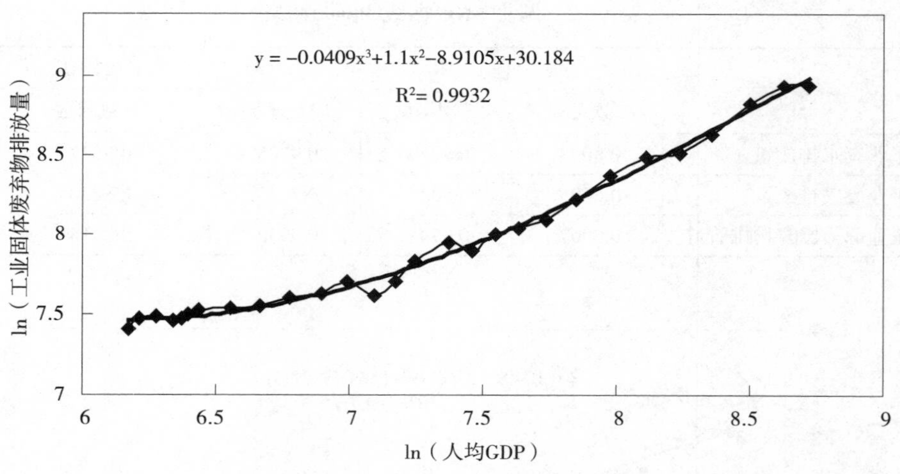

图 4—6 湖北人均 GDP 与工业固体废弃物排放量对数拟合曲线

由拟合曲线及回归方程系数可知，工业废水排放中，$\beta_2 > 0$，$\beta_3 < 0$，$\beta_4 > 0$，该曲线呈 N 形，湖北工业废水排放量自 1985 年至 1990 年呈上升态势，第一个拐点出现在 1991 年，即人均 GDP 为 624 元水平时期，之后排放量呈下降趋势，一直持续至 2011 年，此后工业废水排放量出现抬升迹象，此处为第二个拐点，人均 GDP 水平为 5561 元。说明湖北工业废水排放量与产业结构调整基本同步，整体呈现下降趋势，但要防止产业结构调整停滞不前，从而导致工业废水污染上升的迹象。

从人均 GDP 与工业废气排放量对数拟合曲线图中，检验回归方程的各系数，$\beta_2>0$，$\beta_3<0$，$\beta_4>0$，该曲线也呈“N”形，湖北工业废气排放量自 1985 年至 2008 年呈上升态势，第一个拐点出现在 2008 年，即人均 GDP 为 3770 元水平时期，此次拐点的出现归因于全球金融危机的冲击使湖北工业出现下滑，随着经济在危机后企稳回升，排放量又大幅反弹，且在 2011 年达到峰值，2012 年的排放量又呈现小幅下降态势。由此可知，湖北工业废气排放量从长期看，仍呈现上升趋势，个别年份的波动、或由于外部经济危机的冲击使排放量短期震荡，但整体趋势未得到根本扭转，湖北在产业结构升级过程中需要密切关注工业废气排放量，避免给生态系统带来更大破坏。

从人均 GDP 与工业固体废弃物排放量对数拟合曲线中，检验回归方程的各系数，若 $\beta_2<0$，$\beta_3>0$，且 β_4 近似于 0，可判断该曲线呈“U”形分布。湖北工业固体废弃物排放量与经济增长密切相关，自 1985 年以来一直呈上升趋势，并且尚未出现下降拐点，可见，湖北工业化进程中固体废弃物的排放仍处于上升时期，需要加大技术改造力度、引入先进生产工艺，降低工业固体废弃物的排放强度。

产业的低碳化转型并不只局限于第二产业的工业领域，第三产业虽然相对于第二产业具有能耗低、排放小的特点，但第三产业也需要自身实现发展方式的转变，以符合低碳发展的要求。如国际旅游城市桂林，旅游发展方式的低碳化转型直接决定了桂林市低碳城市的实现程度。自获批国家低碳试点城市以来，桂林以建设国际旅游胜地和低碳城市试点为契机，通过引导游客徒步游、自行车游，以及在宾馆、饭店推行不提供免费一次性用品和实行客房用品“一客一换”制度，倡导游客低碳旅游和低碳消费模式行为；通过安排节能低碳专项经费，鼓励和引导业主以低碳理念改造一批宾馆饭店和景区景点，建设一批低碳旅游线路、低碳景区景点及低碳配套服务基础设施。

3. 空间结构优化

空间本身是一种经济发展资源，并且是一种稀缺资源，为了应对稀缺性，实现空间的高效利用是唯一途径。空间结构的经济意义，主要体现在节约经济，即经济活动因选择合适区位、合理调配资源和要素而节约运费、减少相应的劳务支出和管理费用所产生的收益；集聚经济，即因相关集聚活动在空间上合理组合而在技术、市场、劳动力、基础设施、资源和产品利用等方面得以互补、共享所产生的收益；规模经济，即经济活动因区位优势、合理集聚而获得良好的发展机会，由此而引起规模增大所产生的收益。这些经济效益都是依托空间结构而取得的[①]。

低碳城市的空间结构优化，应遵循生产空间集约高效、生活空间宜居适度、生态空间山清水秀的要求，高效利用土地资源，以最小的土地开发强度换取最大的经济产出，实现城市经济社会生态的良性循环。

吉林省吉林市作为全国第二批低碳试点城市，在编制低碳发展规划过程中，通过产业低碳化、交通清洁化、建筑绿色化、新能源和可再生能源规模化、污染物减量化、城乡大地绿化美化的“六化”发展目标和任务，积极探索适合区域发展实际的低碳转型路径和模式。2013 年吉林市单位 GDP 能耗比 2010 年下降 17%，单位 GDP 碳排放比 2010 年下降 18%。吉林市低碳发展取得的显著成就，一个重要的做法就是发挥规划对生产要素的优化配置引导作用。

从吉林市的自然地理条件看，蜿蜒的松花江呈 S 形，把吉林市环绕其中，分割成北中南三部分。江水阻隔，以往城市发展局限在中部，工业、商业、文化、民居混杂在一起，环境污染严重，空间布局难以舒展。对此，“十二五”以来，吉林市启动实施了中心城市十大功能区发展战略，大力调整优化空间布局，绘制出了“北工、中商、南居”的城市发展蓝图。十大功能区是吉林市实施低碳转型发展的主要平台，规划总面积超过 600 平方公里，产业方向各有侧重，功能定位不尽相同。其中，中新食品区是吉林市与新加坡政府合作建设的低碳农业示范区；金珠工业区、化工园区、经开区是实施传统产业升级和低碳化改造示范区；高新南区、高新北区是高新技术和战略性新兴产业示范区；哈达湾老工业区是实施老工业区搬迁改造、退二进三的现代服务业示范区；北大湖体育旅游开发区和松花湖风景旅游开发区是低碳生态旅游示范区；南部新城是建设集约、智能、绿色、低碳的生态宜居示范区。2012 年，十大功能区经济总量约占吉林市区的 35%。到 2015 年，十大功能区将集聚市区经济总量的 80% 以上，承载人口 50 万人以上。如图 4—7 所示。

十大功能区的具体规划定位是：

（1）国家高新技术产业开发区到 2015 年，整车产能突破 100 万辆，汽车产业销售收入达到 1000 亿元，实现 GDP500 亿元，建成全国具有一定影响力的高新技术产业聚集区。

（2）国家级经济技术开发区到 2015 年，工业产值力争达到 1000 亿元，努力建成现代化生态工业新城，并跻身于国家级开发区前列。

（3）化学工业循环经济示范园区到 2015 年，园区工业销售收入力争实现

① 李小建：《经济地理学》，高等教育出版社 1999 年版，第 175 页。

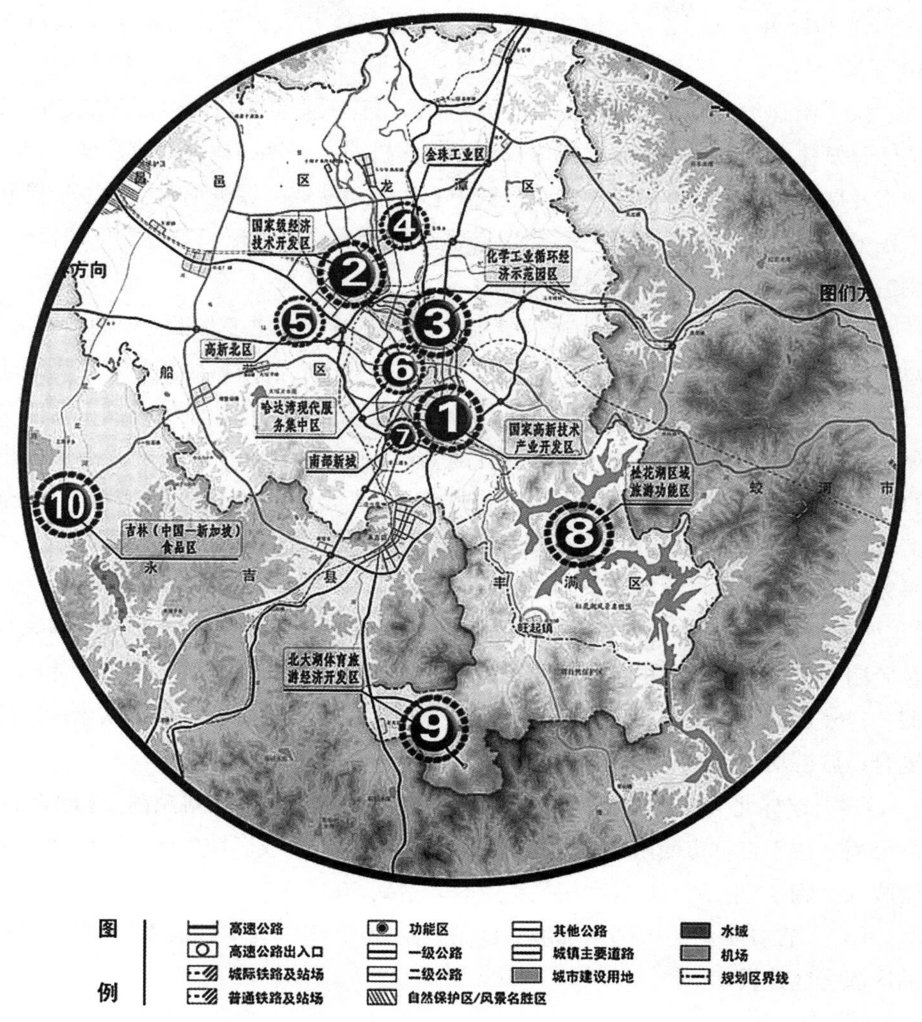

图 4—7　吉林市十大功能区

2000 亿元，建成国内一流、国际有影响的综合性、生态型化工基地。

（4）金珠工业区到 2015 年，规模工业产值力争达到 500 亿元，建成东北重要的精品钢基地和冶金炉料基地，同时加快建设为工业区配套的生活服务区，金珠新城远期将具备 5 万人口的承载能力。

（5）高新北区规划面积约为 108 平方公里，位于长吉高速和长吉北线之间，是长吉一体化发展的关键组成部分。交通有时的唯一性和区位的稀缺性将使其成为吉林市对接长春空间发展、优化长吉结构、推进长吉一体化的重要战略性节点。到2015年，基本完成30平方公里核心区整体开发建设，远期承载人口约30万。

（6）哈达湾现代服务集中区到2015年，原有工业企业搬迁全部完成，区域整体开发建设框架基本形成。抓住长吉一体化机遇，引领吉林市产业升级，带动城市发展，打造和谐宜居，创造新住城中心，带动就业、促进消费，进一步提升市民的居住生活环境。营造哈达湾生态系统及景观，改善环境、提升土地价值、创造独特的标识名片，推动可持续发展。

（7）南部新城是吉林市为适应长吉一体化发展，构建“北工、中商、南居”总体发展格局的十大功能区之一，是“十二五”时期吉林市城市扩容、丰满区建设商旅宜居新城区的主要承载地，也是吉林市建设“新型产业基地、旅游度假名城、生态宜居城市”的重要载体。南部新城核心区位于吉林市城区西南对外出口，距松花湖约10公里，距北大湖约50公里；西至温德河，北至松花江，东至蓝旗街，南至外环公路，与吉林高新技术产业开发区隔江相望；总规划面积13.6平方公里，建成后可承载人口约30万。

（8）松花湖区域旅游功能区包括松花湖国家级风景名胜区、朱雀山国家森林公园、青山国际旅游度假区和丰满风情小镇四大板块，是集游览观光、休闲度假、户外运动、水上娱乐、温泉养生、工业旅游、宗教旅游、特色餐饮于一体的复合型旅游功能区。

（9）吉林北大湖体育旅游经济开发区是省级开发区，规划控制面积126平方公里，位于吉林市西南40公里。到2015年，基本形成区域整体开发框架，旅游收入达到7.5亿元，并带动相关产业收入达到50亿元。

（10）吉林中新（中国新加坡）食品区到2015年，基本完成10平方公里食品区起步区建设。

4. 生态系统构建

城市生态系统是城市经济社会正常发展必须依赖的自然本底条件。城市经济社会的发展向自然界索取的能源资源日益增多，打破了自然生态初始的均衡与循环，需要在城市发展进程中保护自然生态系统的完整性与循环性，通过人工生态系统建设弥补城市开发对自然生态系统的干扰与破坏。城市自然生态系统包括山体、河流湖泊、滩涂湿地等，人工生态建设主要指城市绿化、生态修复工程等。低碳城市的生态系统构建，需要保障城市发展的生态空间总量、优化生态系统结构、提高生态服务功能等，这就需要统筹兼顾自然生态系统和人工生态系统的功能互补，以发挥最大的生态效益，实现低碳的最大化水平。

在保护城市生态系统促进低碳发展上，南昌市珍视城市拥有的自然生态优势，维护城市的生态系统平衡。南昌市目前拥有森林、河水、湿地等三大丰富的核心低碳资源，城市绿化覆盖率达到43%，水域面积达到29%，湿地面积达到55%，水环境质量在全国位居前列。为推进低碳试点城市建设，南昌市开展《“鄱湖明珠——中国水都”总体规划》编制工作。在青山湖、艾溪湖等城市内湖周边设置绿道，通过水系串接环通形成完整的景观系统。围绕“水景南昌”建设，对瑶湖、前湖、象湖、梅湖、青山湖、艾溪湖、天香园周边划定限制建设区和协调建设区，限建区内不允许建设公共服务及市政建筑。同时，开放沿水岸线，塑造体现南昌水城特色形象的公共水空间。明确提出示范区域“十年不开发”，极大地保护了南昌可持续发展的后花园。并且将南昌高新区作为生态工业园区品牌进行重点塑造，在区内高起点规划建设占地2500亩的艾溪湖湿地公园，启动18平方公里的瑶湖森林公园建设，打造出森林、河水、湿地等三大核心低碳资源。

内蒙古呼伦贝尔市获批成为国家第二批低碳试点城市，也充分发挥自身拥有的独特自然禀赋优势，保护草场、增加碳汇、发展生态旅游。目前，呼伦贝尔市活立木总蓄积量已达11.18亿立方米，森林覆盖率51.25%以上。据全国第七次森林资源清查结果显示，全国森林生态系统年固碳量为3.59亿吨/年，呼伦贝尔市森林年固碳量占全国森林年固碳量的6.82%，与西藏自治区森林年固碳量相当，相当于北京市、天津市、河北省、山西省、陕西省的总和，呼伦贝尔市森林年固碳量和吸收二氧化碳量占内蒙古自治区的68%。

5. 绿色交通体系

城市作为生产生活的集聚地，也是交通要素集聚地和运输网络枢纽点，伴随城市发展所产生的交通需求量也日益增多，城市交通的运行效率不仅体现城市规划的科学性，也是检验城市管理效率性的重要方面。如果任由机动车无节制的增长，势必带来能源消耗、占用道路资源、尾气排放等一系列问题，降低城市发展质量，也与低碳发展要求相背离。低碳城市发展理念下的城市交通体系，需要构建以公共交通为主的绿色交通体系，以低能耗、大运量的公共交通承载城市的交通需求。

低碳型绿色交通体系规划，包括低碳型交通基础设施、低碳型交通运输装备、优化交通运输组织模式、建设智能交通工程、建立健全交通运输碳排放管理体系等方面。

建设低碳型交通基础设施。选择具有较好基础条件的公路、港口、场站枢组建设项目，切实提升低碳建设理念，实施低碳优化设计，强化低碳施工组织和运营管理，合理使用低碳建设和运营管理技术、设施、设备、材料、工艺等。推广应用低碳型交通运输装备。加大城市公交车辆、出租汽车以及营运客货车辆、运输船舶的结构调整力度，合理提升清洁能源和新能源车辆的拥有比例，强化营运车辆燃料消耗量限值准入工作，推广天然气及混合动力车船，加快淘汰老旧、高耗能车船，稳步推进运营车船的标准化改造，推广使用港口、站场设施装备和运营车船的节能减排技术。优化交通运输组织模式及操作方法。积极发展集约高效的物流运输组织模式，重点探索甩挂运输、多式联运的合理路径，推进大宗货物和集装箱水铁联运。优化城市公交、客运班线的线网布局和站场布局，加快推进城乡客运一体化进程，稳步发展道路客运联网售票系统。落实城市公交优先发展战略，因地制宜采取各种有效措施缓解城市交通拥堵，提高自行车使用频率，有效引导公众低碳出行。实施节能驾驶培训工程，积极推广节能操作经验。建设智能交通工程。大力发展智能交通技术，积极引导交通运输企业强化运营管理的信息化建设。加快物联网技术在公路、水路运输领域的推广应用，推广港口车辆和装卸机械智能化调度系统和无纸化作业、城市智能化公共交通与运营管理工程等，提高运输生产的智能化程度。建立健全交通运输碳排放管理体系。建立健全交通运输行业节能减排统计、监测和考核体系，完善节能减排和应对气候变化的管理制度和运行机制，积极探索利用碳交易、合同能源管理等市场机制。

苏州市作为全国低碳发展试点城市，为控制交通碳排放总量，科学编制城市综合交通体系规划，市区公交出行分担率达 26.39%；推广应用液化天然气清洁能源公交车、长途客运车、国Ⅳ及以上排放标准的公交车比例达 82.4%；公共自行车共设立 1150 个站点、2.65 万辆车，形成了覆盖居民区、公交站、商业街的公共自行车网络。公共自行车使用时间、换乘率、完好率等各项数据均优于省内其他城市。

（三）低碳村镇规划

村镇作为城镇体系的一个组成部分，理应囊括在城镇体系规划范畴之中。但以往我国的城镇规划只涉及城市，对广大村镇而言是空白。随着《城乡规划法》的实施及社会主义新农村建设的推进，村镇规划在统筹城乡发展、低碳乡村建设中的作用日益受到重视。而规划的本质特征是前瞻性、科学性，尊重地域文化差异、产业发展规律、人居环境科学来编制村镇规划，是实现村镇协调、可持续发展的前提。并且，当前各区域新农村建设中受资金匮乏制约，均采用“示范点”带动，以点带面发挥引领、示范效应，而村镇规划正是充分利用有效投入、防止盲目大拆大建、重复建设和二次改造所造成的浪费，因为规划的节约是最大的节约，规划的浪费是最大的浪费，尤其示范点的选择与规划应充分体现适用性和推广性，即兼顾点的选择与面的推广的统一[①]。

纵观国内的成都、江苏等统筹城乡、低碳乡村发展的先行地区，一条共同的经验就是依托“三个集中”推进城乡协调发展步伐，即工业向园区集中、农民向新型社区集中、土地向规模经营集中，并且在此过程中，注重土地集约利用、清洁能源推广、低碳产业发展方式。而推进“三个集中”都需要规划先行，发挥规划在引导要素流向、集中和承载产业、人口方面的先导作用。着眼于统筹城乡发展的目标导向与低碳生态的发展要求，村镇规划需要着重在村镇发展的战略定位、村镇的等级规模、土地资源的集约利用、清洁能源的普及等方面贯彻节能低碳的要求[②]。

1. 村镇发展定位

村镇的战略定位应秉承“生活、生产、生态”的原则，既要提炼彰显村镇的比较优势，又要顺应未来村镇发展的趋势与潮流。村镇应在地级市框架下构建各展所长、特色突出、差异化定位、错位发展的空间格局。具有农业基础的村镇应壮大农业的规模优势，发展农产品精深加工，延长产业链条，将提高的附加值来充实农民收入。一些资源型小城镇，应在不破坏自然生态的前提下适度开发，以资源型产业起步走新型工业化道路，丰富产业部门体系，而避免过度依赖资源型产业支撑增长。具有良好生态环境的村镇，可以规划发展乡村生态旅游、文化旅游，发挥旅游业的强关联带动效应来促进村镇的服务业发展，提升城镇化水平。

2. 村镇等级体系

村镇的等级规模定位是基于村镇的资源环境承载能力和在区域城镇体系中的地位来确定。在引导农民向新型社区集中过程中，需要有计划有步骤地形成县域中心城区—小城区—特色镇—新型社区—自然村落的等级体系。因此，立足村镇自然本底条件、服从区域城镇等级体系分工、合理确定各村镇的发展规模和承

---

① 郝华勇：《基于宏观中观微观规划视角的统筹城乡发展探讨》，《湖北农业科学》2013 年第 18 期。

② 杨梅：《统筹湖北城乡发展的规划思路探讨》，《湖北省社会主义学院学报》2012 年第 5 期。

载人口、产业容量，确定对具有文化遗产性质的村落进行保护，并保证农民建房的选址安全，在此基础上，规划建设基础设施和公共服务，从而避免基础设施和公共服务在村镇间的低效配置和浪费弊端。

3. 村镇土地资源

土地资源的集约利用既是提高农村生产要素配置效率和实现农村要素收益的途径，也是保障城乡发展格局维护国家粮食安全的战略需要。在村镇规划中实现土地资源的集约利用，即要求管住总量、用好增量、盘活存量、提高质量，从而实现节约集约利用土地。尤其对项目用地要严格批前审查，根据其行业、产业发展及投资强度等进行严格的项目预审，以确定合理的供地规模，并根据项目建设进度实施分批供地，同时对农村宅基地进行整理归并，避免空心村蔓延，防止土地粗放利用。

在通过村镇规划引导“三个集中”进程中，应吸聚工业向园区集中，优化产业规划布局，加大基础设施投资和建设力度，加快培育和扶持主业突出、配套完善的产业集群，完善产业链条以发挥集聚效应，形成“块状经济”来提高规模效益。实施重点镇优先发展战略，选择了一批有条件的区域中心镇，通过政策倾斜和多方支持，促使其转变为现代小城市，提升人口吸纳能力。同时，适应农民改善居住和生活条件的迫切要求，加快农村新型社区建设，完善基础设施和公共服务配套。严格遵循“依法、自愿、有偿”原则，推动土地流转，积极策划包装项目带动发展，通过土地流转，发展壮大合作组织、种养大户、家庭农场、龙头企业等现代市场主体，通过他们引领农民致富。

4. 村镇清洁能源

能源利用方式是影响村镇低碳发展水平的重要方面，低碳村镇规划需要依据村镇人口规模、产业发展基础、自然地理条件等多方面因素，改变村镇能源结构单一的发展现状，通过规划太阳能、风能、水电、沼气等生物能源形成多种能源结构合理搭配的供给格局。

在农村地区开发利用可再生的清洁能源，不仅可以解决广大农村居民生活用能问题，改善农村生产和生活条件，而且也有利于保护生态环境和巩固生态建设成果，形成农村废弃物和资源的循环利用，有效提高农民收入，促进农村经济和社会更快发展。

在电网延伸供电不经济的偏远村镇地区，发挥当地资源优势，利用小水电、太阳能光伏发电和风力发电等可再生能源技术，为农村无电人口提供基本电力供应。在小水电资源丰富地区，优先开发建设小水电站，缓解能源供给矛盾。在缺乏小水电资源的地区，因地制宜建设独立的小型太阳能光伏电站、风光互补电站，推广使用小风电、户用光伏发电、风光互补发电系统，改善生产生活条件和人居环境。农村生活用能方面，推广户用沼气、生物质固体成型燃料、太阳能热水器等可再生能源技术，为农村地区提供清洁的生活能源，改善农村生活条件，提高农民生活质量。

第五章　低碳城乡建设发展

统筹低碳城乡建设就是要立足现有城乡建设二元分割的基础上，逐渐缓解低碳城市和低碳乡村建设的分割，合理安排低碳建设项目，尽量实现城市与乡村的结合，以城带乡，以乡补城，互为资源，互为市场，互为环境，达到城乡之间社会、经济、空间及生态的高度融合，促进低碳城乡建设一体化，让广大农村充分享受到现代城市文明。

一、低碳城乡土地资源利用

统筹城乡土地资源是统筹低碳城乡建设的基础。统筹城乡土地资源就是要按照低碳经济的要求，合理开发城乡土地资源，走集约化开发利用之路，使有限的土地资源产生最大化的经济效益和社会效益，促进城乡协调发展。但在现实生活当中，由于城乡二元结构的存在，在城乡建设的过程中，城乡土地利用矛盾比较突出。一方面，城镇建设用地加速扩展，占用了大量的农村土地资源，非农用地规模迅速扩大。另一方面，农村人口在空间上的集聚程度仍比较低，农民居住分散占用大量土地，加上大量的青壮年农民工外出务工，导致在农村经营土地的多是留守妇女和老年劳动力，出现了耕地撂荒现象，使得土地经营效益出现滑坡，降低了农村土地资源的利用率。因此，统筹城乡土地资源，需要在土地管理制度方面寻求突破，在推动城市发展的同时，着力保护农村有限的耕地资源①。

根据《2013 中国国土资源公报》数据显示，截至 2012 年底，全国共有农用地 64646.56 万公顷，其中耕地 13515.85 万公顷（20.27 亿亩），林地 25339.69 万

① 冯占民:《统筹低碳城乡协调发展研究》,《湖北省社会主义学院学报》2010 年第 6 期。

公顷，牧草地 21956.53 万公顷；建设用地 3690.70 万公顷，其中城镇村及工矿用地 3019.92 万公顷。各类型土地利用结构如图 5—1 所示。

随着新世纪以来我国城镇化进程的快速推进，土地资源的稀缺程度日益明显，耕地被工业化城镇化的建设用地所蚕食，不仅威胁国家的粮食安全和经济安全，也影响资源环境系统的良性运转，形成低碳发展的障碍因素。2012 年，全国因建设占用、灾毁、生态退耕等原因减少耕地面积 40.20 万公顷，通过土地整治、农业结构调整等增加耕地面积 32.18 万公顷，年内净减少耕地面积 8.02 万公顷。如图 5—2、图 5—3 所示。

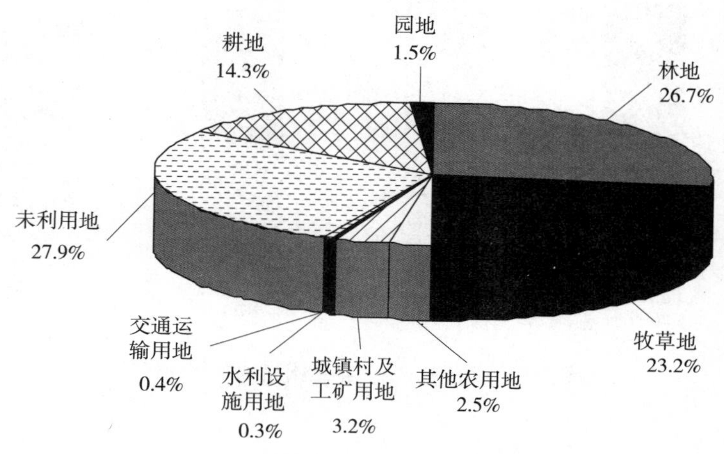

图 5—1　2012 年全国土地利用现状格局

目前，四川成都在统筹城乡一体化道路上探索出了一条高效的统筹城乡土地资源之路。成都统筹城乡土地资源的根本方法是“三个集中”，即实现工业向集中发展区集中，土地向规模经营集中，农民向集中居住区集中。2004 年以来，成都大规模地开展以土地整理为主要内容的“金土地工程”，严格执行城镇建设用地增加和农村建设用地减少相挂钩的制度，使城镇建设用地增加与农村建设用地减少挂钩，在城乡之间建立起利用市场配置城乡土地资源的机制。在项目建设时，坚持“五个结合”，即把农村土地整理与城镇建设相结合，与改善农村生产条件相结合，与推进农业产业化相结合，与促进农民集中居住相结合，与发展壮大集体经济组织相结合。因城市发展需要征地时，成都规定中心城区每征收一亩土地，从土地收益中提取 2.5 万元用于土地整理。而农村拆院并院腾出的建设用地级差地租主要用于建设农民集中居住区、农业发展和基础设施建设。这样使城乡土地资源形成互惠互补，使城市获得了更大的发展空间，农村则获得了更多的

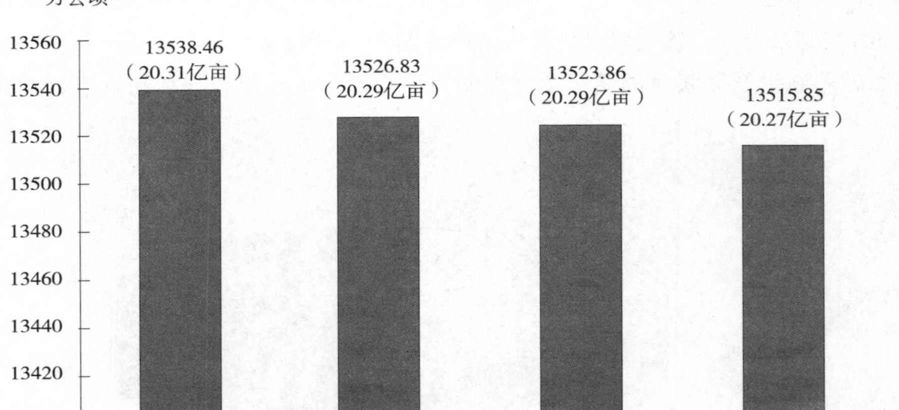

图 5—2　2009—2012 年全国耕地面积变化

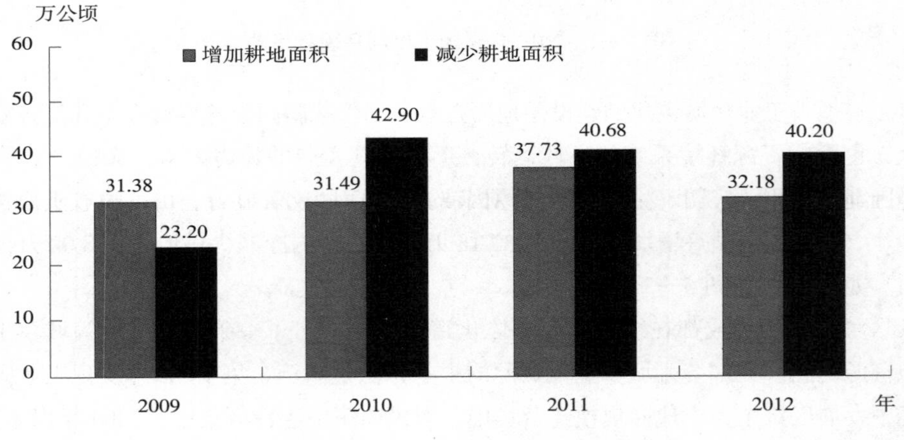

图 5—3　2009—2012 年全国耕地增减变化

优良耕地和源源不断的资金“输血”，为农业现代化和农民集中居住创造了条件。从而实现了农村支持城市，城市反哺农村的城乡土地资源综合利用之路。

当前我国城镇建设用地利用效率普遍偏低，2013 年 12 月，习近平总书记在中央城镇化工作会议上强调，今后一个时期推进城镇化、提升城镇化质量的其中一个任务，就是要提高城镇建设用地利用效率，切实形成土地集约利用的格局，按照促进生产空间集约高效、生活空间宜居适度、生态空间山清水秀的总体要求，形成生产、生活、生态空间的合理结构。各个区域层面积极响应，如湖北省 2014 年 4 月出台《湖北省人民政府关于实行最严格节约集约用地制度的通知》，该《通知》从优化建设用地布局，保障科学发展用地；完善土地市场建设，发挥市场配置资源的决定性作用；强化节约集约用地措施，提高土地利用效率；强化土地批后监管，完善节约集约用地评价；加强组织领导，落实共同责任机制等五个方面提出具体要求和规定，通过土地利用方式的转变促进经济发展方式的转变，推进湖北低碳发展、绿色发展、生态发展的目标实现。

在强化节约集约用地措施，提高土地利用效率方面，明确了工业项目准入门槛，避免一些区域的开发区"圈而不建"、大建花园式工厂造成浪费土地的现象。《通知》中明确提出，国家级开发区（高新区）、省级开发区、其他工业集中区新建工业项目亩均投资分别不低于 300 万元 / 亩、200 万元 / 亩、100 万元 / 亩；投产后亩均税收分别不低于 25 万元 / 亩、15 万元 / 亩、10 万元 / 亩。新建工业项目容积率不低于 1.0，建筑系数不低于 40%，绿地率不超过 15%，工业项目所需行政办公和生活服务设施用地面积不得超过总用地面积的 7%。严格控制开发区房地产开发，开发区生产和基础设施用地比例不低于 70%。在激励开发区节约集约用地上，该《通知》提出，原出让或划拨的存量工业用地，在符合城市规划和不改变用途的前提下，经批准在原用地范围内进行技术改造、建设多层厂房、实施厂房改造加层或开发利用地下空间而提高容积率的，不再收取土地出让价款。市、县人民政府对节约集约用地成效显著、亩均税收贡献大或安置吸纳就业人数多的企业予以奖励。定期开展开发区闲置低效用地清理专项行动和集约用地评价，对符合节约集约用地要求的开发区，优先升级、扩区和区位调整，优先安排新增建设用地计划指标。在鼓励建设多层标准厂房方面，该《通知》提出，多层标准厂房容积率一般应达到 1.2 以上。在多层标准厂房集中区域内，可根据需要建设企业入驻所需的各类公共服务平台。鼓励和引导社会投资主体参与多层标准厂房建设经营，城市基础设施配套费第一层全额征收，第二层减半征收，第三层及以上免征。多层标准厂房建成后，经所在地市、县人民政府同意，在不改变功能和土地用途的前提下，可对房产、国有建设用地使用权分割转让，市、县人民政府享有优先购买权。各地要结合实际，出台扶持多层标准厂房建设和中小项目向标准厂房集中的政策。这些具体的细化指标，将有利于形成工业用地集约利用的格局，以留出更多的土地保障生活用地和生态用地。

二、低碳城乡产业协调发展

统筹低碳城乡产业协调发展就是各级政府在制定低碳城乡产业发展政策时，要打破城乡分割，统一对城市和农村的低碳产业统筹考虑，它是统筹低碳城乡建设的重要内容，也是城乡产业融合趋势的需要。统筹低碳城乡建设要通过统筹城乡低碳产业的协调发展，带动乡村工业低碳化，实现城乡互动，最终实现低碳城乡统筹发展。

（一）推进低碳城乡产业融合

推进低碳城乡产业融合是统筹低碳城乡产业协调发展的重要路径。产业融合的关键在于延长城乡产业链条，培育产业链，促进产业集群发展。一是推动新兴战略产业和传统产业的有机融合，优化城乡产业结构，提升城乡产业综合竞争力。二是推动资本技术密集型产业和劳动密集型产业的有机融合，形成可以发挥城乡比较优势的产业结构，拓宽就业空间，为农村剩余劳动力转移创造新的就业机会。三是通过以工促农，延长农业产业链条，使农业生产链条不断向加工、销售、服务一体化方向延伸，形成一个以市场为导向、专业化生产、一体化经营、社会化服务的现代农村生产经营体系。通过产业融合，使低碳城乡产业形成利益共同体，使劳动力等经济要素在城乡产业间进行合理流动，充分发挥城乡资源的综合效益，实现低碳城乡产业优势互补，合理布局，协调发展。

（二）以低碳城镇化促进低碳工业化

目前，我国的城镇化正处于快速发展时期。在低碳城镇化的过程中，广大的农民是城镇人口的主要来源，因而统筹低碳城乡建设离不开城镇化，需要以低碳城镇化促低碳工业化，吸收更多的农村剩余劳动力，推动低碳城乡协调发展。现阶段，我国低碳城镇化的发展关键在于繁荣低碳城镇经济。在推进低碳城镇化进程中发展低碳产业，使城镇化成为工业化的重要平台，积极引导乡镇企业合理聚集，培育龙头企业，延伸农业产业链条，发展规模化经营。在正确处理低碳城镇化和低碳工业化互动的关系中，大力发展低碳工业，促进低碳产业集聚，通过低碳城市工业园区和低碳城镇协调发展。

（三）大力发展低碳农副产品加工业

统筹低碳城乡建设，大力发展低碳农副产品加工业是推动低碳小城镇建设，促进农业产业结构调整重要路径。低碳农副产品加工业对低碳小城镇经济具有较强的拉动效应，低碳农副产品加工业具有多样性，涉及上下游众多产业，具有很强的产业关联效应，因此，低碳农副产品加工业是低碳小城镇建设的重要支撑。农副产品加工具有较强的产业融合性，其链条向上游延伸可以推动农业产业化的发展，向下游延伸可以与城市产业对接。因此，建设低碳农副产品加工业是推动农业工业化、现代化的重要路径，在统筹低碳城乡产业协调发展中起着重要的枢纽作用。它不仅可以促进农村产业结构调整，繁荣小城镇经济，而且可以实现低碳城乡建设相互协调，双向带动、共同发展。

三、低碳城乡生态环境保护

在低碳城乡建设中，统筹保护城乡生态环境具有非常重要的地位，尤其是农村生态环境保护占有重要地位。然而，在我国城镇化发展过程中，城市生态环境得到了各级政府的重视，忽视了农村的生态环境保护。农村生活污染，牲畜、水产养殖污染以及农药化肥带来的污染还比较普遍。在统筹低碳城乡建设过程中，应该把城市和乡村环境作为一个不可分割的有机整体，统筹城乡生态环境保护，构建低碳城乡一体化的生态环境保护格局。

（一）建立低碳城乡经济社会发展与生态环境保护综合决策机制

统筹低碳城乡生态环境保护，要积极构建低碳城乡一体化的生态环境保护格局，在制定统一的城乡生态环境规划的基础上，既重视城市生态环境的保护，又重视乡村生态环境的保护。坚持保护优先、预防为主、防治结合，彻底扭转乡村环境保护建设的被动局面。目前，我国正处于统筹城乡、建设社会主义新农村快速发展时期，处于以工促农、以城带乡的快速发展阶段。推动城乡生态环境保护一体化建设，首先要建立城乡经济社会发展与生态环境保护综合决策机制。制定重大经济社会发展规划时，应依据城乡生态功能区划，充分考虑对城乡生态环境的影响，合理布局，严格控制污染项目的建设，严格控制城市污染企业向农村转移，以确保低碳城乡建设中生态效益、经济效益与社会效益的统一。

（二）统筹低碳城乡新能源建设

建设低碳城乡，统筹发展城乡低碳能源建设是一项重要内容。从发达国家发展实践来看，美国25%以上的玉米产量正用于提炼酒精，生产燃料。而且美国制定了到2030年生物液体燃料（酒精、乙醇）至少要替代30%的石油、到2050年要替代50%的石油发展目标。欧盟和日本也制定了到2050年可再生能源将占总能源供应量的50%以上的发展目标。现阶段，我国农村发展农业生物质能源正在兴起，从玉米等农产品中可以生产酒精、油料，这种生产工艺可以实现碳零排放，有利于生态环境保护。同时，通过农产品秸秆—养殖牲畜—粪便发酵—沼气能源等循环链条，大力发展沼气能源，也是低碳乡村建设的一项重要举措。因此，统筹低碳城乡新能源建设，在发展城市新能源的基础上，更需重视农村生物质能等新能源的开发利用，加大投资力度，积极开发农村生物质能等新能源的建设，走有中国特色的农业生物质能源发展道路。

（三）统筹低碳城乡项目建设环境评价

统筹低碳城乡建设，要统筹城乡建设项目的环境评价。严格制定统一的环评标准，对于规划中的城乡建设项目，积极开展建设项目环境影响评价，对于可能造成生态环境破坏和不利影响的项目，必须制定生态环境保护和恢复措施，坚持同时设计、同时施工、同时投产的“三同时”原则。对于可能造成生态环境严重破坏的，应严格评审，严格城乡建设项目环保审批。通过统筹城乡项目环评，将城乡生态环境保护落实到实处。

四、低碳城乡基础设施建设

统筹低碳城乡基础设施建设是建设低碳城乡的基础工程，是推进低碳城乡协调发展的重要内容。坚持把基础设施建设重点向农村倾斜，按照城乡共建、城乡联网、城乡共享的原则，加快城乡公路交通、水电和污水及垃圾处理等基础设施建设，切实推进低碳城乡一体化发展。

（一）统筹低碳城乡交通基础设施建设

低碳交通一体化是统筹低碳城乡建设的重要内容，是推进低碳城乡一体化的重要平台。统筹低碳城乡建设首先要完善低碳交通基础设施，加快推进低碳城乡交通基础设施向农村覆盖，打造和谐有序、高效快捷的低碳城乡交通路网体系。一是加快低碳城乡快速通道建设。按照发展低碳经济的要求，积极完善城乡铁路、轻轨和公路联网工程，构建方便快捷的城乡交通网络。二是加快推进乡村公路联网工程建设。目前，我国城市范围内的高速公路等公路联网建设投资较大，发展较快，农村公路联网工程发展相对滞后，这对统筹城乡形成了制约。建设低碳城乡，需要大力实施农村公路联网工程，加大农村公路建设投资力度，进一步提高农村公路通达覆盖面，实现镇（乡）及村级公路互联成网。三是推进城乡客运站等交通设施建设，加大宣传，倡导民众选择低能耗低排放低污染的交通方式。逐步实现“联路成网、便捷出行、城乡一体、惠及百姓”的低碳交通一体化。

在低碳交通建设中，我国目前很多城市都通过建设自行车租赁系统来引导城市绿色出行、低碳交通。自行车使用率在我国 20 世纪 80 年代、90 年代是普遍较高的，自行车也是当时主要的交通工具。随着新世纪以来我国城镇化进程的快速推进和我国汽车产业的快速发展，机动车的保有量不断攀升，直接导致了很多城市拥堵情况日益加剧。在低碳理念的倡导和交通拥堵带来的城市病影响下，自行车又重新回到了人们生活，自行车交通也成为倡议多使用的交通工具，既可以节能低碳还可以锻炼健身。我国目前有一些城市纷纷建立了公共自行车租赁服务，以引导人们在辖区内微循环路段多采用自行车出行，目前不同城市采取的发展模式各不相同，有些已步入良性循环发展轨道。

杭州市公共自行车交通服务系统于 2008 年 9 月 16 日正式运营，杭州市公共自行车交通服务发展有限公司统一负责杭州市公共自行车交通系统的建设、营运和服务管理，该公司成立于 2008 年 4 月，是杭州公交集团下属的一家全资子公司。至 2012 年 12 月底，已具有 2962 个服务点，69750 辆公共自行车的规模，日均租用量达到 25.76 万余人次，免费使用率超过 96%。由于其便捷、经济、安全、共享的特征，以及“自助操作、智能管理、通租通还、押金保证、超时收费、实时结算”的运作方式，使公共自行车已经成为杭州中外游客和市民出行必不可少的城市交通工具，杭州“五位一体”城市公共交通体系的重要组成部分。该系统通过了国家住建部市政公用科技示范项目验收并荣获国家华夏二等奖，被英国广播公司（BBC）旅游频道评为“全球8个提供最棒的公共自行车服务的城市之一”。杭州的收费标准是：公共自行车实行60分钟内免费租用；60分钟以上至120分钟（含），收取1元租车服务费；120分钟以上至180分钟（含），收取2元租车服务费；租用超过180分钟以上的时间，按每小时3元计费（不足1小时的按1小时计）。租车服务费实行分段合计，还车刷卡时，从租车IC卡中结算扣取。在杭州，为鼓励居民多乘坐公共交通、采用低碳出行方式，还推出了公交车和公共自行车衔接的服务，凡乘公交车下车后，自在公交车刷卡起的90分钟内，租用公共自行车的，租车者的免费时间可延长为90分钟。计费结算时间也相应顺延。

“武汉公共自行车”公益项目2009年4月启动，是武汉城市圈获批“两型”社会综合改革试验区后的有益尝试。在武汉市城区内，除上海龙骑天际公司负责青山区外，其他城区公共自行车均由武汉鑫飞达集团运营。武汉公共自行车服务采用“政企共建”模式（即“武汉模式”），“政府主导扶持、企业投资运作、社会参与共建、市场化运作”。“武汉模式”运用“政企联手”引入市场化运作机制，建立“两型社会”建设的长效运营模式，破解了“两型社会”创建过程中的难题，促进公益环保事业的健康发展。武汉的公共自行车服务从开始就定位于公益性，所以2009年项目开始阶段都是免费办卡、享受免费租车服务。运行两年后，自2011年7月起，原先免费办理的租车卡需要缴纳300元的诚信保证金才可以升级换取新的租车卡，继续免费享用租车服务。推出此项举措后，办理升级租车卡的用户出现下降，同时武汉市城区多条主干道、次干道由于修建地铁、立交桥等基础设施，大量自行车道被围栏占用，也直接导致自行车使用频率大幅降低。2014年国内多家媒体报道“武汉公共自行车项目投3亿4年瘫痪，运营企业赚钱”①，让人们对武汉公共自行车项目的发展模式产生反思，质疑由民营企业承担公益事业运营过程中企业的过度逐利性。

太原市公共自行车交通服务与杭州市相似，也是由太原公共交通控股（集团）有限公司于2012年5月全资组建了太原公交公共自行车服务有限公司，负责太原市公共自行车服务系统的建设和运营管理工作。运营初期，就形成了500多个服务点，1.5万辆公共自行车，20余万市民办理了租用业务，日租用量最高达20万人次，单车日周转次数最高可达15人次。太原市公共自行车交通服务也是采用收费的方法，太原市民可凭二代身份证，填写租车协议，交200元诚信保

① “武汉公共自行车项目投3亿4年瘫痪，运营企业赚钱”，新华网湖北频道2014年4月14日 http://www.hb.xinhuanet.com/2014-04/14/c_1110222362.htm。

证金和不低于 30 元的预存款办理租车卡。公共自行车的具体收费标准为：每次租车费用实行分段计费，合计总费用从租用公共自行车的 IC 卡中结算扣取：1 小时内（含）免费；1 小时以上至两小时（含）收取 1 元；2 小时以上至 3 小时（含）收取 2 元；租车超过 3 小时，按每小时 3 元计费（不足 1 小时的按 1 小时计费）。每次使用超过 24 小时实行惩罚性收费，24 小时后每小时 30 元，1500 元封顶。这样做的目的主要是提高自行车的周转率，防止个别人长时间占用公共资源。据 2014 年 4 月《太原晚报》新闻报道，太原市公共自行车租骑总量达 1.2 亿次，单日最高租骑超过 44 万次，单车日均周转最高达 20 次 / 车，这些指标均在国内排名第一。在全国 60 多个开通公共自行车服务系统的城市中，太原市公共自行车规模已位居次席，仅次于杭州市，其中单车日周转次数及服务半径已超越杭州，为全国最高。在不到两年的时间内，有国内 30 多个城市到太原"取经"。

比较杭州、武汉、太原等城市发展公共自行车的不同模式，以杭州、太原等地采用"政府投入 + 国企运营"模式为主，而武汉采用以"政府引导 + 民企运营"的发展模式，从现实运营看，杭州、太原的成绩和效益要更显著，而武汉的发展陷入困境。总结公共自行车的发展模式，我们不能因为武汉一个城市发展出现困境，就否定有民营企业参与公益事业的发展模式，而需要统筹考虑公益事业项目建设前期投入和后期运营的监管，保证企业的公益属性和专注于公益服务的主要职能，避免企业因逐利性而偏离了公益服务的正常轨道。

（二）统筹城乡污水处理设施建设

城乡污水是城乡环境污染的一个重要方面。现阶段，我国城乡污水处理投入差别较大。城市污水处理设施建设较早，投资较大，农村污水处理投入相对不足。建设低碳城乡，需要统筹建设城乡污水处理系统。积极完善城镇污水处理系统，新建或扩建污水处理厂和污水收集管网，增强城镇污水处理能力，有效控制入网污水浓度，提升城镇污水处理率，确保污水处理厂处理污水 100% 达标排放。在做好城镇生活污水和工业污水收集处理的基础上，进一步加大对农村污水处理设施的投入，健全农村污水处理管网，逐步实现农村工业、生活污水和畜禽养殖废水的收集处理，减少对乡村环境的污染，逐步实现城乡污水处理一体化。

近年来，随着社会主义新农村建设的纵深推进，很多城乡结合部、乡镇的城乡污水处理设施均被纳入城乡一体化规划，开始分步骤推进建设。湖北省鄂州市作为湖北省城乡一体化试点城市，注重城乡基础设施建设的一体化。污水处理实行的是全域覆盖，即将乡镇污水处理纳入鄂州城市整体规划。这在湖北还是首次。其发展举措和解决手段，一是靠市场化解决融资困难，二是打破行政区划实现规模收益。截至 2013 年，鄂州已建成 4 座城市污水处理厂，未来 3 年，还将建成 14 座规模在 3000 吨以上的污水处理厂，自然村落污水将实现全收集，预计投资 4.5 亿元到 5 亿元。这么多项目同时上马，光靠政府投资是远远不够的。为此，鄂州市采取政府引导，市场运作，大量吸引民间资本进入等模式推进。目前，城东污水处理厂由北京桑德集团采用 BOT 模式投资，签订了 25 年合同；太和污水处理厂，也是北京桑德投资；樊口污水处理厂由深圳辽硕集团采用 BOT 模式建设，投入5000多万元。计划修建的14座污水处理厂都将用这种方式建设。鄂州已有 70 多个村采用地埋式无动力处理工艺处理村污水，用的是环保部和省里配套的 1 个多亿的资金，单个建安成本最多不超过 60 万元。在规划方面，鄂州污水处理还打破了行政区划限制，如杜山镇蒲团乡，污水处理并入了樊口污水处理厂，燕矶镇并入了城东污水处理厂，有效地发挥了乡镇污水处理的效率。

现实中，也存在一些城乡污水处理设施建设效益低下的情况。例如，湖北省现有的 50 座乡镇污水处理厂，仅 8 座正常运行，这 8 座污水处理厂中，又有一半运转负荷率不到 50%，综合计算，50 座污水处理厂的日污水处理率仅为 16%①。原本乡镇污水处理设施建设的资金投入就十分紧张，仅有的筹措到资金建设好的污水处理厂又未能充分发挥作用，造成很大的浪费。究其原因，主要是两个方面：一是管网配套不足，污水处理厂建设竣工，但引入污水处理厂的管网建设滞后；二是污水处理厂后期运转的资金缺口较大，缺乏资金扶持的长效机制。

在管网配套不足方面，湖北省仙洪试验区、四湖流域业已建起的 25 座污水处理厂中，应建设配套管网 294 公里，概算投资 1.47 亿元，到 2013 年实际建成 154 公里，缺口 140 公里。这些管网需由地方配套资金建设，虽然省级追加了不少投入，但乡镇财力有限，管道建设普遍进展缓慢。荆州市住建委统计，仅以该委主持建设的新滩、瞿家湾等四湖流域 10 个乡镇污水处理厂为例，管网资金缺口就高达 4330 万元。这直接导致了污水处理厂无“污水”可处理。湖北省洪湖市最大的乡镇污水处理厂，峰口镇污水处理厂设计能力为日处理污水 3000 吨，但投用逾 1 年半，该厂仍然只能半负荷运转，3 天才能收集起 1 天的运转污水量，当初污水处理厂纳入建设规划时，有关部门以 1300 元 / 吨的标准给启动资金 390 万元建设厂区。直到 2012 年厂区建起后，才分两次追加了 1100 多万元的管网配套资金，陆续建起与污水处理厂对接的主管网 14.8 公里。可对于近 10 平方公里、集镇人口 4.98 万人的大镇，至少还缺 25 公里的建设资金。荆州市沙市区岑河镇

① 《巨资建起的乡镇污水处理厂为何多在晒太阳》，《湖北日报》2014 年 3 月 17 日。

的污水处理厂，由于管网一直没有配套到位，该污水处理厂总投资 780 余万元、设计日处理能力为 5000 吨，建成后完全成了摆设。据该厂负责人介绍，镇区共有 12 条道路，需要铺设管网 10 多公里，预算经费 1084.32 万元，然而到 2013 年只投入 300 万元对 3 条道路管网进行了部分改造。无水处理，设备极少开动，偶尔开动也只是为了保住池中的除污菌种不死掉。除此以外，由于收集源头卡脖子，湖北荆州市江陵县熊河镇、普济镇各 1500 吨的污水处理厂，至今连试运行都无法进行。

在污水处理厂建成后的运营方面，很多也面临资金缺口等困难，难以持续发挥作用。乡镇用水人口少，面积分布广，水价和单位处理成本比城区偏高，平均每吨约 0.8 元左右。而 2012 年 1 月，由湖北省住建厅联合省物价局、财政局、环保厅下发的关于建制镇开征污水处理费标准为“不得高于 0.6 元 / 吨”。这意味着，即使各地有机会按上限征收，也会存在 0.2 元 / 吨的运行资金缺口。湖北全省 50 座乡镇污水处理厂，每年直接运行成本约 4380 万元，各地运行经费的不足部分由乡镇财政补贴，但从实际来看，靠以转移支付为主的乡镇财政，承担如此重的运行压力根本不现实。荆州沙市区岑河镇污水处理厂，由于离城区近，该镇居民全部使用的是区自来水厂的供水。早在 2011 年，污水处理厂就联合自来水厂，将居民水费涨到每吨 2.6 元，其中包含了 0.4 元的污水处理费。然而，3 年来，即便足额收取，每年全镇的污水处理费仅收到 24 万元左右，除去电费、人员工资、设备维护、投放药剂、检测化验等运行费用，如满负荷运行，每年资金缺口至少 55 万元①。

因此，建设乡镇污水处理厂等基础设施，需要认识到，污水处理设施不能只注重面子工程，即地上的厂房设备，更要注重里子工程，即地下的管网配套，只有地上、地下整套设施形成良性运转，才能使这些基础设施发挥应有作用。各地方在规划和建设这些基础设施的时候，需要同步考虑建设、维护、运转全过程的资金筹措，适时推进工程上马，避免大干快上很多项目后，又让这些设施陷入瘫痪、造成资源的浪费。

（三）统筹城乡垃圾处理体系建设

建设低碳城乡，保护城乡生态环境，需要统筹城乡垃圾处理系统建设。一是完善城乡垃圾收集体系。建立、健全城乡环卫基础设施和再生资源系统，将城

① 《巨资建起的乡镇污水处理厂为何多在晒太阳》，《湖北日报》2014 年 3 月 17 日。

乡垃圾收集点、转运站、公厕、环卫停车场和再生资源回收站点等基础设施纳入低碳城乡建设范围，统筹城乡生活垃圾收集、转运工作。实现城乡垃圾回收全覆盖。二是加快城乡垃圾处理设施的建设。根据城乡空间布局，合理布点建设城乡生活垃圾处理厂以及各种废弃物处置中心等。全面实行生活垃圾分类收集处理，进一步降低城乡生活垃圾处理成本。三是配套完善城乡垃圾收集运输系统。按照“户集、村收、镇运、区域集中处理”的要求，建设区域垃圾贮运中转站，加强城乡生活垃圾收集运输体系建设，确保城乡生活垃圾收集、处理体系的正常运作。

此外，按照低碳城乡建设要求，加大乡村基础设施的建设投资力度，加快城乡水、电、气和通信等基础设施的建设，构筑城乡绿色生态保障体系，实现城乡基础设施共建，资源共享，协调健康发展。

第六章　低碳城乡管理体制

统筹低碳城乡发展，需要构建城乡一体化发展的体制机制以确保低碳发展目标的实现，具体而言，包括行政管理体制、生态环保体制、社会管理体制和公众参与机制等方面。

一、低碳城乡发展的行政管理体制

低碳城乡的健康发展不仅需要市场机制在资源配置中发挥决定性作用、凸显效率，也需要政府在制度设计、拟定规划、编制政策等环节发挥重要作用，克服市场失灵，兼顾城市与农村各自的优势和不足。构建基于城乡低碳发展的一体化行政管理体制，需要转变政府职能、强化相关职能部门的协同治理、推广电子政务、建立科学的绩效考核体系等方面。

（一）转变政府职能

党的十八届三中全会对全面深化改革制定了总体战略布局和实施路线图，在“加快转变政府职能”中明确提出，“进一步简政放权、深化行政审批制度改革”，“政府要加强发展战略、规划、政策、标准等制定和实施，加强市场活动监管，加强各类公共服务提供”。在我国完善社会主义市场经济的过程中，需要解放思想、转变政府职能，扭转计划经济体制下“全能政府”的惯性思维，建立与市场经济适应的“有限政府”，管好政府这只“看得见的手”才能让市场这只“看不见的手”更好地发挥作用。在低碳城乡的行政管理体制中，政府职能应准确定位，着眼于统筹城乡发展大局，发挥城市与农村各自的比较优势，建立以工补农、以城带乡的长效体制机制，克服单纯由市场机制造成农村在竞争中的弱势地位，逐步培育农村内生的自我发展能力。尤其在低碳发展目标导向下，政府要根据各区域自然地理条件合理规划农村能源结构布局，引导企业建立农村秸秆废弃物等资源的回收利用体系，制定新农村建设中符合农村低碳发展要求的相应技术标准体系等。

（二）强化协同治理

体现城乡低碳发展管理的效率，需要涉及城乡低碳发展的相关部门加强协作、协同治理。例如发改委部门分管项目审批、工业和信息化部门分管能源规划、住房和城乡建设部门分管城乡规划建设、农委部门分管涉农资金、农业厅局分管现代农业发展、环境保护部门分管垃圾回收处置，而城乡一体化低碳发展需要将涉及城乡能源、规划、产业、环境治理的相关部门职责有效分工和协调，涉及交叉职责的需要紧密合作、协同治理，避免相互掣肘、推诿而导致管理缺位。

（三）推广电子政务

电子政务是适应信息化时代行政发展的趋势，能够提高行政效率、降低行政运行成本、节约能源资源并降低二氧化碳排放。在统筹城乡低碳发展过程中，推广电子政务具有多重效应，从经济发展上，能够提高政务效能、优化城乡发展环境、吸引外部投资；从社会管理上，电子政务能够提高社会管理的能力和效率，更好地为城乡居民提供优质的公共服务；从信息产业发展看，电子政务的推广和应用是刺激信息化深度融合发展的有效手段；从资源环境看，电子政务的实施可以简化传统办公流程、减少不必要的行政运行开支，降低纸张、交通等办公环节产生的能源资源消耗和由此带来的二氧化碳排放。

（四）调整考核体系

政绩考核体系是指挥棒，尤其对地方政府而言，政绩考核的导向直接决定地方的经济发展方式和低碳城乡的实现程度。2013 年 12 月 10 日，中共中央组织部印发《关于改进地方党政领导班子和领导干部政绩考核工作的通知》，明确规定“政绩考核要突出科学发展导向。地方党政领导班子和领导干部的年度考核、目标责任考核、绩效考核、任职考察、换届考察以及其他考核考察，要看全面工作，看经济、政治、文化、社会、生态文明建设和党的建设的实际成效，看解决自身发展中突出矛盾和问题的成效，不能仅仅把地区生产总值及增长率作为考核评价政绩的主要指标，不能搞地区生产总值及增长率排名”；“根据不同地区、不同层级领导班子和领导干部的职责要求，设置各有侧重、各有特色的考核指标，把有质量、有效益、可持续的经济发展和民生改善、社会和谐进步、文化建设、生态文明建设、党的建设等作为考核评价的重要内容。强化约束性指标考核，加大资源消耗、环境保护、消化产能过剩、安全生产等指标的权重”①。这为城乡低碳发展创造了良好的制度环境，可以从发展方向的源头扭转以往过度看重GDP而忽视资源环境的发展方式。

二、低碳城乡发展的生态环保体制

建立城乡低碳发展的生态环保体制，以低碳发展为约束目标实现城乡经济、社会、生态的一体化科学发展。

（一）建立完善污染物排放的管理制度

党的十八届三中全会提出，改革生态环境保护管理体制需要“建立和完善严格监管所有污染物排放的环境保护管理制度”，这对于城乡低碳发展而言，就需要统筹城市与农村通盘考虑，基于城市生态承载能力与农村生态盈余容量制定污染物排放总量控制计划，避免出现在农村承接城市产业转移过程中带来污染下乡、生态破坏的现象。可以引入生态赤字的计算方法来衡量产业发展、居民生活和土地利用等带来的生态环境压力，并基于生态平衡的视角扩大生态用地、植树造林增加碳汇，以维系生态环境的自然修复能力和保有容量。

（二）独立进行环境监管和行政执法

建立统一监管所有污染物排放的环境保护管理制度与独立进行环境监管和

① 中共中央组织部:《关于改进地方党政领导班子和领导干部政绩考核工作的通知》,《人民日报》2013 年 12 月 10 日。

行政执法是当前生态环境保护管理制度改革的两大重点。现行体制背景下，一些地方政府出于 GDP 和税收考虑，对招商引资来的企业在污染排放和污染治理上采取灵活原则，甚至包庇企业排放污染，而辖区内的环境保护部门受地方政府指令，很难独立、严格地履行相应监管职责，导致地方环境保护部门的监管缺位。因此，在深化生态环境保护体制过程中，应逐步让环境保护部门独立监管和行政执法来履行职责，避免受到地方政府的干扰和阻挠，发挥环境保护部门保护城乡生态环境、监管环境污染、确保城乡低碳发展的职责。

（三）引入生态赔偿追究生态损害责任

在生态文明的社会背景下，对生态产品的认识需要深化，生态产品即清新的空气、清洁的水源如同农业产品、工业产品一样拥有价值，而消费生态产品就需要付费，保护生态环境等同于提供生态产品也应该获得相应收益，对于造成生态环境损害的行为必须严格追究责任并实施严厉的赔偿制度，唯有这样，才能引起社会各界对生态产品价值的认识和生态环境保护的重视，才能够对肆意排放污染、以牺牲生态环境换取短期利益的企业发挥足够的警示与威慑作用，将保护生态环境内化为企业的社会责任。

（四）公布环境信息、加强社会监督

生态环境是人类生存发展的基础，近年来各地不断出现因环境污染事件衍生的公共安全危机，社会公众对生态环境的重视保护意识不断增强。在我国经济快速发展过程中，资源环境的矛盾不断加剧，由此带来的环境事件呈高发态势，因此，单纯依靠环境保护部门的监管势必会有疏漏。通过健全举报制度、让社会公众参与监督无疑可以帮助环境保护部门履行好职责，而且及时公布环境信息，既可以向公众普及环境保护知识，还可以增强公众对环境保护部门的信任。

三、低碳城乡发展的社会管理体制

创新社会管理是适应经济快速发展后，维护人民利益、营造和谐社会、增强社会发展活力的重要保障，低碳城乡发展也需要激发社会组织的活力，预防和

化解社会矛盾，健全公共安全体系。

（一）激发社会组织活力

社会组织是健全市场经济的必要组成部分，社会组织可以发挥弥补政府功能、间接引导规范企业的作用。在低碳城乡发展过程中，行业协会的作用不可或缺，它既是联结政府、企业、消费者之间的枢纽，也是推动低碳城乡发展的助推器。社会组织面向企业，可以向企业传达政府的政策动态，协助政府落实产业政策、环境政策；社会组织面向政府，可以收集企业在低碳发展过程中面临的矛盾与问题制约，形成调研报告反馈给政府，起到决策咨询的作用，帮助政府制定相应的对策化解难题。例如，2010 年 8 月，中国低碳经济发展促进会在北京成立，该协会的职责就是发挥民间组织在经济转型、生产和消费方式转变、产业结构调整和能源结构优化、碳交易市场形成、低碳城乡协调发展等方面的推动作用。武汉碳减排协会于 2010 年 11 月成立，它由武汉光谷联合产权交易所、武汉凯迪控股投资有限公司等发起，联合武汉市 60 余家有较大影响力和行业代表性企业组成。联盟成员有碳减排重点企业，有中介认证机构，也有金融服务企业。该协会成立后不久，就启动"百千万碳盘查行动"项目，对武汉市的 1000 户家庭进行调研，摸清普通家庭的碳排放量，引导城市居民采取正确的低碳生活方式。此外，国内多个低碳试点城市纷纷成立了行业协会，如天津市 2010 年初成立了低碳减排民间组织——生态城绿色产业协会，协会旨在搭建交流平台，帮助企业参与开拓减排交易市场。中国大学生环境组织合作论坛、北京大学清洁发展机制研究会等 7 个成员单位发起组成的中国青年应对气候变化行动网络，致力于组织中国青年开展有关全球变暖、能源问题的项目，推动资源节约型校园建设。这些社会组织是中国低碳减排自愿的"先行者"和"探索者"，他们在引入理念、示范作用、试点发展方面开拓了区别于政府新形式的工作，成为引导未来低碳发展模式的崭新力量。

（二）预防和化解社会矛盾

在地方承接产业转移涉及影响地方环境安全事件的时候，需要建立畅通有序的诉求表达、矛盾调处、权益保障机制，让社会公众在面向企业、地方政府维护公共健康权益的时候，能够得到保障。例如一些地方政府在引入新能源开发（譬如核电项目），或者化工企业、或者垃圾焚烧企业的时候，往往会受到当地居民对环境污染存在担忧的阻挠和抗拒，这种情况下，就需要建立预防和化解社会矛盾的机制，及时向当地居民解释落户项目对环境的影响，也需要公开环境评估部门出具的环境影响评估报告，化解群众对项目信息不甚了解带来的误会和担忧，也为项目顺利落地及今后良性运转打下基础。当然，也需要让人民群众有表达利益诉求的机制和渠道，避免因环境问题而衍生出群体性事件，影响社会健康发展。

（三）低碳理念融入社会事业全过程

在强化政府公共服务提供上，需要秉承低碳、绿色理念，在涉及人民群众最关心的民生领域，将资源节约、环境友好融入医疗、教育、保障性住房和社会保障等领域，体现以最低的资源环境成本提供保质保量的公共服务。适应当前新型城镇化把农业转移人口市民化作为首要任务的时代背景，在城市公共服务扩容提质中不断覆盖外来人口，让广大农民工群体能早日享受城市的公共服务，体现城镇化以人为本的要求，也是体现城镇化促进社会进步的初衷和本义。例如医疗服务领域，推进医疗保险的跨区域衔接与异地就医结算，既方便人民群众，更是免去不必要的通勤需求，降低了交通能耗。教育领域，基础教育向城市常住人口全覆盖，并扩大远程教育的应用力度。保障房在规划、选址、建设、分配、管理各环节，充分考虑服务对象的实际需求，提高保障性住房的入住率、避免空置，并且伴随项目完工要做到周边交通、生活设施一并配套，为入住居民提供更多的便利和降低生活成本。

四、低碳城乡发展的公共参与机制

公众参与低碳发展与环境保护，是构建和谐社会的重要环节。政府要集中民智，凝聚民力，体现民意，让公众以主人翁的姿态参与到低碳经济社会构建过程中来。

（一）提高城乡居民践行低碳生活方式的自觉性

居民家庭是社会的重要组成部分，低碳城乡发展不仅需要政府主导、企业参与，更需要有构成社会主体的居民家庭的积极参与和自觉实践，才能在生活领域降低能源消耗与二氧化碳排放。城乡规划、低碳专项规划都有公众参与的环节，充分吸纳群众智慧的规划才富有实践的生命力，避免在规划实施环节无法让群众认同而产生抵触。此外，提高公众对低碳经济、低碳生活的认识，可以让城乡居民自觉践行低碳生活方式，养成良好的生活习惯，这也是体现城镇化过程中城市现代化文明思想和生活方式的普及与扩散的过程。农村居民能够立足既定生活条件下尽可能贴近低碳生活方式要求，城市居民在提高生活水平和居民福利的同时，兼顾节约能源和降低二氧化碳排放。

（二）扩大低碳宣传教育力度

公众理性、科学地践行低碳生活方式，需要有对低碳发展的正确认识，而社会公众对低碳知识的接收和储备有赖于社会的宣传教育。政府及社会组织通过各类媒体渠道向广大公众宣传普及低碳常识，让社会公众正确认识低碳社会的内涵与低碳发展的重要性，并且在日常生活、消费领域养成符合低碳时代要求的生活方式，可以获得低碳经济发展的最大化效益。城市居民自身素质较高且接收信息渠道较为丰富，而广大农村居民的文化基础薄弱且接收信息的途径较少，在低碳知识的宣传教育过程中，需要尤为重视，让广大农村居民了解低碳常识，可以在不降低农村居民生活福利的前提下，减少二氧化碳的排放强度。

（三）完善公众监督举报制度

公众的广泛参与是政府职能部门履行监管职责的一个补充，政府有关部门需要千方百计调动公众参与低碳发展的积极性，补充政府因客观原因造成的工作不足，而不是从主观上隐瞒不良环境信息，回避公众。我国《环境保护法》中已明确规定“对保护和改善环境有显著成绩的单位和个人，由人民政府给予奖励”。因此，在发展低碳城乡过程中，可以设立奖励基金奖励有关公众，或通过扶持民间环保组织的发展，多种途径并行，调动公众参与的积极性。让广大民众从事前、事中、事后全方位地吸纳公众参与环保事宜，保障公众能够有效行使其环境知情权、监督检举权、参与决策权、损害救济权等各方面的权利①。民间环保组织应当更好地成为公众的代表，发挥重要的作用，起到政府、公众和企业间桥梁的作用。继续探索并逐步完善环境保护公众参与的新机制。形成以公民监督举报

---

① 刘国涛:《完善公众参与的制度和机制》,《学习时报》2007 年 6 月 18 日。

制度、信访制度、听证制度、环境影响评价公众参与制度、新闻舆论监督制度、公益诉讼制度等为主要内容的公众参与制度。制定更加具体的规章制度和更加可行的程序，保障公众对环境保护事务的知情权、参与决策权、监督权、诉讼权，调动公众参与的积极性。

第七章　低碳城市发展

城市是创造社会财富的主体，也是实现低碳发展的主要地域单元。我国2011年城镇化率达到51.3%，标志着步入了城市型社会的新阶段，因此，探讨城市低碳发展、建设低碳城市是全社会向低碳发展转型的重要环节，城市低碳化、生态化发展水平直接决定我国整体的低碳发展程度。

一、低碳城市的内涵与影响因素

（一）低碳城市内涵

对低碳城市内涵的理解是探讨城市低碳发展的逻辑起点，从研究现状看，不同学者有各自的界定，代表性观点有：庄贵阳认为低碳城市发展旨在通过经济发展方式、消费理念和生活方式的转变，在生活质量逐步提高的前提下，实现有助于减少碳排放的城市建设模式和社会发展方式①。夏堃堡认为低碳城市就是低碳经济在城市的落实，具体包括低碳生产和低碳消费，建立资源节约型、环境友好型社会，建设一个良性可持续的能源生态体系②。辛章平等学者认为低碳城市的核心是降低能源消耗、减少二氧化碳排放，并认为低碳城市是低碳经济发展的必然过程③。戴亦欣认为低碳城市是通过消费理念和生活方式的转变，在保证

① 庄贵阳：《低碳经济引领世界经济发展方向》，《世界环境》2008年第2期。

② 夏堃堡：《发展低碳经济，实现城市可持续发展》，《环境保护》2008年第2期上。

③ 辛章平、张银太：《低碳经济与低碳城市》，《城市发展研究》2008年第4期。

生活质量不断提高的前提下，有助于减少碳排放的城市建设模式和社会发展方式①。仇保兴将低碳经济与生态城市两个相关概念融合，界定了低碳生态城市的内涵，即以低能耗、低污染、低排放为标志的节能、环保型城市，是一种强调生态环境综合平衡的全新城市发展模式，是建立在人类对人与自然关系更深刻认识的基础上，以降低温室气体排放为主要目的而建立起的高效、和谐、健康、可持续发展的人类聚居环境②。诸大建等学者从经济发展与能耗增长的关系角度，认为低碳城市是城市经济增长与 CO_2 排放趋于脱钩，包括绝对脱钩和相对脱钩③。张英基于城市作为区域的视角，认为低碳城市是城市空间内通过调整能源结构，发展低碳技术，改变生产、消费方式等方面实现碳排放尽可能减少，同时提高碳捕捉、碳中和能力，尽可能实现城市区域的低碳浓度甚至零碳目标④。

综观目前对低碳城市内涵的界定已经比较全面，笔者认为对低碳城市的内涵理解，不能仅关注城市的 CO_2 排放，而是将低碳、节能、环保、生态的发展理念贯穿于城市的规划、建设、管理各环节，在城市发展的起点规划、过程控制、绩效评价均以节能降耗作为约束指标促进城市发展与能源消耗的脱钩，在城市发挥居住、工作、交通、游憩职能中体现生态环保的可持续发展理念，实现城市发展与 CO_2 排放强度下降的统一。

（二）低碳城市的影响因素

1. 能源结构

能源消耗是二氧化碳排放的起点，能源消费的结构和数量直接影响二氧化碳排放的程度。城市的能源主要依靠燃烧化石燃料（煤炭、石油、天然气）而获取时，能源消耗越高，越会影响城市的可持续发展，因为大量燃烧化石燃料不仅短期内带来二氧化碳排放的增加，长期来看，由于化石燃料不可再生，资源终将枯竭。如果城市发展对能源的获取更多地依靠太阳能、风能、生物能等清洁可再生能源，不仅可以缓解二氧化碳的排放压力，还可以推广循环经济、清洁生产、绿色发展。

---

① 戴亦欣:《中国低碳城市发展的必要性和治理模式分析》,《中国人口资源与环境》2009 年第 3 期。

② 仇保兴:《复杂科学与城市的生态化、人性化改造》，见《中国低碳生态城市发展报告 2010》，中国建筑工业出版社 2010 年版，第 85 页。

③ 诸大建、陈飞:《上海发展低碳城市的内涵、目标及对策》,《城市观察》2010 年第 2 期。

④ 张英:《低碳城市内涵及建设路径研究》,《工业技术经济》2012 年第 1 期。

2. 产业结构

产业结构体现城市发展的阶段，也是城市经济发展方式的表征，不同的产业结构演进阶段决定了城市创造财富的能力和效率，也影响着城市发展与资源环境的关系及二氧化碳的排放。尽管城市相比农村而言，产业结构以非农产业为主，但在非农产业内部也呈现较大差异，例如从能耗水平比较，第三产业的能耗水平就比第二产业要低、且比较效益更高，在第二产业内部，重工业自身具有能源消耗高、资金技术密集、污染排放大的特征，所以重工业比重高的工业结构又对资源环境形成较大压力。比较我国省会城市和计划单列市的产业结构演进阶段，以2012年数据为基准，可以将这些城市分为两类，即产业结构处于“二、三、一”阶段和“三、二、一”阶段，如表7—1所示。

表7—1　2012年省会城市与计划单列市的产业结构演进阶段

产业结构阶段	城市
“二、三、一”	天津、石家庄、沈阳、大连、长春、宁波、合肥、南昌、郑州、武汉、长沙、重庆、成都、贵阳、西宁、银川
“三、二、一”	北京、太原、呼和浩特、哈尔滨、上海、南京、杭州、福州、厦门、济南、青岛、广州、深圳、南宁、海口、昆明、拉萨、西安、兰州、乌鲁木齐

数据来源：2013年中国统计年鉴。

产业结构对城市低碳发展水平具有重要影响，但并不是产业结构所处阶段直接影响低碳发展程度。随着科技进步和生态理念的植入，对现有产业结构进行生态化改造、循环利用的工艺设计，同样可以提高效益、降低二氧化碳排放强度，在现有产业结构阶段下挖掘节能降耗的潜力。

3. 空间结构

城市的空间结构是城市布局形态的反映，是居民点、企业、基础设施、公共机构等各类要素在空间的投影。城市空间结构由城市成长初期的自然状态不断扩展和优化，基于产业布局、基础设施规划、土地利用调整等不同手段，城市空间结构处于短期静态、长期动态的演变进程中，并且随着信息技术的广泛应用和交通技术的深度发展，城市的生产、生活方式都在发生深刻变化，都会对城市要素的流通产生影响。城市空间结构的经济意义主要体现在节约经济，即经济活动因选择合适区位、合理调配资源和要素而节约运费、减少相应的劳务支出和管理费用所产生的收益；集聚经济，即因相关集聚活动在空间上合理组合而在技术、市场、劳动力、基础设施、资源和产品利用等方面得以互补、共享所产生的收益；规模经济，即经济活动因区位优势、合理集聚而获得良好的发展机会，由此而引起规模增大所产生的收益。这些经济效益都是依托空间结构而取得的①。城市空间结构直接决定了空间要素的利用效益和组织效率，间接影响城市的经济运行效益与效率，进而对城市整体能源消耗与二氧化碳排放产生影响。

城市空间结构不仅体现平面的城市布局和形态，随着城市空间稀缺性日益受到重视，发展地上、地下空间成为城市集约发展的选择方向。除地铁等轨道交通空间外，还可以开发地下交通通道和地下物流通道，以体现低碳发展要求、降低二氧化碳排放。例如日本、美国、荷兰、德国等发达国家都构建了相对完善的地下物流系统，一方面缓解货运系统占据地面交通，另一方面还可以较方便地对地下通道的一氧化碳等尾气进行收集、处理。

4. 环境治理

城市是集聚人口和经济的主要集聚地和创造财富的主要地域，但伴随经济产出和人口集聚，相应的垃圾、废水与废弃物同步产生。城市垃圾收集、处置，污水处理是城市市政设施的组成部分，处置办法、处理工艺体现城市管理者对资源环境的态度和污染治理的能力，传统的垃圾填埋降解法、污水处理法不能适应快速城镇化产生的污染和废弃物，并且传统垃圾填埋因占用土地、污染土壤等弊端在城市逐步被取代，取而代之的是分类处置和焚烧。而垃圾分类收集需要社会建立整体的循环利用系统，垃圾焚烧需要有相应的技术做支撑和保障，避免二次污染和处理不达标带来的危害。因此，城镇化进程的快速推进和城市规模的快速扩张，都需要提高城市对环境污染的治理能力，以降低二氧化碳排放为目标，提高处置污染的能力与效率。

5. 交通结构

交通作为城市的四大职能之一，在生产生活、城市运行中发挥着重要的基础作用，也是城市能源消耗的重要组成部分。交通运输的方式、交通结构的构成和交通系统的效率都直接决定整个城市对交通能源的消耗程度，进而影响交通领域产生的二氧化碳数量。随着城市人口的聚集和要素流动的频繁，交通需求呈现快速增长势头，并且随着城市居民生活水平的提升，私家车的拥有量呈逐步上升趋势，但如果城市发展对私家车不加以限制和管理，任由数量膨胀，必然会带来交通拥堵、汽车尾气污染大气环境、降低城市品质。为体现城市运行效率和交通

① 李小建:《经济地理学》，高等教育出版社 1999 年版，第 175 页。

的最大化效益，必须发展公共交通，并且要以公共交通为主体结构，以降低私人交通带来的能源消耗与尾气排放。公共交通内部，还需要发展大运量、低能耗的轨道交通和快速公交系统，以发挥最大化的规模效应和最低的能耗水平。如果以常规公交的能耗作为 1 个单位进行比较，小汽车的能耗是 8.1 个单位，摩托车是 5.6 个单位，轨道交通是 0.4 个单位，快速公交是 0.2 个单位，而自行车和步行的能耗值为 0。各种交通方式的污染排放程度比较如表 7—2 所示。[①]

表 7—2　各种交通方式的污染排放比较

交通方式	步行	自行车	小汽车	摩托车	轨道交通	快速公交	常规公交
污染排放（NOx）	0	0	4.4	0.5	0.1	0.2	1
污染排放（CO_2）	0	0	7.1	3.1	0.4	0.2	1

注：以常规公交为 1 个单位值。

6. 建筑能耗

城市作为人口和产业的集聚地，建筑的建造、使用都是城市能源消耗中一个重要的组成部分。狭义的建筑能耗仅指建筑建成以后，在建筑日常运行过程中消耗的能源，而广义的建筑能耗还包括建筑材料的生产、运输，建筑本身的建造施工和完工后使用全过程的能源消耗。建筑的能耗水平由建筑规划设计和建造施工环节决定，符合低碳城市要求的绿色节能建筑需要使用绿色环保的建筑材料、采用经济高效的生产工艺流程、科学高效的能源利用。从我国城乡的建筑能耗看，我国幅员辽阔，有自然地理条件形成的南北方气候差异决定了相同条件下各城市建筑的能耗水平存在差异。北方冬季气候寒冷，取暖能耗占比较大；而南方气候相对暖和，冬季寒冷时间较短，采暖能耗占比较小，但南方夏季炎热程度高于北方，南方夏季为避暑降温而消耗的能源比北方要高。我国以往在节能环保意识薄弱时期，大量的建筑在设计、施工和使用过程中都忽略建筑的能耗水平，而近些年在低碳理念、节能环保理念要求下，新建的大量建筑开始注重节能指标，国家也对新建建筑能耗水平作为一项达标指标进行考核，而且对原先已建成的非节能建筑进行节能改造，以降低这些传统建筑在使用过程中的能耗水平。并且要认识到，在经济发展水平和公众收入水平不高的背景下，人民对生活的舒适度要求和建筑的能耗水平还是相对较低的，但随着经济社会的发展和人们生活水平的提高，出于改善生活品质条件，对生活能耗将产生很大的需求，而建筑的节

① 张鑑、王兴海:《基于低碳模式的城市综合交通规划理念》,《江苏城市规划》2011 年第 1 期。

能水平直接决定了生活能耗的效率。在国外，发展低碳经济和低碳社会特别重视低碳建筑的节能化改造，因为发达国家居民不愿意舍弃生活质量而一味追求节能环保，他们对生活能源的消耗占比较大，因此，这些国家通过对建筑的节能化设计、改造，以兼顾公众生活水平与低碳节能的要求。

（三）低碳城市与美丽城市

随着近年来对全球气候的关注和生态环保的重视，生态文明、美丽中国等一系列命题相继提出。与低碳城市相关的提法不断涌现，如绿色城市、生态城市、美丽城市等。尽管不同的提法有各自的依据和侧重点，但一个共同之处就是兼顾经济发展与资源环境的关系，实现人与自然的和谐相处、共生发展。此处，我们重点介绍美丽城市的内涵及影响因素。

党的十八大报告首次提出“努力建设美丽中国，实现中华民族永续发展”。建设美丽中国需要美丽城市和美丽乡村共同承载。美丽城市的内涵是丰富的，表现也是多方面的，建设美丽城市的影响因素包括自然本底条件、经济发展阶段、资源节约利用水平、环境友好程度、居民生活质量、文化特色保护以及城市人文素质等方面。

1. 自然本底条件

自然本底条件是城市存在与发展的基础，也是城市自然生态特征的初始体现。不同城市在地形、地貌、气候等自然地理特征上的差异，决定了不同区域城市的自然差异，呈现出的生产、生活格局也各有不同。尽管城市作为集聚产业和人口的主要地区，相对而言都具备良好的自然本底条件，但是不同城市基于各自的自然地理条件发育成的城市骨架和格局，均遵循本原的自然生态肌理，故形成了城市各自的空间结构，这既赋予了不同城市的个性特质，也影响着城市的生态化发展水平。例如山地、丘陵和平原不同类型地区的城市，决定了城市在初期规划和后期开发建设上的差异，当然，不同类型地区的城市呈现的多样化地域景观也为城市带来了多元的审美享受，为建设美丽城市注入了不同元素。气候寒冷地区城市的植物种类和景观也要逊色于温暖城市。拥有湖泊、湿地的城市，既有利于城市净化空气、调节气候，也为城市提供了休闲游憩的空间。

因此，自然本底条件是城市的自然环境基础，在建设生态文明的背景下，更需要尊重自然、顺应自然地立足于不同城市的自然本底条件采取差异化的美丽城市建设路径，彰显不同区域城市的生态本原个性。

2. 经济发展阶段

经济发展是城市社会进步的基础，城市处于不同的经济发展阶段，决定了城市创造财富的能力和效率，也影响着城市建设美丽城市的财力和水平。城市的经济发展阶段通过产业结构来体现，城市相对于外围的农村区域，产业结构高端化特性是城市得以集聚人口和产业的优势所在，但我国不同等级规模的城市所处的发展阶段各异，各自的产业结构也呈现不同的比例，从而决定了资源配置组合的效率差异，影响着城市发展的生态化水平和美丽程度。按照产业结构升级规律，在经济总量中三次产业产值比例由大到小会呈现由“一、二、三”到“二、一、三”到“二、三、一”再到“三、二、一”逐次升级的过程。我国目前一些中心城市和省会城市的产业结构已步入“三、二、一”的高级化阶段，但大多数城市的产业结构仍处于“二、三、一”的工业化中期阶段，由此形成了城市工业占据主导的产业结构，从而影响城市的经济发展方式和资源环境状况。

随着我国近年来工业化和城镇化进程的快速推进，城市产业结构也不断向高级化阶段演进，但原本城市外围远城区的都市农业、城郊农业也在城市开发、建成区扩张的浪潮中不断退减和被蚕食，由此带来的土地城镇化的冒进式增长，也严重影响和威胁着城市的生态环境功能。在城市以第二、第三产业为主导的产业结构中，第三产业在能源消耗、污染排放等对生态环境的冲击都要比第二产业小，因此，建设美丽城市需要有能耗低、污染少、比较效益高的产业结构做支撑，推动产业结构向高级化方向演进，实现产业结构的生态化转型。

3. 资源节约利用

资源是经济发展不可或缺的要素，包括矿产资源、能源资源、土地资源、淡水资源等方面。城市经济的运行，更是离不开能源资源的支撑和保障。对能源资源的利用方式和利用效率，影响城市的能源消耗数量并形成对环境的冲击与破坏，由此决定了城市的美丽程度和水平。就我国国情来看，虽然资源能源总量充裕，但 13 亿人口的庞大基数，使得我国人均资源占有量处于贫瘠水平，如我国水资源人均占有量只有世界人均的 1/4，人均耕地面积不到 1.5 亩，不足世界平均水平的 1/2，大多数矿产资源的人均拥有量不足世界平均水平的一半。城市相对于农村而言，人口聚集和产业发展都依赖大量的能源资源，但现实中，城市经济发展方式粗放，高能耗、高污染的工业份额占比较大，城市摊大饼式的扩张未能集约利用土地资源，我国北方大部分城市出现淡水资源紧张等一系列矛盾和问题制约着建设两型社会和美丽城市。

因此，城市的发展需要科学处理资源、经济、社会的关系，城市规模日益增大，迫切需要集约利用资源，唯有此才能提高城市的承载能力，为人口聚集和产业发展提供要素保障，也有助于城市朝着生态化的美丽城市方向发展。

4. 环境友好程度

环境是人类赖以生存的实体空间，随着人类改造自然能力的不断提升，自然环境日益失去本原的初始面貌，取而代之的是日益增多的人工环境与景观。并且，随着工业化和城市化进程的快速推进，在生产、生活、消费不同环节产生的废弃物和污染物也在与日俱增，这些都是构成生态环境功能退化的因素。城市随着人口聚集和产业发展，生产生活行为对环境的冲击也在加大，尤其是依靠追加生产要素驱动经济增长的工业发展方式，造成的大气、水、固体废弃物等污染物，生活垃圾超出垃圾处理厂的处理能力造成垃圾围城，这些都需要环境来分解和消化，尽管在低碳、循环经济理念倡导下，推广清洁生产、绿色消费，但是处于工业化中期阶段的国情，决定了经济增长与环境冲突的矛盾仍然严峻。2013 年新年伊始的全国大范围雾霾天气，再一次给人们敲响警钟，工业废气、机动车尾气等构成的大气污染直接危害着每一位城市居民的身体健康，让我们不禁质疑“城市让生活更美好”的判断，感叹清新的空气、蔚蓝的天空也日益成为一种奢求。

因此，城市经济社会发展需要科学处理人与自然的关系，而不能从自然索取资源，又将污染回馈于环境，这样的发展模式难以为继，并且囿于眼前的短期利益而破坏了生态环境，在日后修复生态、改善环境过程中所需的成本和代价会更大。

5. 生活质量水平

美丽城市不仅在于自然生态环境之美，也包括生活在城市中的居民能够享受便捷的公共设施、享有高质量的生活水平。中国古语道“仓廪实而知礼节，衣食足而知荣辱”，只有城市居民生活条件和质量不断改善，美丽城市才能拥有鲜活的城市品格和不竭的美丽动力。科学发展观强调以人为本的内涵核心，即我们经济发展的出发点和落脚点均应是改善民生、促进人的全面发展，美丽城市的建设亦如此，让美丽城市不徒有虚名，需要基础设施人性化、城市环境生态化、城市风貌特色化和城市服务优质化，以城市居民生活质量不断提高成为巩固美丽城市的基础，也只有在生活质量不断改进中进一步释放城市的美丽个性、提升城市的美丽指数。

因此，建设美丽城市不能脱离城市的经济发展、社会进步和民生改善，需要在经济繁荣的环境中实现居民的充分就业，在提高居民收入过程中为居民提供优质高效的公共服务和基础设施，不断满足城市居民的物质、文化和精神需求。

6. 文化特色保护

文化是一个民族的灵魂，城市历史文化和遗产保护是彰显城市历史积淀、文化内涵和人文品位的重要方面。世界著名规划师沙里宁曾说过，城市是一本打开的书，从书中可以看到市民的抱负、市长的抱负。也就是说从城市的外在表象，就可以判断该城市市长文化境界的高低和城市居民在文化上的追求和文化品位。尤其在当下中国，地方在盲目追求 GDP 的利益驱使下，各个城市都逐步变成了钢筋和水泥的森林，体现各个城市历史文化的古建筑、历史街区、自然景观、文化遗产等符号印记正逐步淡出城市的视野，削弱了城市的文化品位和个性特色。相比于欧洲许多国家，他们在保护城市历史文化遗产方面一丝不苟，城市规划和建设均遵循恢复性重建，由此带来的结果是，这些历史建筑和街区成为城市不可估量的宝贵资产，并且是取之不尽用之不竭的文化资源，也成为吸引外部游客来城市观光旅游的独特优势，让游客身在城市能够回味和感受该城市在两三百年之间的历史沧桑和风云变幻。

因此，认识城市历史文化遗产对美丽城市的支撑与促进作用，克服追求短期经济利益的狭隘眼光，注重挖掘城市的文化内涵、保护城市的历史街区、自然景观和文化遗产，才能为美丽城市注入文化内涵和人文气息。

7. 城市人文素质

城市居民是城市的主人，也是建设美丽城市、维护美丽城市的主体力量。美丽城市不仅美在道路、环境、基础设施等硬件方面，也体现在市民素质、社会秩序、社会风气等软件方面。城市化进程的推进，为提升人口素质、实现人的全面发展提供了可能，因为城市化不仅是城市人口比例增长和城市规模扩张的过程，更是人的思想观念、生产生活方式一系列转变的过程，即人的城市化。我国目前的城市化进程，表现为土地城市化速度快于人口城市化，物质城市化快于精神城市化。由此暴露出城市规模愈大、人口愈多所带来的社会问题也越突出，诸如中国式过马路、不文明游客对旅游景区的破坏行为、公共场所吸烟、公共交通工具内进食等现象问题都严重影响城市的美丽形象。

这就需要在今后推进城市化过程中，更加关注人的城市化，注重城市化的质量和内涵，提升市民素质、维护良好的社会秩序、营造和谐的社会风气。让生活在城市的居民和来到城市的游客感受到美丽城市不仅有生态环境、硬件设施等外在美，更有人文关怀、和谐氛围、遵章守纪的内涵美。

二、低碳城市的评价

基于低碳城市的内涵，构建相应的评价体系做实证研究，可以定量地比较各城市的低碳化发展水平，通过实证评价，可以明确不同城市在低碳发展水平上的短板，进而采取针对性的举措，促进城市朝低碳、绿色、科学的发展方向演进。

（一）已有评价体系综述

实证评价城市低碳化水平，构建评价体系是研究的起点，国内学者对低碳城市的评价体系有不同的类型。赵国杰等学者从生态指数、低碳指数、幸福指数三个层面测度低碳生态城市综合发展水平，借助空间向量思想，用发展有效等价值方法进行测算，并对天津市做实证分析①。该评价体系如表 7—3 所示。

表 7—3　国内学者构建的低碳城市评价体系 1

<table>
<tr><td rowspan="10">低碳生态城市综合发展水平</td><td rowspan="3">生态指数</td><td>环境质量良好</td><td>空气质量二级标准天数、水功能区水质达标率、生活垃圾无害化处理率、噪声达标区覆盖率、人均公园绿地面积、本地植物指数</td></tr>
<tr><td>资源合理利用</td><td>雨水利用率、中水利用率、工业废弃物综合利用率、退化土地恢复治理率</td></tr>
<tr><td>生态技术适用</td><td>R & D 经费占 GDP 比重、科技进步贡献率</td></tr>
<tr><td rowspan="3">低碳指数</td><td>产业循环高效</td><td>人均 GDP、碳排放弹性系数、能源消费弹性系数、水消费弹性系数、第三产业比重</td></tr>
<tr><td>消费方式低碳</td><td>绿色建筑比例、绿色出行比例</td></tr>
<tr><td>能源结构改善</td><td>单位 GDP 能耗、清洁能源比例、可再生能源利用率</td></tr>
<tr><td rowspan="3">幸福指数</td><td>居民生活丰裕</td><td>恩格尔系数、人口预期平均寿命、拥有医生数、人均居住面积</td></tr>
<tr><td>服务体系完善</td><td>人均受教育年限、就业住房平衡指数、无障碍设施率、区域协调融合度</td></tr>
<tr><td>社会公平与管理机制健全</td><td>基尼系数、社会保障覆盖率、刑事案件发生率、社会服务公众满意率</td></tr>
</table>

资料来源：赵国杰、郝文升：《低碳生态城市：三维目标综合评价方法研究》，《城市发展研究》2011 年第 6 期。

① 赵国杰、郝文升：《低碳生态城市：三维目标综合评价方法研究》，《城市发展研究》2011 年第 6 期。

国内还有一些学者从经济、社会、环境三个方面为功能层构建评价体系，经济领域，测度经济发展质量、循环经济程度和技术研发对创新的贡献；社会领域测度居民对低碳生活方式的了解和认可程度，公共交通的比例；环境领域，考察绿化覆盖率和低碳建筑的应用比例①，如表 7—4 所示。

表 7—4　国内学者构建的低碳城市评价体系 2

经济	优化经济结构，提高经济效益	人均 GDP
		GDP 增速
		第三产业占 GDP 比例
	循环利用资源，提高能源效率	万元 GDP 能耗
		能源消耗弹性系数
		单位 GDP CO_2 排放量
		新能源比例
		热电联产比例
	加大研发投入，促进技术创新	R&D 投入占财政支出比例
		低碳技术 R&D 投入占总 R&D 比例
社会	培育人们低碳消费理念与方式	节能家电使用率
		低碳消费理念培育程度
		低碳消费宣传力度
	提高人们的生活质量	城市人均可支配收入
		恩格尔系数
		城市化率
	快速公交系统引导人们公共交通出行	到达 BRT 站点的平均步行时间
		万人拥有公共汽车数
环境	提升整体城市的碳汇能力	森林覆盖率
		人均绿地面积
		建成区绿地覆盖率
	通过低碳设计，降低对气候的影响	低能耗建筑比例
		温室气体捕获与封存比例

资料来源：付允、刘怡君、汪云林：《低碳城市的评价方法与支撑体系研究》，《中国人口资源与环境》2010 年第 8 期。

还有学者从城市的经济低碳化指标、基础设施低碳化指标、生活方式低碳化指标、低碳技术发展指标、生态环境优良指标等方面为功能层构建评价体

① 付允、刘怡君、汪云林：《低碳城市的评价方法与支撑体系研究》，《中国人口资源与环境》2010 年第 8 期。

系[①]，如表 7—5 所示。

表 7—5　国内学者构建的低碳城市评价体系 3

经济低碳化指标	经济高效集约化水平	单位 GDP 能耗；人均 GDP 能耗；能源消耗弹性系数；单位 GDP 水资源消耗；单位 GDP 建设用地占地
	产业结构高度化	非农产值比重；第三产业比重；高技术产业比重；产业结构高度化
基础设施低碳化指标	交通低碳化水平	到达 BRT 站点的平均步行距离；万人拥有公共汽车数
	建筑低碳化指标	公共建筑节能改造比重；节能建筑开发比重
生活方式低碳化指标	低碳消费观	低碳生活了解度；节约消费赞同度；低碳生活知识普及度
	低碳消费水平	人均城市建设用地；人均家庭生活用水；人均生活燃气用量；人均生活用电量
	低碳消费习惯	节能住宅购买率；绿色出行方式使用率；清洁能源使用比例；节能家用电器普及率；一次性物品使用率；初级食品消费比重
	低碳消费结构	教育支出比重；文化娱乐服务支出比重
低碳技术发展指标	低碳技术研发资金指标	R&D 投入占财政支出比重
	低碳技术研发人员指标	万人科技人员数量
	低碳技术研究水平	千名科技人员低碳论文发表数；万人低碳专利授权量
	低碳技术运用水平	新能源比例；热电联产比例；资源回收利用率
生态环境优良指标	低碳政策完善度	碳税政策完善度；低碳激励监督机制健全度
	环境美化水平	森林覆盖率；人均绿地面积；建成区绿地覆盖率
	环境保护水平	生活垃圾无害化处理率；城镇生活污水处理率；工业废水达标率

资料来源：辛玲：《低碳城市评价指标体系的构建》，《统计与决策》2011 年第 7 期。

还有学者基于 PSR 模型（压力—状态—响应）或 DPSIR（驱动力—压力—状态—影响—响应）模型框架构建评价指标体系，以城市经济发展水平和建设规模代表驱动力指标，以资源消耗和消费方式代表压力指标，以污染物排放和产业结构、能源结构代表状态指标，以生态环境质量和社会发育程度代表影响指标，以物质减量化、污染控制、管理制度、基础设施建设代表响应指标[②]，如表 7—6 所示。

① 辛玲：《低碳城市评价指标体系的构建》，《统计与决策》2011 年第 7 期。

② 邵超峰、鞠美庭：《基于 DPSIR 模型的低碳城市指标体系研究》，《生态经济》2010 年第 10 期。

表 7—6　国内学者构建的低碳城市评价体系 4

类别	因素	具体指标
驱动力	社会经济发展	人均地区生产总值、城镇居民年人均可支配收入、人均工业增加值
	城市建设规模	城镇人口规模、建设区面积、人口自然增长率、城市化水平
压力	资源消耗强度	地区生产总值能耗 / 电耗 / 水耗、单位工业增加值能耗 / 电耗 / 水耗、人均能源 / 水资源消费量、人均用电量
	消费方式	人均汽车拥有量、人均生活能源消费量、人均生活用电量、旅客运输平均距离、货物运输平均距离、每万人使用公共交通车辆、城镇居民人均居住面积
状态	污染物排放水平	地区生产总值二氧化碳 / 二氧化硫 /COD 排放强度、人均二氧化碳 / 二氧化硫 /COD 排放量、人均生活二氧化碳 / 二氧化硫 /COD 排放量
	产业 / 能源结构	石油 / 煤炭 / 天然气比重、可再生能源比重、第三产业贡献率、第二产业的增加值和就业人数占国民生产总值和全部劳动力的比重、第三产业的增加值和就业人数占国民生产总值和全部劳动力的比重、低碳产业比重
影响	社会经济	社会劳动生产率、自然灾害影响程度、基尼系数
	生态环境质量	年平均气温变化率、二氧化碳浓度、空气综合污染指数、区域空气质量达标率、环境空气质量好于或等于 II 级标准的天数、水环境功能区水质达标率、生物多样性指数
	社会评价	公众对低碳城市的认知率、公众对低碳消费方式的认同率、公众对生态环境的满意度
响应	物质减量化	能源系统效率、能源加工转换效率、能源消费弹性系数、非常规水源利用率、工业固体废物综合利用率
	污染控制	二氧化碳捕集 / 封存比重、低碳能源使用率、低排放和零排放温室气体的交通工具比重、建筑物的能源利用效率、建成区绿化覆盖率、污水排放达标率、废水集中处理率、大气有组织排放控制率、生活垃圾无害化处理率、危险废弃物安全处置率、环境保护投资指数
	管理制度	低碳城市建设规划、二氧化碳排放权交易计划、能源税制建设、规模化企业通过 ISO14000 认证率
	基础设施建设	城镇基础设施配套率、社会服务设施配套率、人均公共绿地面积

资料来源：邵超峰、鞠美庭：《基于 DPSIR 模型的低碳城市指标体系研究》，《生态经济》2010 年第 10 期。

仇保兴等人组成的课题组经过初选指标、在网络进行三轮专家问卷征询和专家座谈讨论，并以深圳市和武汉市实地调研，形成了低碳生态城市的评价指标体系。该指标体系尽量去除没有纳入国家常规监测的统计指标，同时考虑引入目前虽尚未纳入国家统计监测的指标，却具有前瞻性和创新性的引导性指标内容，最终形成由资源结构、环境友好、经济持续、社会和谐四大部分组成的评价体系，如表 7—7 所示。

表 7—7　国内学者构建的低碳城市评价体系 5

目标层	功能层	指标层
低碳生态城市评价体系	资源节约	再生水利用率；工业用水重复利用率；非化石能源占一次能源消费比重；单位 GDP 二氧化碳排放量；单位 GDP 能耗；人均建设用地面积；绿色建筑比例
	环境友好	空间质量优良天数；PM2.5 日均浓度达标天数；集中式饮用水水源地水质达标率；城市水环境功能区水质达标率；生活垃圾资源化利用率；工业固体废物综合利用率；环境噪声达标区覆盖率；工业绿地 500m 服务半径覆盖率；生物多样性
	经济持续	第三产业增加值占 GDP 比重；城镇登记失业率；研究与试验发展（R&D）经费支出占 GDP 比重；恩格尔系数
	社会和谐	保障性住房覆盖率；住房价格收入比；基尼系数；城乡收入比；绿色交通出行分担率；社会保障覆盖率；人均社会公共服务设施用地面积；平均通勤时间；城市防灾水平；社会治安满意度

资料来源：仇保兴：《兼顾理想与现实——中国低碳生态城市指标体系构建与实践示范初探》，中国建筑工业出版社 2012 年版，第 155—157 页。

此外，由全国低碳经济媒体联盟发布的《中国低碳城市评价体系》（MB/C001—2011），涵盖城市低碳发展规划指标、媒体传播指标、新能源与可再生能源、低碳产品应用率、城市绿地覆盖率指标、低碳出行指标、城市低碳建筑指标、城市空气质量指标、城市直接减碳指标、公众满意度和支持率、一票否决指标十个方面，如表 7—8 所示。

表 7—8　全国低碳经济媒体联盟发布的《中国低碳城市评价体系》

十大指标	指标分解
城市低碳发展规划指标	城市低碳发展总体规划；城市低碳发展专项规划

续表

十大指标	指标分解
媒体传播指标	全国性媒体宣传该城市低碳经济成果的报道力度；地方媒体对该城市低碳经济成果的传播力度；其他方式传播力度
新能源与可再生能源、低碳产品应用率	新能源与可再生能源占一次能源消耗的比重；以太阳能产品等为代表的低碳产品使用率、普及率
城市绿地覆盖率指标	城市绿地覆盖率；人均绿地面积
低碳出行指标	千人公共交通工具拥有量；新能源汽车使用情况
城市低碳建筑指标	城市绿色建筑比例；城市绿色建筑示范工程数量
城市空气质量指标	年度内达到国家空气质量一级标准的天数
城市直接减碳指标	产业发展减碳指数；森林碳汇增加指数
公众满意度和支持率	公众对该城市的满意度和支持率
一票否决指标	年度内是否出现严重违反低碳经济发展的事件

从政府层面看，国家部委在引导国内发展低碳城市方面也出台了一些相关的评价体系，代表性的有国家住房和城乡建设部和国家环境保护部编制的生态市(区、县)建设指标、国家环境保护部于2000年组织制定了《生态县、生态市、生态省建设指标（试行)》，引导不同层次的区域和城市朝生态化方向发展。指标体系包括经济发展、生态环境保护、社会进步三大部分，共19项具体指标，如表7—9所示。

表7—9　国家生态市(区、县)建设指标

	序号	名称	单位	指标	指标类型
经济发展	1	农民年人均纯收入 经济发达地区 经济欠发达地区	元/人	≥ 8000 ≥ 6000	约束性
	2	第三产业占GDP比例	%	≥ 40	约束性
	3	单位GDP能耗	tce/万元	≤ 0.9	约束性
	4	单位工业增加值新鲜水耗 农业灌溉水有效利用系数	m^3/万元	≤ 20 ≥ 0.55	约束性
	5	应当实施强制性清洁生产企业通过验收的比例	%	100	约束性

续表

	序号	名称	单位	指标	指标类型
生态环境保护	6	森林覆盖率 山区 丘陵区 平原地区 高寒区或草原区林草覆盖率	%	 ≥ 70 ≥ 40 ≥ 15 ≥ 85	约束性
	7	受保护地区占国土面积比例	%	≥ 17	约束性
	8	空气环境质量	—	达到功能区标准	约束性
	9	水环境质量 近岸海域水环境质量	—	达到功能区标准，且城市无劣Ⅴ类水体	约束性
	10	主要污染物排放强度 化学需氧量（COD） 二氧化硫	kg/ 万元 GDP	＜ 4.0 ＜ 5.0 不超过国家总量控制指标	约束性
	11	集中式饮用水源水质达标率	%	100	约束性
	12	城市污水集中处理率 工业用水重复率	%	≥ 85 ≥ 80	约束性
	13	噪声环境质量	—	达到功能区标准	约束性
	14	城镇生活垃圾无害化处理率工业固体废弃物处置利用率	%	≥ 90 ≥ 90	约束性
	15	城镇人均公共绿地面积	m^2/ 人	≥ 11	约束性
	16	环境保护投资占 GDP 比重	%	≥ 3.5	约束性
社会进步	17	城市化水平	%	≥ 55	参考性
	18	采暖地区集中供热普及率	%	≥ 65	参考性
	19	公众对环境的满意率	%	＞ 90	参考性

资料来源：国家环境保护部网站。

由国家住房和城乡建设部制定的“国家生态园林城市标准”，包括城市生态环境指标、城市生活环境指标、城市基础设施指标三大类，如表 7—10 所示。依据此标准，首次获批的城市有青岛、扬州、南京、杭州、威海、苏州、绍兴、桂林、常熟、昆山、晋城和张家港。

表 7—10　国家生态园林城市评价标准体系

门类	指标	标准值
城市生态环境指标	综合物种指标	≥ 0.5
	本地植物指数	≥ 0.7
	建成区道路广场用地中透水面积的比重	≥ 50%
	城市热岛效应程度（℃）	≤ 2.5
	建成区绿化覆盖率（%）	≥ 45
	建成区人均公共绿地（m^2）	≥ 12
	建成区绿地率（%）	≥ 38
城市生活环境指标	空气污染指数≤ 100 的天数 / 年	≥ 300
	城市水环境功能区水质达标率（%）	100
	城市管网水水质年综合合格率（%）	100
	环境噪声达标区覆盖率（%）	≥ 95
	公众对城市生态环境的满意度（%）	≥ 85
城市基础设施指标	城市基础设施系统完好率（%）	≥ 85
	自来水普及率（%）	100，24 小时供水
	城市污水处理率（%）	≥ 70
	再生水利用率（%）	≥ 30
	生活垃圾无害化处理率（%）	≥ 90
	万人拥有病床数（张 / 万人）	≥ 90
	主次干道平均车速（km/h）	≥ 40

资料来源：国家住房和城乡建设部网站。

党的十八大提出生态文明后，国家环境保护部制定了《国家生态文明建设试点示范区指标（试行）》，于 2013 年 5 月颁布实施，以引导不同区域构建符合生态文明的长效机制。此次发布的建设指标体系是在主体功能区规划的框架下编制，基于不同区域的主体功能定位，提出差别化的评价指标。该指标体系分列出县级单元（含县级市、区）和地级市单元两类指标体系，指标体系功能层相同，均包括生态经济、生态环境、生态人居、生态制度、生态文化五大类共 29 项具体指标，县级单元和地级市单元的指标参考值略有差异。生态文明试点示范县（含县级市、区）建设指标和生态文明试点示范市（含地级行政区）建设指标分别如表 7—11、表 7—12 所示。

表 7—11　生态文明试点示范县（含县级市、区）建设指标

系统	指标	单位	指标值	指标属性
生态经济	资源产出增加率 重点开发区 优化开发区 限制开发区	%	≥ 15 ≥ 18 ≥ 20	参考性指标
	单位工业用地产值 重点开发区 优化开发区 限制开发区	亿元 / 平方公里	≥ 65 ≥ 55 ≥ 45	约束性指标
	再生资源循环利用率 重点开发区 优化开发区 限制开发区	%	≥ 50 ≥ 65 ≥ 80	约束性指标
	碳排放强度 重点开发区 优化开发区 限制开发区	千克 / 万元	≤ 600 ≤ 450 ≤ 300	约束性指标
	单位 GDP 能耗 重点开发区 优化开发区 限制开发区	吨标煤 / 万元	≤ 0.55 ≤ 0.45 ≤ 0.35	约束性指标
	单位工业增加值新鲜水耗	立方米 / 万元	≤ 12	参考性指标
	农业灌溉水有效利用系数	—	≥ 0.6	参考性指标
	节能环保产业增加值占 GDP 比重	%	≥ 6	参考性指标
	主要农产品中有机、绿色食品种植面积的比重	%	≥ 60	约束性指标

续表

系统	指标	单位	指标值	指标属性
生态环境	主要污染物排放强度 * 化学需氧量 二氧化硫 氨氮 氮氧化物	吨 / 平方公里	≤ 4.5 ≤ 3.5 ≤ 0.5 ≤ 4.0	约束性指标
	受保护地占国土面积比例 山区、丘陵区 平原地区	%	≥ 25 ≥ 20	约束性指标
	林草覆盖率 山区 丘陵区 平原地区	%	≥ 80 ≥ 50 ≥ 20	约束性指标
	污染土壤修复率	%	≥ 80	约束性指标
	农业面源污染防治率	%	≥ 98	约束性指标
	生态恢复治理率 重点开发区 优化开发区 限制开发区 禁止开发区	%	≥ 54 ≥ 72 ≥ 90 100	约束性指标
生态人居	新建绿色建筑比例	%	≥ 75	参考性指标
	农村环境综合整治率 重点开发区 优化开发区 限制开发区 禁止开发区	%	≥ 60 ≥ 80 ≥ 95 100	约束性指标
	生态用地比例 重点开发区 优化开发区 限制开发区 禁止开发区	%	≥ 45 ≥ 55 ≥ 65 ≥ 95	约束性指标
	公众对环境质量的满意度	%	≥ 85	约束性指标
	生态环保投资占财政收入比例	%	≥ 15	约束性指标

续表

系统	指标	单位	指标值	指标属性
生态制度	生态文明建设工作占党政实绩考核的比例	%	≥ 22	参考性指标
	政府采购节能环保产品和环境标志产品所占比例	%	100	参考性指标
	环境影响评价率及环保竣工验收通过率	%	100	约束性指标
	环境信息公开率	%	100	约束性指标
	党政干部参加生态文明培训比例	%	100	参考性指标
	生态文明知识普及率	%	≥ 95	参考性指标
生态文化	生态环境教育课时比例	%	≥ 10	参考性指标
	规模以上企业开展环保公益活动支出占公益活动总支出的比例	%	≥ 7.5	参考性指标
	公众节能、节水、公共交通出行的比例 节能电器普及率 节水器具普及率 公共交通出行比例	%	 ≥ 95 ≥ 95 ≥ 70	参考性指标
	特色指标		自定	参考性指标

表 7—12　生态文明试点示范市（含地级行政区）建设指标

系统	指标	单位	指标值	指标属性
生态经济	资源产出增加率 重点开发区 优化开发区 限制开发区	%	 ≥ 15 ≥ 18 ≥ 20	参考性指标
	单位工业用地产值 重点开发区 优化开发区 限制开发区	亿元 / 平方公里	 ≥ 65 ≥ 55 ≥ 45	约束性指标
	再生资源循环利用率 重点开发区 优化开发区 限制开发区	%	 ≥ 50 ≥ 65 ≥ 80	约束性指标
	生态资产保持率	—	> 1	参考性指标
	单位工业增加值新鲜水耗	立方米 / 万元	≤ 12	参考性指标
	碳排放强度 重点开发区 优化开发区 限制开发区	千克 / 万元	 ≤ 600 ≤ 450 ≤ 300	约束性指标
	第三产业占比	%	≥ 60	参考性指标
	产业结构相似度	—	≤ 0.30	参考性指标

续表

系统	指标	单位	指标值	指标属性
生态环境	主要污染物排放强度 化学需氧量 二氧化硫 氨氮 氮氧化物	吨 / 平方公里	≤ 4.5 ≤ 3.5 ≤ 0.5 ≤ 4.0	约束性指标
	受保护地占国土面积比例 山区、丘陵区 平原地区	%	≥ 20 ≥ 15	约束性指标
	林草覆盖率 山区 丘陵区 平原地区	%	≥ 75 ≥ 45 ≥ 18	约束性指标
	污染土壤修复率	%	≥ 80	约束性指标
	生态恢复治理率 重点开发区 优化开发区 限制开发区 禁止开发区	%	≥ 48 ≥ 64 ≥ 80 100	约束性指标
	本地物种受保护程度	%	≥ 98	约束性指标
	国控、省控、市控断面水质达标比例	%	≥ 95	约束性指标
	中水回用比例	%	≥ 60	参考性指标
生态人居	新建绿色建筑比例	%	≥ 75	参考性指标
	生态用地比例 重点开发区 优化开发区 限制开发区 禁止开发区	%	≥ 40 ≥ 50 ≥ 60 ≥ 90	约束性指标
	公众对环境质量的满意度	%	≥ 85	约束性指标
生态制度	生态环保投资占财政收入比例	%	≥ 15	约束性指标
	生态文明建设工作占党政实绩考核的比例	%	≥ 22	参考性指标
	政府采购节能环保产品和环境标志产品所占比例	%	100	参考性指标
	环境影响评价率及环保竣工验收通过率	%	100	约束性指标
	环境信息公开率	%	100	约束性指标

续表

系统	指标	单位	指标值	指标属性
生态文化	党政干部参加生态文明培训比例	%	100	参考性指标
	生态文明知识普及率	%	≥ 95	参考性指标
	生态环境教育课时比例	%	≥ 10	参考性指标
	规模以上企业开展环保公益活动支出占公益活动总支出的比例	%	≥ 7.5	参考性指标
	公众节能、节水、公共交通出行的比例 节能电器普及率 节水器具普及率 公共交通出行比例	%	 ≥ 90 ≥ 90 ≥ 70	参考性指标
	特色指标	—	自定	参考性指标

此外，一些国际机构也发布与低碳城市相关的评价指标体系，以引导低碳城市的健康发展。如欧洲绿色城市指数，该指数是西门子公司委托欧洲经济学人智库进行开发的指标体系，2009 年运用该指标体系对欧洲 30 个主要城市做了绿色指数评价排名，2010 年又对亚洲 20 个主要商业城市做了比较排名。评价体系涉及低碳发展、能源利用、建筑物、交通运输、水资源、废弃物和土地利用、空气质量、环境管理八个方面共 30 项具体指标，部分指标属于定量指标，即设定基准值或采用最小值—最大值法标准化计算；部分指标属于定性指标，即依靠经济学人智库的专家做调查后打分取值。评价体系如表 7—13 所示。

表 7—13　欧洲绿色城市评价指标体系

分类	指标	指标类型
二氧化碳	二氧化碳排放量	定量指标
	二氧化碳强度	定量指标
	二氧化碳减排战略	定性指标
能源	能源消耗	定量指标
	能源强度	定量指标
	可再生能源消耗量	定量指标
	清洁高效能源政策	定性指标
建筑物	居住建筑的能源消耗	定量指标
	节能建筑标准	定性指标
	节能建筑的倡议	定性指标

续表

分类	指标	指标类型
交通运输	非小汽车交通的使用	定量指标
	非机动交通网络尺度	定量指标
	绿色交通的推广	定性指标
	降低交通拥堵政策	定性指标
水资源	水资源消耗	定量指标
	水系统的泄漏量	定量指标
	废水处理	定量指标
	水资源高效利用和处理政策	定性指标
废弃物和土地利用	城市垃圾产生	定量指标
	垃圾回收	定量指标
	废弃物的减量和政策	定性指标
	绿色土地利用政策	定性指标
空气质量	二氧化碳	定量指标
	臭氧	定量指标
	颗粒物	定量指标
	二氧化硫	定量指标
	空气清洁政策	定性指标
环境管理	绿色行动计划	定性指标
	绿色管理	定性指标
	公众参与绿色环保政策	定性指标

资料来源：仇保兴：《兼顾理想与现实——中国低碳生态城市指标体系构建与实践示范初探》，中国建筑工业出版社 2012 年版，第 375 页。

综观目前已有的低碳城市评价体系，在评价体系功能层选择上，有些采用要素列举型，即把影响城市低碳发展的各类要素罗列出来，而有些采用一定的范式和框架组建指标体系。在支撑功能层的各指标层上，不同指标体系有共性之处，即影响城市低碳发展的核心指标都会被不同指标体系所采纳，如单位 GDP 能耗指标、经济发展水平指标、产业结构指标、居民生活水平指标、环境污染指标、市政设施完善程度指标等方面，不同评价体系各有侧重则体现在，构建者对低碳城市的理解向不同方面延伸，例如有些评价体系将低碳城市向幸福城市、和谐城市拓展，将一些影响社会和谐、居民幸福程度的指标纳入评价体系；有些评价体系将低碳城市向现代化文明城市拓展，将一些现代化指标纳入评价体系；有些评价体系将媒体对城市的报道和城市的影响力纳入，体现低碳城市的示范性和城市营销的效果。从评价体系的实证应用效果看，有些评价体系的数据主要依靠综合性统计年鉴和专业性统计年鉴等二手信息获取，少量数据采用实证调研获取一手信息；有些评价体系在指标层上选择的指标对低碳城市的针对性很强，但实际应用上却不易找到准确的数据来源做支撑，如绿色建筑比例、绿色出行比例，温室气体捕获与封存比例，低碳产业比重，低碳技术 R&D 投入占总 R&D 比例，千名科技人员低碳论文发表数，低碳激励监督机制健全度等指标。因此，鉴于我国目前对能源消耗和二氧化碳排放的针对性统计数据来源有限，官方发布的权威数据仅有各省份的能源平衡表，各省份、各城市的单位 GDP 能源消耗，一些看似针对性很强的指标在实际数据获取上却面临难题，在构建评价指标体系的时候，需要兼顾指标的代表性与数据的可获得性。

（二）我国城市低碳发展水平实证评价

1. 模型构建。基于前述分析，考虑到数据的可获得性与一致性，采用现有的统计年鉴中相关统计条目，按照经济合作与发展组织（OECD）提出的压力—状态—响应构建城市低碳发展水平评价体系，如表 7—14 所示。

表 7—14　基于 P-S-R 的低碳城市评价体系

目标层	框架层	功能层	指标层
低碳城市评价体系	压力	能源消耗	单位 GDP 能耗
		居民生活	城镇人均可支配收入；建成区绿地率；人均公园绿地面积
	状态	经济结构	第三产业产值比重；人均地方财政预算收入
		基础设施	用水普及率；燃气普及率；建成区绿化覆盖率
	响应	环境治理	污水处理率；生活垃圾无害化处理率
		技术创新	R&D 投入占 GDP 比重

选取我国直辖市、副省级城市和各省省会城市为研究样本，因拉萨市部分指标缺失，故未纳入样本。通过查阅《中国统计年鉴 2013》、《中国城市建设统计年鉴 2012》及各城市 2012 年统计公报得出初始数据。其中，“单位 GDP 能耗”、

"R&D 投入占 GDP 比重"两项指标为 2011 年数据，其他指标均为 2012 年数据。且"单位 GDP 能耗"、"R&D 投入占 GDP 比重"两项指标无法直接获取，对"单位 GDP 能耗"采用《中国统计年鉴 2013》中各省 2011 年单位 GDP 能耗的平均水平作为代理变量，R&D 投入占 GDP 比重也采用各省份 2011 年 R&D 投入占 GDP 比重作为代理变量。因兰州市的"生活垃圾无害化处理率"指标缺失，故采用《中国城市建设统计年鉴 2012》中的兰州市"生活垃圾处理率"指标代替。城镇人均可支配收入取自各城市 2012 年统计公报公布的初步统计数。

评价体系建立后，模型选择是重要的步骤，此处我们运用灰色关联度模型做实证分析。灰色关联度评价方法是由华中理工大学邓聚龙教授于 1982 年首先提出，该方法的基本思想是根据曲线间量级变化大小的接近性和相似程度来判断因素间的关联程度①。计算灰色关联系数的步骤如下。

（1）假设由 m 个区域组成灰色系统，每个区域用 n 个指标表征，定义评价区域的下标集合 $\theta_1=\{1,2,...,m\}$，指标特征的下标集合 $\theta_2=\{1,2,...,n\}$。每个区域的指标集合构成比较序列 $X_i=\{X_i(k)\},i\in\theta_1,k\in\theta_2$。

（2）选择每个指标项上最优指标构成参考序列，$X_0=\{X_0(k)\},k\in\theta_2$。

（3）关联系数 $\xi_{0i}(k)$ 公式为：$\xi_{0i}(k)=\dfrac{\Delta_{\min}+\rho\cdot\Delta_{\max}}{\Delta_{0i}(k)+\rho\cdot\Delta_{\max}}$，$i\in\theta_1,k\in\theta_2$。式中：$i\in\theta_1,k\in\theta_2$，表示比较序列 X_i 与参考序列 X_0 在第 k 个属性指标上的绝对差值 $\Delta_{0i}(k)=|X_0(k)-X_i(k)|$ 和 $\Delta_{\min}=\min\limits_k\min\limits_i\Delta_{0i}(k)$ 分别表示比较序列 X_i 与参考序列 X_0 的各属性绝对差值的最小值、最大值；ρ 为分辨系数，ρ ∈ (0,1)，一般取 0.5。

（4）关联度 $R_i=\dfrac{1}{n}\sum\limits_{t=1}^{n}\xi_{ij}(t)$，代表各序列整体上与参考序列的关联程度。越大，表明该序列与参考序列的关联程度越紧密，越接近于理想的目标值。

2. 计算结果。依据上述灰色关联度模型，计算灰色关联系数。首先构建参考序列，由于城市低碳发展水平是一个相对的概念，并无绝对的参考指标，故选取样本城市中每项指标上的最优指标组成参考序列，正向指标取最大值、逆向指标取最小值。计算得出各城市与参考序列的灰色关联度，按照由大到小排序即为各城市的低碳发展水平指数，如表 7—15、图 7—1 所示。

① 邓聚龙：《灰色系统理论教程》，华中理工大学出版社 1990 年版，第 115 页。

表 7—15　35 个样本城市低碳发展水平的灰色关联度排序

城市	灰色关联度	城市	灰色关联度	城市	灰色关联度
深圳	0.9586	南昌	0.9042	重庆	0.8992
北京	0.9459	西安	0.9033	呼和浩特	0.8986
上海	0.9277	合肥	0.9032	昆明	0.8984
广州	0.9255	长沙	0.9032	哈尔滨	0.898
宁波	0.9221	海口	0.9026	石家庄	0.8964
杭州	0.9215	武汉	0.9021	贵阳	0.8952
厦门	0.9214	大连	0.9005	乌鲁木齐	0.8952
南京	0.9191	南宁	0.9005	兰州	0.8951
天津	0.91	成都	0.9004	太原	0.8948
福州	0.9088	郑州	0.9003	银川	0.8941
青岛	0.9049	沈阳	0.8997	西宁	0.8936
济南	0.9046	长春	0.8993		

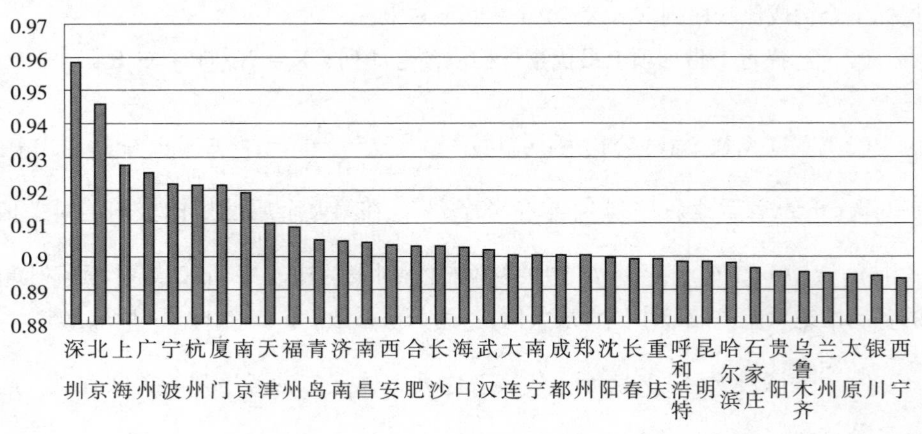

图 7—1 各城市低碳发展水平排序

从计算结果可看出，低碳发展水平得分较高的城市大多分布在东部地区，而中西部地区城市的得分相对较低。为验证城市低碳发展水平与城市经济规模的关系，我们引入城市经济总量和城市低碳发展水平指数两项指标做散点图，通过曲线拟合判断，一次线性拟合效果最好，如图 7—2 所示。从图中可看出，以我国 35 个省会以上城市做样本，城市经济规模与城市低碳发展水平的相关性并不强，相关系数只有 0.507，表明城市经济规模扩张并不必然带来低碳水平的提升，低碳城市发展需要从能源结构、经济结构、基础设施、环境治理、技术创新、生活方式多方面着手，而不能单依靠经济总量增长来实现城市低碳发展的目标。

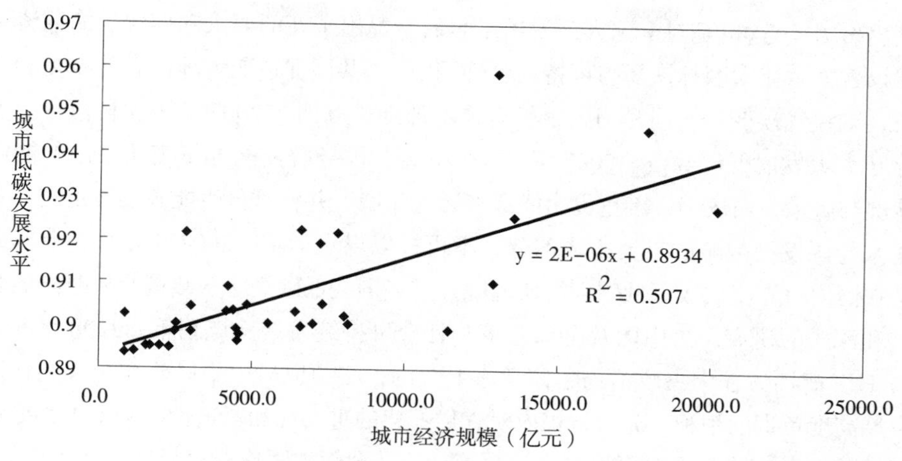

图 7—2　城市经济规模与城市低碳发展水平散点拟合图

三、我国低碳城市的实践

低碳发展理念在世界范围内成为发展趋势受到发达国家和发展中国家的广泛响应。我国政府在推进新型工业化、城镇化道路上，顺应发展形势，结合国情与发展阶段，不失时机地提出发展低碳经济、建设低碳城市，将低碳、绿色、生态的发展理念融入工业化、城镇化全过程。

回顾我国自 2006 年以来，低碳发展、低碳城市等一系列工作稳步推进。2006 年底，科技部、中国气象局、发改委、国家环保总局等六部委联合发布了我国第一部《气候变化国家评估报告》。2007 年 6 月，中国正式发布了《中国应对气候变化国家方案》。2007 年 7 月，时任国务院总理温家宝在两天时间里先后主持召开国家应对气候变化及节能减排工作领导小组第一次会议和国务院会议，研究部署应对气候变化工作，组织落实节能减排工作。2007 年 9 月 8 日，时任国家主席胡锦涛在亚太经合组织（APEC）第 15 次领导人会议上，本着对人类、对未来的高度负责态度，对事关中国人民、亚太地区人民乃至全世界人民福祉的大事，郑重提出了四项建议，明确主张“发展低碳经济”，令世人瞩目。胡锦涛在这次重要讲话中，一共说了 4 次“碳”：“发展低碳经济”、研发和推广“低碳能源技术”、“增加碳汇”、“促进碳吸收技术发展”。他还提出：“开展全民气候变化宣传教育，提高公众节能减排意识，让每个公民自觉为减缓和适应气候变化做出努力。”这也是对全国人民发出了号召，提出了新的要求和期待。胡锦涛并建议建立“亚太森林恢复与可持续管理网络”，共同促进亚太地区森林恢复和增长，减缓气候变化。同月，国家科学技术部部长万钢在2007年中国科协年会上呼吁大力发展低碳经济。2007年12月26日，国务院新闻办发表《中国的能源状况与政策》白皮书，着重提出能源多元化发展，并将可再生能源发展正式列为国家能源发展战略的重要组成部分，不再提以煤炭为主。2008年1月，清华大学在国内率先正式成立低碳经济研究院，重点围绕低碳经济、政策及战略开展系统和深入的研究，为中国及全球经济和社会可持续发展出谋划策。2008年6月27日，胡锦涛在中央政治局集体学习上强调，必须以对中华民族和全人类长远发展高度负责的精神，充分认识应对气候变化的重要性和紧迫性，坚定不移地走可持续发展道路，采取更加有力的政策措施，全面加强应对气候变化能力建设，为我国和全球可持续发展事业进行不懈努力。为引导国内低碳发展、低碳城市建设，并且为体现中国作为负责任大国的国际责任、实现与国际的对接，在2008年国家发展和改革委员会机构改革中设立了“应对气候变化司”，该司的主要职责是：综合分析气候变化对经济社会发展的影响，组织拟订应对气候变化重大战略、规划和重大政策；牵头承担国家履约联合国气候变化框架公约相关工作，会同有关方面牵头组织参加气候变化国际谈判工作；协调开展应对气候变化国际合作和能力建设；组织实施清洁发展机制工作；承担国家应对气候变化及节能减排工作领导小组有关应对气候变化方面的具体工作。

（一）启动低碳城市试点工作

2009年11月25日，国务院常务会议作出决定，到2020年我国控制温室气体排放的行动目标是：到2020年我国单位国内生产总值二氧化碳排放比2005年下降40%—45%，作为约束性指标纳入国民经济和社会发展中长期规划，并制定相应的国内统计、监测、考核办法。

1. 第一批试点

为落实此项决定，2010年7月国家发改委印发《国家发展改革委关于开展低碳省区和低碳城市试点工作的通知》（发改气候[2010]1587号），选择广东、辽宁、湖北、陕西、云南五省和天津、重庆、深圳、厦门、杭州、南昌、贵阳、保定八市开展试点工作，并且对试点省份和城市提出了具体任务要求，即五个方面。

（1）编制低碳发展规划。试点省和试点城市要将应对气候变化工作全面纳入本地区“十二五”规划，研究制定试点省和试点城市低碳发展规划。要开展调查研究，明确试点思路，发挥规划综合引导作用，将调整产业结构、优化能源结构、节能增效、增加碳汇等工作结合起来，明确提出本地区控制温室气体排放的行动目标、重点任务和具体措施，降低碳排放强度，积极探索低碳绿色发展模式。

（2）制定支持低碳绿色发展的配套政策。试点地区要发挥应对气候变化与节能环保、新能源发展、生态建设等方面的协同效应，积极探索有利于节能减排和低碳产业发展的体制机制，实行控制温室气体排放目标责任制，探索有效的政府引导和经济激励政策，研究运用市场机制推动控制温室气体排放目标的落实。

（3）加快建立以低碳排放为特征的产业体系。试点地区要结合当地产业特色和发展战略，加快低碳技术创新，推进低碳技术研发、示范和产业化，积极运用低碳技术改造提升传统产业，加快发展低碳建筑、低碳交通，培育壮大节能环保、新能源等战略性新兴产业。同时要密切跟踪低碳领域技术进步最新进展，积极推动技术引进消化吸收再创新或与国外的联合研发。

（4）建立温室气体排放数据统计和管理体系。试点地区要加强温室气体排放统计工作，建立完整的数据收集和核算系统，加强能力建设，提供机构和人员保障。

（5）积极倡导低碳绿色生活方式和消费模式。试点地区要举办面向各级、各部门领导干部的培训活动，提高决策、执行等环节对气候变化问题的重视程度和认识水平。大力开展宣传教育普及活动，鼓励低碳生活方式和行为，推广使用低碳产品，弘扬低碳生活理念，推动全民广泛参与和自觉行动。

2. 第二批试点

自 2010 年 7 月启动第一批国家低碳省区和低碳城市试点工作以来，各试点地区依据试点工作有关要求，制定了低碳试点工作实施方案，逐步建立健全低碳试点工作机构，积极创新有利于低碳发展的体制机制，探索不同层次的低碳发展实践形式，从整体上带动和促进了全国范围的绿色低碳发展。2012 年 12 月，为探寻不同类型地区控制温室气体排放路径、实现绿色低碳发展，国家发改委决定扩大试点范围，开展第二批国家低碳省区和低碳城市试点工作。

根据地方申报情况，统筹考虑各申报地区的工作基础、示范性和试点布局的代表性等因素，国家发展改革委确定在北京市、上海市、海南省和石家庄市、秦皇岛市、晋城市、呼伦贝尔市、吉林市、大兴安岭地区、苏州市、淮安市、镇江市、宁波市、温州市、池州市、南平市、景德镇市、赣州市、青岛市、济源市、武汉市、广州市、桂林市、广元市、遵义市、昆明市、延安市、金昌市、乌鲁木齐市开展第二批国家低碳省区和低碳城市试点工作。在《关于开展第二批国家低碳省区和低碳城市试点工作的通知》中，提出了试点工作的6项具体任务。

（1）明确工作方向和原则要求。要把全面协调可持续作为开展低碳试点的根本要求，以全面落实经济建设、政治建设、文化建设、社会建设、生态文明建设五位一体总体布局为原则，进一步协调资源、能源、环境、发展与改善人民生活的关系，合理调整空间布局，积极创新体制机制，不断完善政策措施，加快形成绿色低碳发展的新格局，开创生态文明建设新局面。

（2）编制低碳发展规划。要结合本地区自然条件、资源禀赋和经济基础等方面情况，积极探索适合本地区的低碳绿色发展模式。发挥规划综合引导作用，将调整产业结构、优化能源结构、节能增效、增加碳汇等工作结合起来。将低碳发展理念融入城市交通规划、土地利用规划等相关规划中。

（3）建立以低碳、绿色、环保、循环为特征的低碳产业体系。要结合本地区产业特色和发展战略，加快低碳技术研发示范和推广应用。推广绿色节能建筑，建设低碳交通网络。大力发展低碳的战略性新兴产业和现代服务业。

（4）建立温室气体排放数据统计和管理体系。要编制本地区温室气体排放清单，加强温室气体排放统计工作，建立完整的数据收集和核算系统，加强能力建设，为制定地区温室气体减排政策提供依据。

（5）建立控制温室气体排放目标责任制。要结合本地实际，确立科学合理的碳排放控制目标，并将减排任务分配到所辖行政区以及重点企业。制定本地区碳排放指标分解和考核办法，对各考核责任主体的减排任务完成情况开展跟踪评估和考核。

（6）积极倡导低碳绿色生活方式和消费模式。要推动个人和家庭践行绿色低碳生活理念。引导适度消费，抑制不合理消费，减少一次性用品使用。推广使用低碳产品，拓宽低碳产品销售渠道。引导低碳住房需求模式。倡导公共交通、共乘交通、自行车、步行等低碳出行方式。

至此，我国已确定了6个省区低碳试点，36个低碳试点城市，在全国31个省市自治区中，除湖南、宁夏、西藏和青海以外，其他每个省份至少有一个低碳试点城市，标志着低碳试点已经基本在全国全面铺开，低碳城市成为引领我国城市可持续发展的目标取向。

（二）试点城市的探索

1. 中新天津生态城

中新天津生态城是中国、新加坡两国政府战略性合作项目，其背景是2007年11月18日，国务院总理温家宝和新加坡总理李显龙共同签署《中华人民共和国政府与新加坡共和国政府关于在中华人民共和国建设一个生态城的框架协议》。国家建设部与新加坡国家发展部签订了《中华人民共和国政府与新加坡共和国政府关于在中华人民共和国建设一个生态城的框架协议的补充协议》。协议的签订标志着中国—新加坡天津生态城的诞生。按照两国协议，中新天津生态城将借鉴新加坡的先进经验，在城市规划、环境保护、资源节约、循环经济、生态建设、可再生能源利用、中水回用、可持续发展以及促进社会和谐等方面进行广泛合作。

中新天津生态城选址位于滨海新区东临中央大道，西至蓟运河，南接彩虹大桥，北至津汉快速路。距天津中心城区45公里，距北京150公里，距唐山50公里，距滨海新区核心区15公里，距天津滨海国际机场40公里，距天津港20公里，距曹妃甸工业区30公里，便于利用各种城市资源，如图7—3所示。

生态城的定位是：生态环保技术研发创新和应用推广平台中心，国家级生

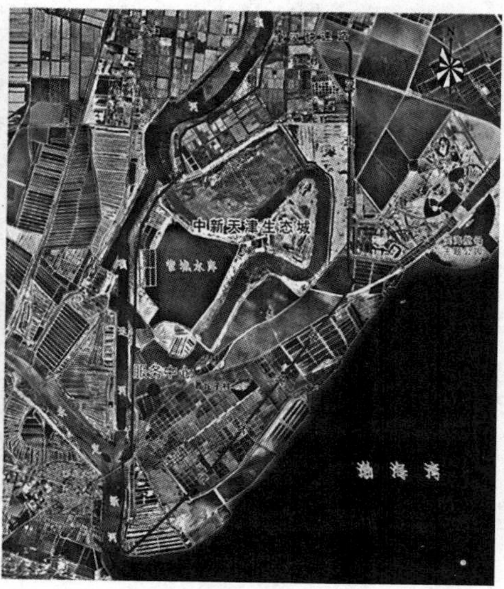

图7—3　中新天津生态城区位图

态环保培训推广中心基地，现代高科技生态型产业基地窗口，参与国际生态环境建设交流展示窗口新域，资源节约型、环境友好型宜居示范新城。生态城规划面积 30 平方公里，人口 35 万人，10—15 年建成；起步区 4 平方公里，3—5 年建成。空间布局为“一轴三心四片”，一轴——以生态谷为城市主轴；三心——一个城市主中心、两个城市副中心；四片——四个综合片区。生态格局为“一岛三水六廊”，一岛——以生态岛和水系组成的绿色核心；三水——清净湖、故道河、蓟运河；六廊——以生态岛为中心，构建六条生态廊道。生态城的产业配置以绿色产业为发展方向，以科技研发、节能环保、文化创意、现代服务等行业为支撑，形成了国家动漫园、国家影视园、科技园、产业园、信息园为骨架的产业布局，目前注册企业达 800 余家，注册资金达到 600 多亿元，如图 7—4 所示。

按照规划，生态城所有建筑要达到绿色建筑标准。集成使用可再生能源、水资源利用、绿色建材、通风采光、垃圾处理等方面节能减排技术和方案，降低

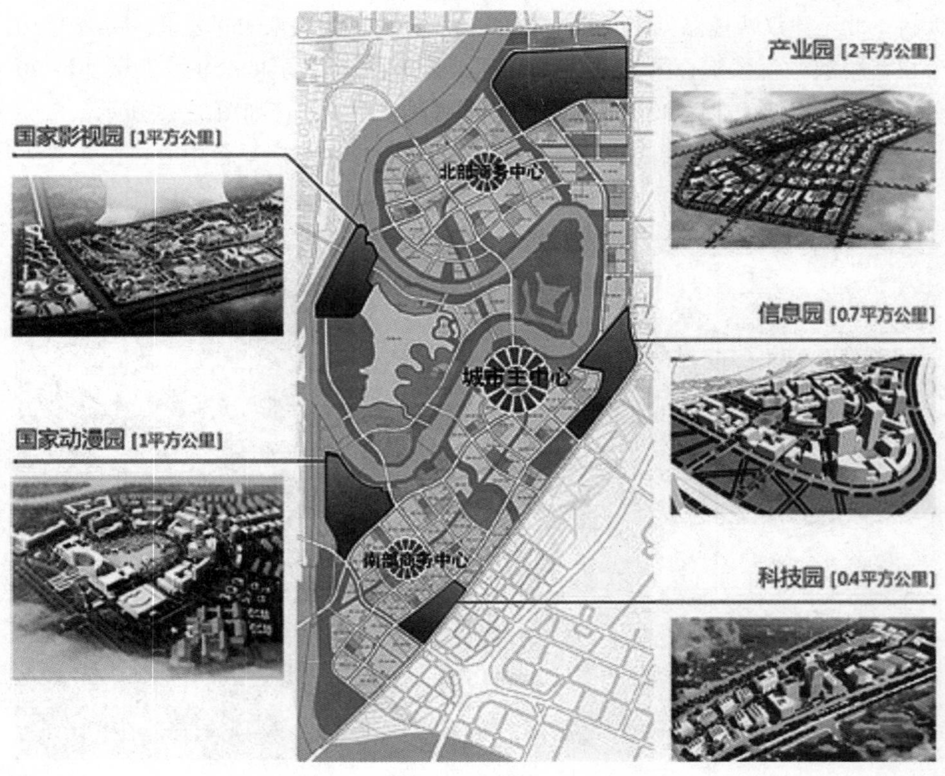

图 7—4　中新天津生态城产业布局图

图 7—5 中新天津生态城绿色建筑规划图

图中序号注解：1. 屋顶花园；2. 半地下车库自然通风及采光；3. 地暖系统；4. 利用雨水收集 / 中水灌溉景观；5. 负压垃圾收集系统；6. 无障碍设计、电梯层、坡道直通景观平台；7a.LED 节能灯具；7b. 户式新风系统；8. 高保温墙，减少能量流失；9. 电梯间、公共空间自然通风及采光；10. 变频电梯发动器；11. 太阳能热水系统；12. 窗墙比控制，每户朝南、南向布局；13. 太阳能照明；14. 大型中央邻里空间，保障良好的室外日照环境，采光和通风及良好的视觉卫生；15. 适宜生态城区气候和土壤的乡土植物，景观设计保证高绿地率；16. 采用节水器具和设备；17. 采用断桥铝节能型门窗；18. 内填充墙体采用再循环材质。

建筑能耗和排放，形成绿色建筑综合实施方案，逐步实现绿色建筑产业化。标准化的绿色建筑如图 7—5 所示，节能效应原理如图 7—6 所示。

交通领域，生态城提倡以绿色交通系统为主导的交通发展模式，交通的建设紧密结合了土地利用，提升了公共交通和慢行交通的出行比例，并构建机动车道路系统和慢行道路系统。高密度的慢行道路系统串联了大部分居住、产业和公共设施，结合绿地系统营造环境宜人的慢行空间，使慢行方式逐步成为居民出行

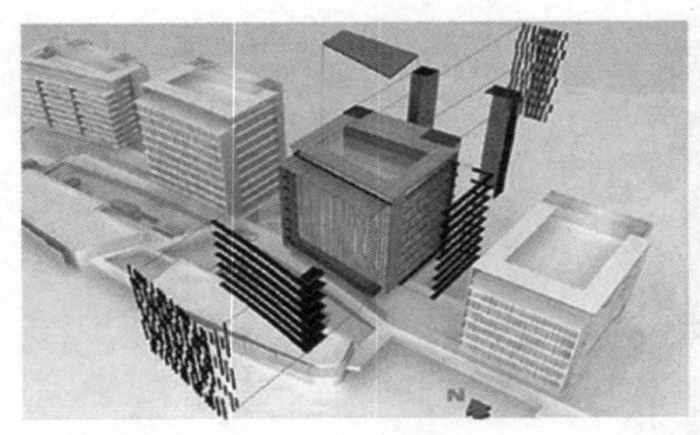

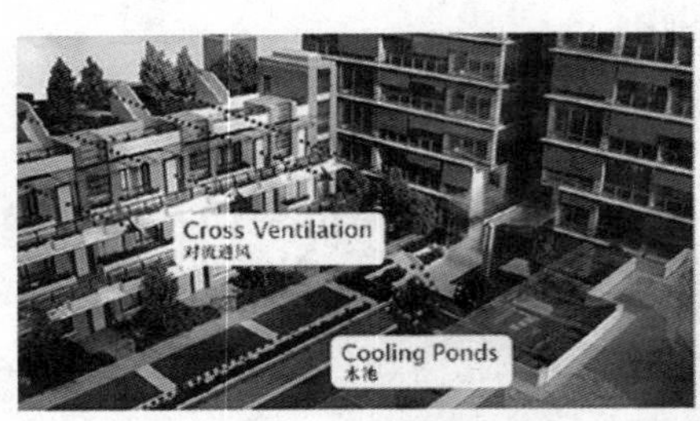

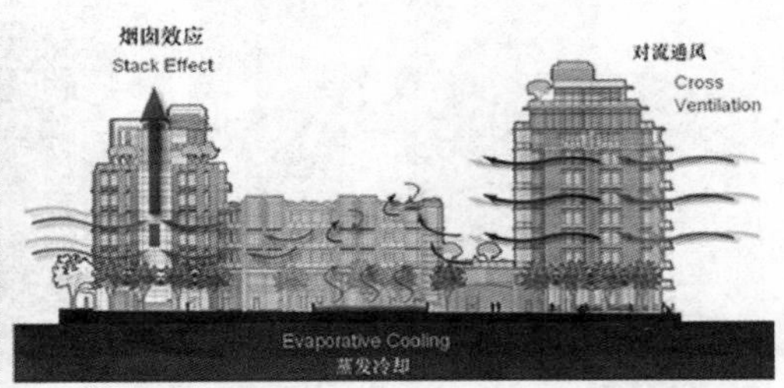

图 7—6　中新天津生态城绿色建筑节能效应原理

首选，实现了人车友好分离、机动车与非机动车分离。在绿色交通体系中广泛使用电力和汽油电池为动力的新式能量物质交通，电动汽车成为生态城绿色交通体系的一大亮点，如图 7—7 所示。

能源领域，积极推广新能源技术，加强能源阶梯利用，提高能源利用效率。优先发展地热能、太阳能、风能、生物质能等可再生能源，全面实施国内首个智能电网示范区建设，可再生能源使用率到 2020 年达到 20%，充分应用建筑节能技术，所有建筑达到绿色建筑标准，如图 7—8 所示。

为了突出生态特色，建设环境优美、和谐宜居的生态新城，中新天津生态城规划坚持生态优先、保护利用的原则。完整保留湿地和水系，预留鸟类栖息地，实施水生态修复和土壤改良，建立本地适生植物群落。建立一条贯穿全城的生态谷和六条连通渤海湾、蓟运河的水廊、绿廊。构建“湖水—河流—湿地—绿地”复合生态系统。形成自然生态与人工生态有机结合的生态格局。尤其重视水生态修复，结合现状水系和人工河道，形成自然强化循环、人工强化循环和自循环相结合的水循环系统。

为实现生态城的规划目标，生态城认真借鉴新加坡等先进国家和地区的成功经验，结合选址区域的实际，围绕生态环境健康、社会和谐进步、经济蓬勃高效和区域协调融合四个方面，确定了 22 项控制性指标和 4 项引导性指标，指标

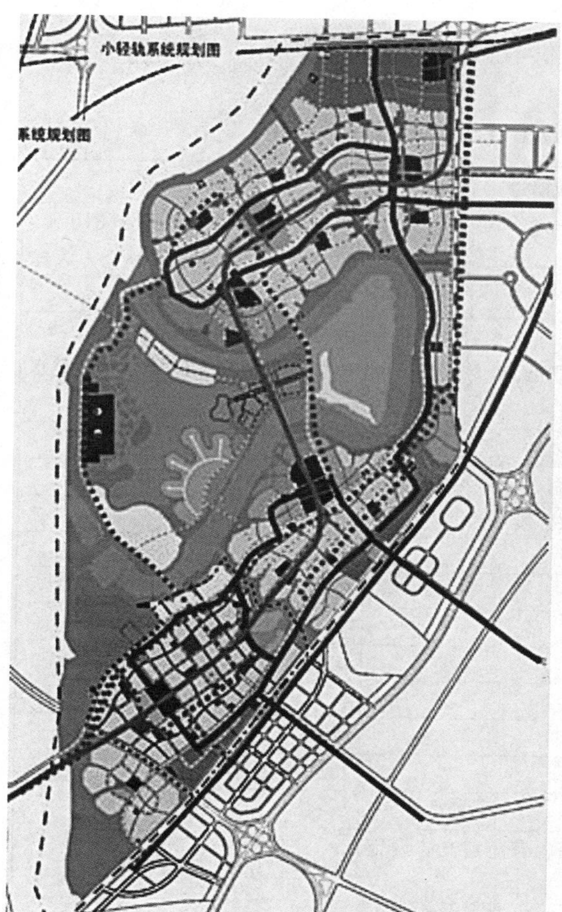

图 7—7　中新天津生态城绿色交通规划图

图 7—8　中新天津生态城新型能源规划图

体系的制定为生态城的规划建设提供了依据，如表 7—16 所示。

表 7—16　中新天津生态城控制性指标体系

	指标层	序号	二级指标	指标值
生态环境健康	自然环境良好	1	区内环境空气质量	好于等于二级标准天数≥ 310 天 / 年；SO_2 和 NOx 好于等于一级标准的天数≥ 155 天 / 年
		2	区内地表水环境质量	达到《地表水环境质量标准》（GB3838-2002）现行标准Ⅳ类水体水质要求
		3	水喉水达标率	100%
		4	功能区噪声达标率	100%
		5	单位 GDP 碳排放强度	150 吨 -C/ 百万美元
		6	自然湿地净损失	0
	人工环境协调	7	绿色建筑比例	100%
		8	本地植物指数	≥ 0.7
		9	人均公共绿地	≥ 12 平方米 / 人
社会和谐进步	生活模式健康	10	日人均生活耗水量	≤ 120 升 / 人 · 天
		11	日人均垃圾产生量	≤ 0.8 千克 / 人 · 天
		12	绿色出行比例	2020 年之前达到≥ 90%
	基础设施完善	13	垃圾回收利用率	≥ 60%
		14	步行 500 米范围内有免费文体设施的居住区比例	100%
		15	危害与生活垃圾无害化处理率	100%
		16	无障碍设施率	100%
		17	市政管网普及率	100%
	管理机制健全	18	经济适用房、廉租房占本区住宅总量比例	≥ 20%
经济蓬勃高效	经济发展持续	19	可再生能源利用率	≥ 20%
		20	非传统水资源利用率	≥ 50%
	科技创新活跃	21	每万劳动力中 R&D 科学家和工程师全时当量	≥ 50 人年
	就业综合平衡	22	就业住房平衡指数	≥ 50%

2. 保定市

保定市作为华北地区的一个工业城市，在 2000 年前后，立足自身的资源禀赋条件和发展态势，提出大力发展新能源和能源设备制造的产业发展目标，2003

年获得科技部批准，成立新能源基地。2006年，保定市依托具备一定基础和规模的天威、中航惠腾、英利等骨干企业，提出了打造“保定·中国电谷”的发展定位。在清晰的目标引领下，经过几年的发展，新能源产业在保定呈现发展迅猛的态势，并且日益获得国家的重视和扶持，先后被命名为“国家可再生能源产业化基地”、“新能源产业国家高技术产业基地”、“太阳能综合应用科技示范城市”等荣誉称号。2008年1月，世界自然基金会正式启动“中国低碳城市发展项目”，中国仅有上海和保定两个城市入选该项目。2008年12月，保定市政府正式发布了《关于建设低碳城市的实施意见》，作为全市建设低碳城市的指导性文件。该意见从低碳经济、低碳社会、低碳管理三个方面提出发展低碳城市的具体任务，强化城市朝低碳、绿色方向发展转型，并提出重点工程作为支撑和保障措施以落实目标实现。

此处，我们列举《关于建设低碳城市的实施意见》中的具体任务，即低碳经济、低碳社会、低碳管理三个方面。

（1）发展低碳经济，培育低碳产业。

①推进能源结构调整。加快电源结构调整，推动电源结构由单一煤电向煤电、气电、太阳能等可再生能源发电、垃圾和秸秆等生物质能发电并举的方向发展。优化电源配置，重点发展大容量、高参数、高效率的燃煤机组，提高电力装备水平。推进太阳能光伏并网发电与建筑一体化示范项目建设，稳步发展太阳能利用产业。加快能源消费结构调整，在生产、生活领域积极推广太阳能、沼气、天然气、地热等清洁能源的综合利用，最大限度地减少煤炭、石油等化石燃料的使用，降低二氧化碳排放。

②构建低碳产业支撑体系。以新能源及能源设备制造产业为核心，全力打造“中国电谷”，进一步完善太阳能光伏发电、风力发电、高效节电、新型储能、输变电和电力自动化等六大产业体系，培育壮大具有一定规模的低碳产业集群。大力发展低碳高产出的电子信息（软件）产业，全力打造电力电子产业集群、高频产业集群、汽车电子产业集群。加快网络游戏、动漫等创意产业的发展，推进高新区动漫产业基地建设。发展壮大低碳科技服务业、低碳旅游业等优势服务业。规划建设低碳教育展示场所。发展绿色食品生产和加工业，提高绿色农业比重。

③加快低碳技术开发与应用。推进煤的清洁高效利用、可再生能源及新能源、二氧化碳捕获与埋存等节能领域的技术开发与应用。加强排放监控技术和重点行业清洁生产工艺技术的开发与应用。加快发展清洁汽车技术和汽车尾气控制技术的研发与产业化。积极开发工业固体废物、农作物秸秆高效利用技术。组织

实施光伏发电、风力发电、生物质能发电等重大科技专项以及与建筑一体化的光伏屋顶、光伏幕墙等重大科技示范项目。依托我市高校、科研院所建立低碳实验室，引导其面向应用、面向企业，推动建立以企业为主体、产学研相结合的低碳技术创新与成果转化体系。

④发展静脉产业。加快建设符合国家产业政策、使用最新技术、具有一定规模的废旧汽车加工回收、废旧金属加工回收、废旧塑料加工回收等重点静脉产业园区。积极推进城乡生活垃圾集中处理和资源化利用，推行“收集—转运—集中处置—资源化”的城乡生活垃圾处理模式。

⑤推行清洁生产。完善清洁生产政策法规和标准，优化清洁生产技术、工艺和设备。所有企业都要持续实施清洁生产，培育一批二氧化碳“零排放”企业。对超标排放和排放总量较大的企业，实行强制性清洁生产审核。结合农业结构调整，积极发展生态农业和有机农业。引导规模化畜禽养殖废弃物的资源化和无害化，推广生态养殖模式，开展生态农业建设。到2010年，清洁生产知识全面普及；到2020年，清洁生产先进工艺、技术在一、二、三产业中得到全面推广。

（2）树立低碳理念，建设低碳社会。

①提高低碳意识。政府机关要率先垂范，开展创建低碳型机关活动。教育部门要把节约资源和保护环境及低碳城市建设内容渗透到各级各类学校的教育教学中，从小培养儿童青少年的节约、环保和低碳意识。企事业单位、社区等要组织开展经常性的低碳宣传，广泛宣传建设低碳城市的重要性、紧迫性。开展低碳（绿色）机关、社区、学校、医院、饭店、家庭等创建活动。选择一批先进机关、企业、商厦、社区等，建设低碳宣传教育基地，面向社会开放。

②推进生活方式低碳化。倡导人们在日常生活的衣、食、住、行、用等方面，从传统的高碳模式向低碳模式转变，尽量减少二氧化碳排放。鼓励乘坐公共交通工具出行或以步代车。倡导生活简单、简约化，尽量减少“面子消费、奢侈消费”。推进住房实施节能装修。引导采用节能的家庭照明方式和科学合理使用家用电器。倡导消费地产产品。

③推进城市建设低碳化。坚持用低碳理念指导城市规划编制。加强土地的节约集约化利用，推行“紧凑型”城市规划和建设模式。坚持用低碳理念指导建筑设计。在城市建筑设计中推广应用绿色节能建筑技术，推进建筑设计与太阳能光电产品的结合。全面植树造林，建设园林化城市。捕捉城市建设、生活消费中的二氧化碳排放，增加城市碳汇。加快低碳化社区示范工程建设。

（3）实施低碳化管理，加强节能减排。

①抓好农村节能。做好秸秆综合利用，鼓励秸秆还田，支持开发秸秆固化、

气化技术，稳步推进秸秆发电试点工作。推广省柴节煤灶，推广太阳能热水器和太阳能畜禽舍建设。大力发展农村户用沼气和大中型养殖场沼气工程，加强沼气服务体系建设。到2020年，主城区和卫星城周边农村沼气用户普及率争取达到50%以上。鼓励农村垃圾通过堆肥等方式进行资源利用，加快淘汰和更新高能耗落后生产农业机械，最大限度地减少和降低农村生产、生活过程中二氧化碳排放。

②强化工业企业节能减排。强化对重点企业节能减排监管。推动企业加大结构调整和技术改造力度，提高节能管理水平，着力培养一批达到国际先进水平的低碳企业。对达不到排放标准的企业一律实行限期治理、整改。加快对传统产业实施低碳化改造，继续加大关停“六小企业”工作力度，逐步淘汰不符合低碳发展理念、高能耗、高污染、低效益的产业、技术和产能。加快节能减排技术支撑平台建设，推动建立以企业为主体，产学研相结合的节能减排技术创新与成果转化体系。在重点行业，推广一批潜力大、应用面广的重大节能减排技术。鼓励企业加大节能减排技术改造和技术创新投入。

③推进建筑节能。加强节能管理。把建筑节能监管工作纳入工程基本建设管理程序，对达不到民用建筑节能设计标准的新建建筑，不得办理开工和竣工备案手续，不准销售使用。强化节能设计。鼓励新建居住建筑应用太阳能热水系统，并与建筑一体化设计、施工。组织实施低能耗、绿色建筑示范工程，扩大太阳能、地热能等可再生能源利用。加快节能改造。研究政策措施，对非节能居住建筑、大型公共建筑和党政机关办公楼进行节能改造。组织实施一批低能耗、绿色建筑、建筑节能改造、可再生能源在建筑中规模化利用的示范工程。

④强化城市交通运输节能减排。优先发展城市公共交通，在城市主干道开辟城市公共交通车辆专用或优先行驶通道，大力提高公交服务质量，努力使公共交通成为群众出行的主要方式。加强汽车尾气排放监督和治理。加速淘汰高耗能的老旧汽车，控制高耗油、高污染机动车发展，到2020年城市公交车尾气排放全部达到欧Ⅲ标准。鼓励使用节能环保型车辆和新能源汽车、电动汽车。积极推行公交车、出租车“油改气”工作。2012年前，在主城区和卫星城规划建设12—15个压缩天然气站，燃气公交车、出租车拥有量达到车辆总数的20%以上，最大限度降低城市交通行业的二氧化碳排放。

⑤推进商贸流通业节能减排。加快物流园区建设，有效整合物流资源。在餐饮住宿行业逐步减少、最终取消使用一次性用品，积极开展争创“绿色饭店”活动。在家电销售场所推行节能标识制度。在流通领域抑制商品过度包装。在经营性服务场所广泛推广采用节能、节水、节材型产品和技术，严格执行室内空调

温度设置等相关规定，最大限度地节约能源，降低排放。

结合该实施意见与保定市的实践来看，保定市在建设低碳城市过程中，注重从全市宏观层面统一规划和布局，依托低碳产业、低碳社会、低碳管理，实现了城市低碳、绿色发展的转型目标，成为国内众多城市学习的榜样。保定市建设低碳城市的一个最突出特点是构建了新能源产业体系，形成了该市建设低碳城市的独特优势。目前保定已形成光电、风电、节电、储电、输变电与电力自动化六大产业体系，拥有太阳能、风能及输变电、蓄能设备制造骨干企业 170 多家，几乎涵盖了所有同行业的佼佼者。例如，英利新能源有限公司是我国唯一一家全产业链太阳能光伏电池生产企业；中航惠腾公司已成为国内最大的风电叶片生产企业；国电联合动力公司进入国内风电整机五强。并且，随着保定市“中国电谷”的影响力日益增大，中国兵装集团、国电集团等一批央企已相继加盟建设，以国家开发银行为主体的“中国电谷”金融平台建设全面启动。近年来，保定新能源产业的增速保持在 50% 左右。2009 年，随着多晶硅提纯等一批超十亿元的重点项目投产，“中国电谷”产业规模和竞争能力再次提升，彰显了低碳城市的独特魅力。

3. 贵阳市

贵阳市作为全国首批低碳试点城市，在城市追求经济增长与保护生态资源之间找到了合适的平衡点，即珍视独特的资源禀赋条件和稀缺的生态资源，没有盲目地追求 GDP 而舍弃生态环境优势，形成了欠发达地区建设低碳城市的有效模式。

贵阳市在建设低碳城市过程中，注重规划的引领作用，较早就着手编制全市低碳发展规划，2012 年 12 月 17 日，国家发改委批复了《贵阳建设全国生态文明示范城市规划（2012—2020 年）》，这是国家发改委审批的全国第一个生态文明城市规划。该规划从空间开发、产业体系、生态格局、城市建设、保障措施、文化建设、社会建设、制度建设等八个方面提出了建设低碳生态城市的具体部署。贵阳市依据该规划，促进全市形成节约资源和保护环境的空间格局、产业结构、生产和生活方式。

（1）空间开发。

依据主体功能区规划思想，将全市划分为四种类型的功能区：高效集约发展区、生态农业发展区、生态修复和环境治理区、优良生态系统保护区。

高效集约发展区主要功能是集聚产业和人口，推进工业化、城镇化、信息化功能和带动经济社会发展。在生态农业发展区，农业作业区要强化基本农田保护，整合资源发展现代农业，提高土地利用效率。采取措施对生态修复和环境治理区内的环境实施保护和修复，尤其注重环城林带、湿地、南明河等生态环境的保护。同时，对“两湖一库”等河湖水系、湿地公园等实行强制性保护，划入优良生态系统保护区。

优化城镇体系布局，划分为中心城区、城市新区、中小城镇三个区域。对中心城区，以“二环四路”城市带建设为突破口，疏老城、建新城，形成“一城三带多组团、山水林城相融合”的空间结构。同时，根据城市总体规划，科学规划建设城市新区，确保城市整体协调，有序拓展城市发展空间。

（2）产业体系。

按照绿色发展、循环发展、低碳发展的理念，坚持走新型工业化道路，增强工业的核心竞争力和可持续发展能力。着力谋划和推动信息技术产业创新发展，重点发展三大产业集群，统筹发展服务外包、电子商务、物理信息服务等产业。发展生态旅游业，提升“爽爽的贵阳”城市旅游品牌，努力建成国际知名、国内一流的旅游休闲度假胜地、旅游服务集散地和国际旅游城市。按照保护优先、合理开发的原则，科学规划建设山地户外体育旅游休闲基地和生态型多梯度高原运动训练示范基地。大力发展会展、现代物流等服务业，建设重要的区域性物流中心、商贸中心、金融中心和夏季会展名城。不断优化农业产业结构，建立现代农业产业体系。着力建设农林业科技示范和山区现代农林业示范园区，实施“生态品牌”战略，支持生态农林产品创建品牌。加快发展高效节能、先进环保的技术装备及产品，努力将节能环保产业尽快培育成为新的经济增长点。

（3）生态格局。

在自然生态系统保护与修复上，继续实施天然林资源保护工程，切实加强湿地保护、防护林建设、生物多样性保护和自然保护区管理。环境污染综合防治上，推进重点流域水环境综合治理。严格控制主要污染物排放总量。加强大气颗粒物源解析和污染控制，建立矿产资源开发监管体系。资源节约上，大幅降低能源、水、土地消耗强度，提高利用效率和效益。推进贵阳国家循环经济试点，深入开展节能减排财政政策综合示范城市建设。发展水电、风电和生物质能等清洁能源，推广风光电一体节能照明系统，推广农村户用太阳能热水器。加大公交车（出租车）油改气力度，加强公交设施建设。积极开展政府办公建筑节能改造，提高建筑使用寿命。全面树立文明、节约、绿色、低碳的消费理念，推行节能标识制度，全面推进政府电子化办公。在中央补贴的基础上，通过增加地方补贴加大推广节能产品的力度。

（4）城市建设。

规划管理上，把生态文明理念贯穿于总体规划、详细规划、城市设计、单体设计等各个层面、各个环节，彰显“显山、露水、见林、透气”的城市特点。把湖泊、河流等水体引入城镇，增添城镇灵气，大力发展绿色建筑和绿色生态城区。基础设施上，打造公路、铁路、航空和水运有机衔接、内外快捷互通的综合交通运输体系，建成西南地区重要的交通枢纽，以及贵阳通往全国主要城市七小时干线交通圈。进一步完善中心城区路网系统，加快轨道交通建设，构建轨道交通与多种交通方式互为补充的现代城市公共交通体系，实现新、老城区各组团间半小时通达。完善城乡供水系统，加快建设天然气供应设施。完善以南明河流域沿线为重点的污水收集处理系统，推进城市生活垃圾分类回收。推进教育、医疗卫生、体育、文化、社会福利等公共服务设施建设，以及城市公园、森林公园和湿地公园等绿地、公共空间的建设。构建现代物流、职能交通、数字城管等综合信息服务平台，全面提升信息化水平，打造“智慧贵阳”。城市管理上，通过建章立制、细化标准、量化目标，实现城市管理的无缝隙、无死角和全覆盖，形成标准化的城市管理保障体系。完善数字化城市综合管理系统，实现城市管理全时段、全方位覆盖，建立完善以建筑物和地下管网为重点的数字化城建档案。增强城市管理的服务意识，推进一站式、一条龙服务模式，坚持文明执法。充分发挥城市对农村的辐射带动作用，把医疗、卫生、文化、教育等公共服务向农村延伸。实施农村“畅通工程”，创建一批基础设施完善、人居环境良好的绿色重点小城镇。

（5）保障措施。

政策支持上，财税、投资、金融、产业等方面均有支持，支持贵阳市实施节能减排财政政策综合示范。中央安排的公益性建设项目，取消县以下资金配套。积极营造有利于金融支持贵阳市发展的政策环境，鼓励创业投资和民间资本进入生态环保领域。优先规划布局建设具有比较优势的生态环保产业项目，在审批核准、资源配置等方面给予大力支持。智力保障上，国家人才计划和资源节约、环境保护等方面引智项目适当向贵阳倾斜，建设贵阳“人才特区”。逐步提高机关事业单位职工工资水平，提升人才队伍综合能力。组织实施上，贵阳市生态文明建设委员会负责全市生态文明建设的统筹规划、组织协调和督促检查工作，实行生态文明示范城市建设绩效一票否决制。开放合作上，继续办好生态文明贵阳会议，搭建政府、企业、专家、学者等多方参与，共建共享生态文明建设理论和经验的国际交流平台。

（6）文化建设。

秉承生态文明理念，树立人与自然和谐相处的生态伦理观，提高市民生态道德修养。以生态文明理念引领文化事业发展，加强公共文化服务体系建设。加强对生态文化遗产的保护、开发和合理利用。在非物质文化遗产的创新开发、民族演艺等工作中，注重体现贵阳生态文化特色。建立健全生态文化推广体系，把生态文明纳入国民教育体系，把生态文明知识作为干部教育的基本内容，鼓励市民、企业改变生产生活方式，开展多形式生态文化活动，传播生态文化理念。

（7）社会建设。

加强居住区绿化，美化社区环境，完善社区基础设施。倡导健康文明、节约资源的生活方式，逐步取消一次性用品使用。引导企业用绿色原料，生产绿色产品。厉行节约，勤俭办事，降低行政成本。完善社区功能，进一步加强社区综合服务中心、就业服务中心、社会保障服务机构等设施建设，推动社会服务资源向基层和社区转移。加强城镇规划与乡村规划的衔接，形成布局合理、用地节约、城乡一体的空间格局。加快实施改水、改厨、改厕、改圈，开展垃圾集中处理。积极开展文明村和文明家庭等创建活动。建立和完善生态文明学校创建标准，开展生态文明教育和社会实践活动。创建生态文明医院，打造绿色医疗环境。扶持小微型企业，拓展就业渠道，鼓励城乡居民自主创业，扶持绿色创业，探索绿色创业带动绿色就业。完善城镇职工和居民养老保险制度，实现新型农村社会养老机构保险制度全覆盖。建设多层次医疗保障体系，健全城乡最低生活保障制度和低保标准动态调控机制。加强保障性安居工程建设，健全城乡社会救助体系。完善“市—区—社区”三级管理，健全和创新流动人口和特殊人群管理服务，提高社会公共服务均等化水平。提升“绿丝带”志愿服务活动品牌。切实加强生态安全工作，制定生态环保等公共突发事件应急预案。

（8）制度建设。

法制建设上，把资源消耗、环境损害、生态效益纳入经济社会发展评价体系，建立体现生态文明要求的目标体系、考核办法、奖惩机制。修订完善《贵阳市生态文明建设促进条例》，修订和废止不适应生态文明建设的地方性法规、政府规章和政策。严格执法，严格追究生态环境侵权者的法律责任，加强生态环保执法队伍建设。支持和鼓励市民、律师、社会团体积极参与生态环境公益诉讼。加强统计分析，定期检测、评价和公布生态文明建设绩效，并将其作为政绩考核的重要依据。强化机制创新，完善区域生态补偿机制，开展能量交易试点，降低能源消耗总量。深化电力价格改革，实行居民生活用水阶梯式计量水价、非居民用电超定额累进加价制度，合理制定调整污水处理费征收标准。

贵阳市低碳生态城市发展势头良好，不仅得益于《贵阳建设全国生态文明示范城市规划（2012—2020 年）》的引领，在实践层面，更是有尊重规划、持之以恒的发展决心和魄力。尽管贵阳市的经济发展水平在全国省会城市中处于下游，但贵阳市富有前瞻性和自觉性地坚守城市可持续发展的生态资源，在招商引资和项目监管上严格审查，宁肯拒绝不符合当地发展方向的企业，也不要污染环境的 GDP。全市为服务于低碳生态城市的发展定位，下决心关闭了建于上世纪 50 年代和 70 年代的火力发电厂，转向挖掘可再生能源潜力；淘汰落后产能，对水泥、铝合金、黄磷、电力行业内的生产工艺落后、污染环境的企业实施关闭，节约能源和降低二氧化碳排放；对传统落后产业“做减法”后，还注重培育高新技术产业和生态旅游业等新的增长点作为替代，凭借优越的生态环境和夏季凉爽的气候条件，提出“爽爽的贵阳”旅游口号，成为我国南方地区夏季旅游的重要目的地，而且依托低碳生态城市的品牌效应，承办生态文明相关会议和发展商业会展等现代服务业。对全市 3000 多辆公交车和出租车进行改造，实现清洁能源液化天然气（LNG）和甲醇燃料在公共交通领域的最大化应用，贵阳已成为全国在公交领域使用 LNG 燃料最多的城市，公交系统实现绿色转型后，每年可减少二氧化碳排放量 1.8 万吨，与使用汽油和柴油相比，人均污染物减排量达到 60% 以上。

如今，我们回顾新世纪初期，在重视经济增长胜过保护环境的阶段，贵阳市在全国区域经济格局中一直保持“低调”，而进入“十二五”时期以来，随着全国对生态文明的重视和各城市经历高速增长后正艰难地向低碳生态方向转型时，贵阳市正越来越受到国人和世界的关注，并且贵阳凭借优越的生态本底条件和保护环境的发展模式，为发展生态产业积累了基础和竞争优势。

四、促进低碳城市发展的对策

促进低碳城市发展，必须把节约能源资源、降低二氧化碳排放作为一条原则贯穿于城市发展的各个领域和全过程之中，实现能源结构向清洁化方向转型、产业结构向生态化方向升级、基础设施向绿色化方向发展、节能减排向科学化、精细化方向管理、政府加大宣传引导低碳社会发展等。

（一）优化能源结构

能源产业是城市发展的基础性产业，能源结构体现城市的能源利用方式并直接影响城市的二氧化碳排放。我国目前城市能源结构仍然是以传统煤炭为主，清洁能源的应用比例还相对较低，发展低碳城市、优化能源结构、改善城市空气质量都需要加大可再生清洁能源的应用。城市的能源结构如果过度依赖煤炭，不仅加剧了城市经济发展与资源环境的矛盾，而且还抑制了新能源产业的长足发展。因此，优化城市能源结构，形成煤炭、天然气、风能、太阳能、生物能等多种能源相互补充的结构，这样既可以满足城市经济发展对能源的需求，又可以缓解城市人口聚集、产业发展造成的生态环境压力，实现经济、资源、环境的协调发展。

注重利用太阳能。太阳能不同于传统化石能源，是一种取之不尽、用之不竭的清洁能源。城市聚集人口密度较大，而且城市居民的生活水平较高形成生活能源消耗也比农村要高出很多，城市大量的路灯、景观灯等市政设施也需要消耗大量的能源，因此在城市中推广和应用太阳能是实现低碳发展的重要途径。目前城市当中，对太阳能的应用还仅停留于居民独立安装太阳能热水器的层面，而一些新落成的高层住宅和现代建筑缺乏对太阳能的应用规划和一体化建设，导致建筑完工后无法安装太阳能配套设施，因此，需要完善对建筑应用太阳能的一体化

图 7—9　太阳能阳台全景与近景

图 7—10　太阳能幕墙与屋顶

规划建设，在符合日照方向条件的建筑安装太阳能阳台，太阳能屋顶集热装置和太阳能幕墙，充分利用太阳能满足家庭用能需求和建筑能源需要，如图 7—9、图 7—10 所示。让太阳能成为居民家庭用能的重要来源和补充。城市路灯、景观灯等照明、亮化工程也需要采用太阳能、LED 灯源，降低对传统化石能源的依赖。

逐步扩大天然气应用的覆盖力度。天然气比传统煤炭、石油具有清洁安全、热值高、低碳排放的优点，随着我国城镇化步伐的加快，城市应用天然气的力度在不断加大，一些新落成的住宅小区均已铺设天然气管道，城市燃气普及率不断提高，我国省会城市的燃气普及率基本达到 90 以上。但一些非省会的大、中城市应用天然气的覆盖力度还不够，或依赖传统炊事能源、或依赖人工煤气和液化石油气。综观世界范围内城市能源应用格局，采用天然气取代传统能源是大势所趋，尽管天然气在运输、储存上成本略高，但相比于传统人工煤气，天然气不会产生人工煤气制造过程中的污染和损耗，不存在人工煤气使用中产生的一氧化碳带来的安全隐患，因此，发展低碳城市需要大力推广天然气应用，在企业能源供应、居民住宅、公共交通领域逐步扩大天然气的占比。此外，还需重视风能、生物能、核能等其他能源方式的利用，优化城市能源结构。

（二）升级产业结构

产业结构体现城市的发展阶段和生产方式，产业结构直接反映城市创造财富的能力和效率，也直接影响城市能源消耗与二氧化碳的排放。尽管城市相比于农村而言，以第二、第三产业为主，但非农产业内部也呈现较大的差异，形成城市与资源环境的不同发展模式。产业结构升级包含产业结构合理化和产业结构高级化两个方面，城市发展应立足各自的资源禀赋条件，选择符合市情的产业发展方向，在此基础上，促进产业结构向高级化方向演进，提高资源的配置效率和产业附加值，实现结构升级。

低碳城市发展背景下，需要加快产业结构升级步伐，用低碳、绿色、生态、循环理念改造传统产业发展方式，提高资源利用效率和降低二氧化碳排放。第一产业内部，发展低碳农业、有机农业、现代农业，减少对农药化肥、地膜的应用，推广循环农业的生产模式，用农家肥替代化肥，用生物农药、生物治虫替代化学农药，用可降解材质制造的农膜，依据科学测土配方施肥和平衡施肥，避免滥用化肥造成土壤、水质污染。第二产业内部，构建符合各城市资源禀赋和比较优势的产业体系，提高制造业的技术水平和生产工艺，应用新型节能生产工艺和生产组织流程，降低对能源的依赖。尤其是我国目前处于工业化中期阶段的现实国情，需要注重低碳技术的研发与应用，在火电、煤化工、钢铁、水泥、油气等重点行业和企业应从积极控制温室气体排放、履行企业社会责任、提高企业技术竞争力出发，积极加大对碳捕集、利用和封存的试验示范项目的投入，积累项目建设、运行和管理经验，促进低碳发展。第三产业，壮大第三产业在城市产业结构中的比重，提高第三产业对城市经济增长的贡献，形成生产职能向城市外围区域扩散、总部向中心城市集聚的生产格局，重视高新技术产业发展、培育战略性新兴产业引领城市产业结构升级。

（三）完善基础设施

城市相对于农村的优势就在于有便捷的基础设施和完善的公共服务，近年来我国城镇化进程快速推进，但呈现土地城镇化速度快于人口城镇化的特点，即大量人口从农村转移、流动到城市，但城市的基础设施、公共服务配套滞后，不能够承载新增加的城市人口，因此推进城镇化的健康发展、实现城市的低碳发展都需要健全城市的基础设施，尤其是公共交通设施、城市污水处理系统、垃圾处置设施。

加大推公共交通的投入力度和建设强度，优先发展轨道交通、快速公交系统等公共交通。近年来随着我国居民生活水平的提升，私人拥有小轿车的数量快速攀升，城市交通拥堵成为城市病的主要体现方式，不仅降低了城市的运行效率，也成为制约城镇居民幸福指数提升的重要因素。应该认识到，城市越发展，交通的运量和频率越高，如果任由私人汽车数量的快速增长，必然带来交通拥堵的矛盾，因此，纵观世界各主要治理交通拥堵的一个重要手段就是限制私人小轿车数量的增长，或者提高拥有私人汽车和使用的成本，如通过车牌竞拍、摇号获得购买资格、收取道路拥堵费等措施。在发展低碳城市背景下，私人拥有小轿车的数量不仅大量消耗石油等化石能源，也造成大量汽车尾气的排放，降低了城市空气质量、造成污染，因此必须采取有力措施限制私人拥有小轿车的数量，取而代之的是大力发展公共交通，满足城市对交通运输的需求。

城市公共交通相较于私人轿车，具有集约高效、节能环保等优点，优先发展公共交通可以缓解交通拥堵、优化城市交通结构、提升城市居民生活品质、提高政府基本公共服务水平，是建设低碳城市，构建资源节约型、环境友好型社会的必然选择。鼓励发展公共交通，并非简单地增加公交车数量，而是在城市规划、用地配置、交通路网、交通基础设施、交通方式衔接等各领域体现公共交通的优先属性和公益属性。在规划控制上，城市公共交通规划要科学规划线网布局，优化重要交通节点设置和方便衔接换乘，落实各种公共交通方式的功能分工，加强与私人轿车、步行、自行车出行的协调，促进城市内外交通便利衔接和城乡公共交通一体化发展。交通基础设施上，科学有序发展城市轨道交通，积极发展大容量地面公共交通，加快调度中心、停车场、保养场、首末站以及停靠站的建设，提高公共汽车的进场率；推进换乘枢纽及步行道、自行车道、公共停车场等配套服务设施建设。土地配置上，优先保障公共交通设施用地，新建公共交通设施用地的地上、地下空间，按照市场化原则实施土地综合开发，公共交通用地综合开发的收益用于公共交通基础设施建设和弥补运营亏损。融资渠道上，支持公共交通企业利用优质存量资产，通过特许经营、战略投资、信托投资、股权融资等多种形式，吸引和鼓励社会资金参与公共交通基础设施建设和运营。加强银企合作，创新金融服务，为城市公共交通发展提供优质、低成本的融资服务。路权优先上，增加公共交通优先车道，扩大信号优先范围，逐步形成公共交通优先通行网络。集约利用城市道路资源，允许机场巴士、校车、班车使用公共交通优先车道。增加公共交通优先通行管理设施投入，加强公共交通优先车道的监控和管理，在拥堵区域和路段取消占道停车，充分利用科技手段，加大对交通违法行为的执法力度。

垃圾处置是影响低碳城市发展的重要因素，科学的处置方式直接决定资源的循环利用效率和二氧化碳的排放强度。目前我国城市化进程的推进，大量城市都面临垃圾处置的难题，传统的露天堆放、填埋都受到土地约束、污染土壤和地下水风险的威胁，已建成的垃圾处理站都处于超负荷运转的状态，而新引进的垃圾焚烧场站受到当地居民的阻挠，居民担心生活环境破坏和健康的威胁。因此，发展低碳城市，必须在城市规划初期和建设过程中，根据人口规模同步规划垃圾处置场站，确保垃圾处理场站作为城市的基础设施具备无害化处理垃圾的能力和容量，场站选址充分考虑自然条件和居民点布局，避免污染周边区域环境和威胁周边居民健康。

（四）强化节能减排

强化节能减排，需要发挥市场机制在资源优化配置中的决定性作用。引入碳排放权交易是促进城市节能减排、降低二氧化碳排放的有效措施。碳排放权交易是对企业的二氧化碳排放量进行核算后分配相应的年度配额，之后对企业年度实际的二氧化碳排放量进行核算，如果排放企业的排放量在配额限度内，则可以将多余的碳排放配额出售交易，获得降低能耗排放带来的收益；如果企业的排放量超过配额限度，则需要在市场上通过交易购买超出限度的配额，为超标的排放量支付额外费用。这就会形成一种激励机制，鼓励企业通过改进生产工艺流程或应用先进技术，强化节约能源与降低二氧化碳排放，以避免由于排放超标带来的额外成本，并且还可以将节能减排带来的配额剩余进行转让，带来额外收益。实行碳排放权交易也是体现市场机制发挥作用，落实党的十八届三中全会关于“实行资源有偿使用制度和生态补偿制度”的具体举措，促进企业提升节能减碳管理水平，推广应用节能减碳新技术、新产品，形成新的金融创新产品和金融活动，能够有效降低综合节能减排成本，促进企业升级发展。国家发展和改革委员会于 2011 年 12 月确定在北京市、天津市、上海市、重庆市、广东省、湖北省、深圳市开展碳排放权交易试点，以逐步建立国内碳排放交易市场，以较低成本实现 2020 年中国控制温室气体排放行动目标。2013 年深圳、上海、北京等地碳排放权交易市场的陆续启动，2014 年及以后还会有更多的城市加入该行列，运用市场机制引导企业节能、减排、降碳，促进低碳城市的发展。

此外，还需要重视技术手段的研发与运用，尤其是碳捕集、利用和封存技术，该技术对降低温室气体减排具有很大的潜力空间。发展碳捕集、利用和封存，是在我国能源结构以煤为主的现实国情下，有效控制温室气体排放的一项重要举措，并有助于实现煤、石油等高碳资源的低碳化、集约化利用，促进电力、煤化工、油气等高排放行业的转型和升级，带动其他相关产业的发展，对我国中长期应对气候变化、推进低碳发展具有重要意义。

（五）建设低碳社会

建设低碳社会需要动员社会不同主体都参与到低碳城市的发展进程中来，政府加强引导、企业履行节能减排义务、社会组织发挥中介作用，居民自觉培养低碳生活方式。

在此过程中，需要重视政府的宣传作用，2012 年 9 月国务院常务会议决定，自 2013 年起，将每年 6 月全国节能宣传周的第三天设立为“全国低碳日”，以宣传低碳发展理念和政策，鼓励公众参与，推动落实控制温室气体排放任务。2013 年 6 月 17 日作为首个“低碳日”，国家发展改革委会同有关部门围绕“践行节能低碳，建设美丽家园”和“美丽中国梦，低碳中国行”的主题，共同组织开展了“低碳发展 • 绿色生活”公益影像展、“低碳中国行”系列主题活动、青少年摄影绘画大赛、低碳日社区公众参与活动等一系列活动，国家发改委还征集并评选出了全国低碳日标志和2013年全国低碳日口号，组织拍摄的全国低碳日公益广告在央视各频道播出。在全国各地方层面，也积极响应“全国低碳日”的宣传，上海市发改委于2013年6月17日举行了全国低碳日上海主题宣传活动，围绕“践行节能低碳、建设美好家园”的主题，聚焦市民“衣、食、住、行、用”等日常生活领域，介绍了节能低碳先进技术产品和低碳生活小窍门，展示了上海在低碳实践方面所做的努力。截至2013年6月，上海市已有60余家商户成为首批践行低碳行动的典型代表单位，近5万人参与践行低碳行动。重庆市低碳协会于2013年6月17日举办了全国低碳日“美丽重庆·全民行动”主题宣传仪式，开展了低碳日“进商圈”、“进机关”、“进校园”、“进企业”、“进社区”等“5个进”系列活动。同时，充分发挥社团组织的社会倡导和公众宣传主力军作用，在广泛征集市民意见的基础上形成了《重庆市民低碳公约》，并于低碳日当天发布，倡导市民“选择低碳，绿色相伴”。海南省政府于6月17日组织开展了“突出一个主题，配套六项活动”低碳宣传，“一个主题”即组织开展低碳节能产品展示会，“配套六项活动”即开展新闻媒体宣传、网络宣传、观看低碳展板、免费乘坐纯电动公交车和骑公共自行车、发放低碳宣传画册和组织低碳培训及座谈，在全省营造了浓厚的低碳氛围。活动期间，吸引了24家企业前来参展，展示了各种各样的节能低碳新产品；共向市民发放2000册低碳宣传画册、1000个环保购物袋及300册低碳知识图本。武汉市发展改革委和武汉市江岸区人民政府于2013年6月15日启动了武汉节能宣传周和低碳日活动，通过组织开展低碳节能展、节能低碳宣传文艺表演、低碳体验、发放宣传资料等形式，吸引了社会各界人士广泛参与，倡导低碳生活方式和消费方式。此外，山东、浙江等地方政府也结合当地低碳发展工作实际，在低碳日期间通过举办展览、编制宣传手册、鼓励公众体验低碳生活等方式，大力宣传应对气候变化和低碳知识，倡导公众践行节能低碳理念。

表7—17

城市	*单位GDP能耗（吨标准煤/万元）	城镇人均可支配收入（元）	建成区绿地率（%）	人均公园绿地面积（平方米）	第三产业产值比重（%）	人均地方财政预算收入（元）
北京	0.459	36469	44.95	11.87	76.46	25549.4
天津	0.708	29626	30.91	10.54	46.99	17720.7
石家庄	1.30	23038	37.16	14.17	40.16	2708.3
太原	1.76	20412	34.18	10.35	53.64	5895.1

续表

城市	* 单位 GDP 能耗（吨标准煤 / 万元）	城镇人均可支配收入（元）	建成区绿地率（%）	人均公园绿地面积（平方米）	第三产业产值比重（%）	人均地方财政预算收入（元）
呼和浩特	1.41	32646	33.20	15.09	58.68	7756.4
沈阳	1.10	26431	38.55	12.45	43.99	9865.4
大连	1.10	27539	43.62	12.24	41.65	12707
长春	0.92	22970	29.92	13.76	41.46	4502.6
哈尔滨	1.04	22499	34.40	10.06	52.85	3570.3
上海	0.62	40188	33.76	7.08	60.45	26236.1
南京	0.60	36322	39.74	13.94	53.4	11480.7
杭州	0.59	37511	36.78	15.45	50.94	12276.4
宁波	0.59	37902	34.89	10.56	42.49	12558.2
合肥	0.75	25434	33.47	11.50	39.18	5481.8
福州	0.64	29399	37.13	11.32	45.84	5829.9
厦门	0.64	37576	37.33	11.38	50.33	22151.1
南昌	0.65	23602	40.68	12.03	38.65	4726
济南	0.86	32570	34.00	10.31	54.39	6251.1
青岛	0.86	32145	39.70	14.58	48.97	8708.6
郑州	0.90	24246	32.20	6.03	40.98	5656.4
武汉	0.91	27061	32.94	9.92	47.89	10083.7
长沙	0.89	30288	32.90	8.92	39.61	7427.1
广州	0.56	38054	35.61	19.64	63.59	13406.3
深圳	0.56	40742	39.17	16.60	55.65	51529.1
南宁	0.80	22561	36.30	13.04	48.72	3219.6
海口	0.69	22331	37.70	11.32	68.54	4528
重庆	0.95	22968	39.89	18.13	39.39	5095
成都	1.00	27194	35.62	13.66	49.46	6655.5
贵阳	1.71	21796	37.94	12.81	53.56	6439.9
昆明	1.16	25240	40.89	9.50	48.94	6962.4
西安	0.85	29982	33.30	10.81	52.42	4987.1
兰州	1.40	18443	27.10	8.88	49.53	3226.2

续表

城市	* 单位 GDP 能耗（吨标准煤 / 万元）	城镇人均可支配收入（元）	建成区绿地率（%）	人均公园绿地面积（平方米）	第三产业产值比重（%）	人均地方财政预算收入（元）
西宁	2.08	17634	37.29	10.61	44.70	2759.6
银川	2.28	21901	41.85	13.83	41.78	6765.5
乌鲁木齐	1.63	18385	33.85	9.20	57.38	9775.2

* 注：表中“单位 GDP 能耗”指标，为各城市所在省份 2011 年的平均水平，其余指标为各城市 2012 年数据。

表 7—18

城市	用水普及率（%）	燃气普及率（%）	建成区绿化覆盖率（%）	污水处理率（%）	生活垃圾无害化处理率（%）	*R&D 投入占 GDP 比重（%）
北京	100.00	100.00	46.20	83.16	99.12	5.76
天津	100.00	100.00	34.88	88.24	99.81	2.63
石家庄	100.00	100.00	41.02	95.86	94.54	0.82
太原	100.00	99.00	39.07	84.50	100.00	1.01
呼和浩特	98.63	94.01	36.06	80.03	98.17	0.59
沈阳	100.00	100.00	42.22	87.11	100.00	1.64
大连	100.00	99.98	44.68	95.10	100.00	1.64
长春	99.70	98.08	35.09	86.15	84.47	0.84
哈尔滨	100.00	100.00	37.02	91.62	85.30	1.02
上海	100.00	100.00	38.29	91.29	83.59	3.11
南京	100.00	99.65	44.02	94.60	90.42	2.17
杭州	100.00	100.00	40.07	95.49	100.00	1.85
宁波	100.00	100.00	38.23	88.14	100.00	1.85
合肥	99.76	98.29	39.92	98.70	100.00	1.40
福州	99.37	99.50	40.60	84.70	98.23	1.26
厦门	100.00	100.00	41.76	90.70	99.00	1.26
南昌	98.90	94.70	43.00	89.66	100.00	0.83
济南	100.00	100.00	38.00	97.29	91.98	1.86
青岛	100.00	100.00	44.70	91.34	100.00	1.86
郑州	100.00	90.06	36.08	95.82	89.75	0.98
武汉	100.00	99.02	38.19	88.78	95.11	1.65

续表

城市	用水普及率（%）	燃气普及率（%）	建成区绿化覆盖率（%）	污水处理率（%）	生活垃圾无害化处理率（%）	*R&D 投入占 GDP 比重（%）
长沙	99.98	99.92	37.98	99.43	100.00	1.19
广州	99.70	99.45	40.50	82.73	80.38	1.96
深圳	100.00	91.60	45.06	96.10	95.13	1.96
南宁	95.38	100.00	42.00	94.79	100.00	0.69
海口	99.98	95.75	42.00	88.10	100.00	0.41
重庆	93.84	93.32	42.94	90.07	99.28	1.28
成都	98.26	96.95	39.38	92.15	100.00	1.40
贵阳	94.49	93.08	40.47	95.07	95.68	0.64
昆明	93.37	78.95	44.47	99.06	84.59	0.63
西安	100.00	100.00	42.00	90.10	94.72	1.99
兰州	93.93	88.71	30.01	67.73	—	0.97
西宁	99.99	94.99	37.49	71.18	92.52	0.75
银川	92.08	81.86	41.68	100.00	92.71	0.73
乌鲁木齐	99.95	99.83	37.00	84.75	91.43	0.50

* 注：表中“R&D 投入占 GDP 比重”指标，为各城市所在省份 2011 年的平均水平，其余指标为各城市 2012 年数据。

第八章　低碳乡村发展

乡村是经济地域系统的重要组成单元，与城市相辅相成、共促发展。我国人口基数庞大，即使未来完成城镇化进程，即人口城镇化率达到80%以上，仍有近3亿人生活居住在农村，因此，关注乡村的低碳发展，转变农村的传统生产生活方式，是建设低碳社会不可忽略的重要领域，这对全社会发展低碳经济、建设低碳社会实现低碳发展具有重要意义。

一、低碳乡村的内涵与影响因素

（一）低碳乡村的内涵

国内已有研究成果中，不同学者基于各自角度界定了低碳乡村的内涵，代表性观点有：赵和楠等人认为低碳农村是低碳经济在农村建设和发展中的实现形式，是指在农业生产、农民生活以及农村工业化进程中实行低能耗、低排放、低污染的发展模式，并最终建设成为环境友好、资源节约、人与自然和谐共处的社会主义新农村①。邓水兰等人认为低碳农村就是要在农村建设过程中，以低碳理念为指导，以低碳技术为基础，以减少碳排放即温室气体的排放为特征，在保护环境的同时以发展经济为目标，提高人们的生活水平，以追求经济效益、环境效益与社会效益和谐统一的发展方

① 赵和楠、王亚丽、李乐：《财税政策扶持低碳农村建设的路径选择》，《中国财政》2010年第15期。

式[①]。杨晓等人认为低碳农村是指在农业生产、农村建设、农民生活以及农村工业化的过程中实行低能耗、低排放、低污染的发展模式[②]。陈晓春等人认为，低碳农村是指在农业生产、农村建设、农民生活的过程中以及在农村工业化进程中实行低能耗、低排放、低污染的发展模式，在价值导向、行动理念、技术创新、管理创新以及制度创新等方面进行低碳化的变革，以建设资源节约、环境友好、人与自然和谐共生的幸福家园[③]。廖晓义倡导的低碳生态乡村模式，也称为"乐和家园"，即以生态人居为主题的低碳环境管理、以生态产业为主体的低碳经济发展、以"治未病"为主导的生态保健养生、以敬天惜物为内涵的生态伦理教育、以互惠共生为特质的低碳生态社会机制。它是一个从环境到经济、从建筑到保健、从社会到心灵的整体系统[④]。何慧丽认为低碳乡村要按照低能耗、低成本、高福利、多元化的思路和原则来建设乡村，建构健康农业、环保农村、合作农民的"新三农"发展取向[⑤]。杜涛认为，低碳农村是在保证农业生产的稳步增长和农民生活质量不断提高的前提下，在充分考虑技术可行性与经济可行性的基础上，以"清洁发展、高效发展、低碳发展和可持续发展"为目标，将传统生态智慧与现代管理相结合、因地制宜，加快低碳能源的开发利用、低碳技术的开发应用和制度创新，通过改变生产生活方式、优化能源资源结构和循环利用，最大限度减少温室气体排放，倡导健康高效农业、环保和谐农村、合作绿色农民的"新三农"趋向，引领"社会主义新农村"建设，全面构建"资源节约型、环境友好型、低碳发展型"社会，推动城乡协调发展[⑥]。

综观目前研究现状，对低碳乡村内涵的界定，涵盖了低碳生产与低碳生活，低碳经济与低碳社会，并将低碳乡村纳入社会主义新农村的框架下进行推进。笔者认为，低碳乡村是低碳发展模式在乡村地域的体现，将低碳、节能、环保理念贯穿于乡村生产、生活全过程，通过能源结构向清洁化方向转型、生产结构向高端高效演进、空间布局向紧凑集约优化、环境整治向美丽和谐目标建设的乡村发

① 邓水兰、黄海良、吴菲:《低碳农村建设问题探讨——以江西为例》,《江西社会科学》2012年第8期。

② 杨晓、罗文正:《我国建设低碳农村的法律保障机制研究——以湖南省为例》,《安徽农业科学》2011年第28期。

③ 陈晓春、唐姨军、胡婷:《中国低碳农村建设探析》,《云南社会科学》2010年第2期。

④ 廖晓义:《"乐和家园":一个正在试验中的低碳乡村》,《绿叶》2009年第11期。

⑤ 何慧丽:《低碳乡建的原理与试验》,《绿叶》2009年第12期。

⑥ 杜涛:《我国发展低碳农村存在的问题、原因与对策探讨》,内蒙古财经学院2008年硕士学位论文。

展模式。

（二）低碳乡村的影响因素

国内学者对低碳乡村的研究，大多均涉及低碳乡村的影响因素，如赵和楠等[①]、杜娴[②]等学者认为低碳乡村的影响因素包括：农业生产污染日趋严重、农民生活能源消费结构单一且效率低下、乡村企业污染严重三个方面。邓水兰和黄海良等[③]人从低碳生产的制约因素、低碳生活的制约因素、宏观政策的制约因素等方面进行分析。王兆君和刘帅[④]从高碳农业生产方式和居民高碳生活方式两方面分析建设低碳农村社区的内容。杜涛[⑤]从基础设施的"高碳"、不良耕作方式、生产链污染、农民生活消费理念落后、可再生能源开发滞后等方面总结了低碳乡村的制约。杨晓和罗文正[⑥]从法律视角分析，认为农业生产污染、乡镇企业技术落后、涉农财政投入不足、低碳农村的法规制度不健全等方面是制约因素。陈晓春等学者[⑦]从农村现代化水平低、政府环保宣传不够，对农村环保投入力度较小，农村环保法制建设滞后等方面归纳影响低碳乡村发展的因素。

笔者认为，低碳乡村发展的影响因素可以从乡村能源结构、生产结构、空间布局、环境整治等方面剖析。

1. 能源结构

能源利用是影响二氧化碳排放的起点，农村能源利用方式与利用结构直接决定了农村二氧化碳排放的数量与强度。我国农村经济社会发展程度仍然较低的国情，决定了农村能源结构仍然相对传统与低效。尤其是广大的中西部地区乡

---

① 赵和楠、王亚丽、李乐：《财税政策扶持低碳农村建设的路径选择》，《中国财政》2010年第15期。

② 杜娴、元一帆：《财税政策扶持与低碳农村建设：问题与路径》，《中南财经政法大学研究生学报》2012年第2期。

③ 邓水兰、黄海良、吴菲：《低碳农村建设问题探讨——以江西为例》，《江西社会科学》2012年第8期。

④ 王兆君、刘帅：《青岛市低碳农村实践区建设内容研究》，《安徽农业科学》2011年第24期。

⑤ 杜涛：《我国发展低碳农村存在的问题、原因与对策探讨》，内蒙古财经学院2008年硕士学位论文。

⑥ 杨晓、罗文正：《我国建设低碳农村的法律保障机制研究——以湖南省为例》，《安徽农业科学》2011年第28期。

⑦ 陈晓春、唐姨军、胡婷：《中国低碳农村建设探析》，《云南社会科学》2010年第2期。

村，居民家庭炊事能源仍主要依靠薪柴和秸秆或是煤炭，液化气、天然气、沼气、电能的应用比例仍然较低，这就形成了农村能源主体结构的单一低效与二氧化碳的高强度排放。从2000年至2011年，乡村生活用煤量从4831万吨增长到7468万吨，而同期城镇生活用煤量从3076万吨下降到1744万吨，乡村生活用煤量占城乡用煤总量的比例从61.1%提高到81.1%，可见城镇化进程让城镇居民享用到更多的清洁能源，生活用煤量大幅下降，而乡村居民对煤炭的消费数量仍然呈上升态势，表明清洁能源在乡村的推广与使用需要提高，如表8—1所示。

表8—1　2000—2011年乡村与城镇生活用煤量比较

年份	乡村生活用煤量（万吨）	城镇与乡村生活用煤量合计（万吨）	乡村所占比重（%）
2000	4831	7907	61.1
2001	4782	7830	61.1
2002	4773	7603	62.8
2003	5207	8175	63.7
2004	5558	8173	68.0
2005	6228	8739	71.3
2006	5993	8386	71.5
2007	5825	8101	71.9
2008	6713	9148	73.4
2009	6966	9122	76.4
2010	7257	9159	79.2
2011	7468	9212	81.1

数据来源：历年中国能源统计年鉴。

进入新世纪以来，随着统筹城乡发展、社会主义新农村建设的推进，农村的能源利用现状正在逐步改善，以沼气、液化气为代表的新型清洁能源覆盖面日渐扩大，对改善农村居民生活水平、提高农村能源利用效率、降低农村二氧化碳排放发挥了重要作用。但也要认识到，尽管农村基础设施日渐改善，新型能源的应用逐步推开，但是，农民受制于收入、技术操作等因素，清洁能源的应用比例和频率仍显不足，并且在现实中，许多农村的清洁能源重建设、轻维护，闲置和浪费现象不容忽视。农业部2010年统计数据显示，全国农村户用沼气已达3050万户，年生产沼气约122亿立方米，但能够正常持续使用的比例大约只有20%[①]。

① 《我国农村能源的现状如何？存在哪些问题？应向什么方向发展？》，《中国能源报》2010年3月22日。

2. 生产结构

生产结构对农村二氧化碳排放的影响体现在非农产业逐步壮大、农业种植养殖结构调整和农药化肥的大量使用三方面。农村作为农业生产的主要地域，承担着提供农产品和生态产品的主要职能，但在农村城镇化进程的带动下，部分农村地域的非农产业逐步壮大，尤其是一些工业生产链条中的低端加工制造业向农村的扩散，导致耕地的非农化，由此带来能源消耗与二氧化碳排放的大幅提高，不仅削弱了农村提供农产品和生态产品的能力，也减少了碳汇并带来农村二氧化碳排放的增长。其次，农业种植结构和养殖结构形成的二氧化碳排放效应有所区别，罗伯特·古德兰在其《畜牧业与气候变化》的报告中指出，畜牧业及其副产品的温室气体排放至少占全球总排放的51%，尤其是水稻种植、垃圾分解、反刍类动物的肠胃胀气（比如牛打嗝）是形成另一温室气体甲烷的重要排放源，甲烷是造成人为气候变化的第二大温室气体，一个甲烷分子的暖化效应大约是二氧化碳分子的25倍。在我国有学者研究显示，中国农业活动产生的甲烷占全国甲烷排放量的50.1%，农业源温室气体排放占全国温室气体排放总量的17%[①]。第三，农药化肥的大量使用也是增加温室气体排放的重要原因，施肥过程中造成的氧化亚氮排放是一个主要来源。据资料统计，我国单位农田使用的农药比发达国家多出30%到50%，化肥施用量高出1倍，化肥施用量近年来不断攀升，从1978年的884万吨迅速攀升至2012年的5839万吨，如图8—

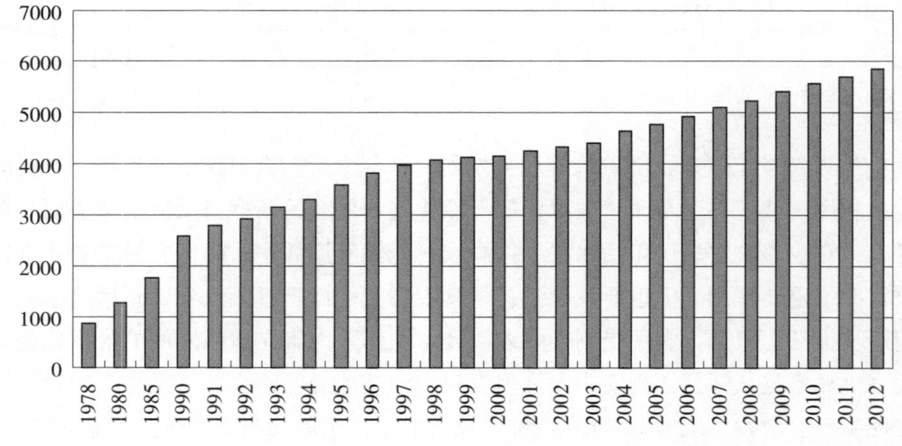

图8—1　1978—2012年我国化肥施用量（单位：万吨）

数据来源：《中国统计年鉴2013》。

① 董红敏：《中国农业源温室气体排放与减排技术对策》，《中国农业工程学报》2008年第10期。

1 所示，单位有效灌溉面积上的化肥施用强度也在逐渐加大，由 1978 年每公顷 0.2 吨提高到每公顷 0.96 吨，如图 8—2 所示。农药化肥的大量使用不仅造成面源污染、农产品安全隐患损害人们的健康福利，还带来温室气体的大量排放。

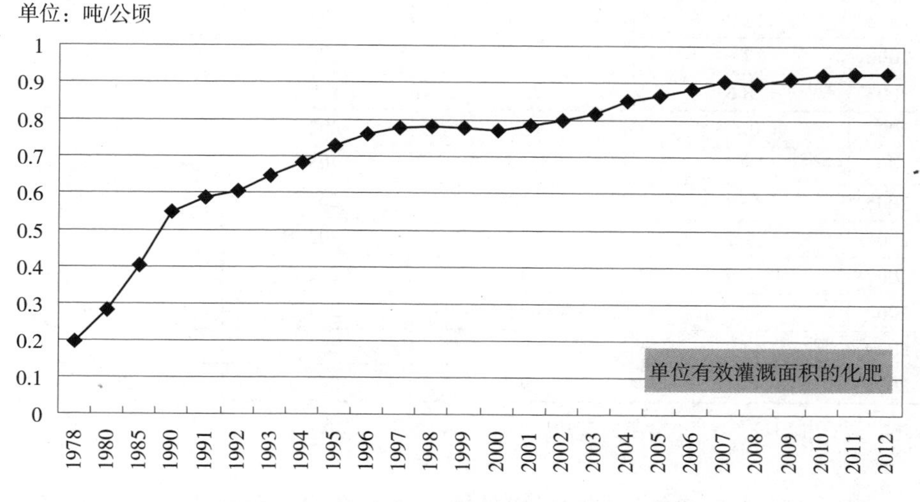

图 8—2　1978—2012 年我国化肥施用强度变化

数据来源:《中国统计年鉴 2013》。

3. 空间布局

乡村空间布局直接决定了农村土地的利用效率，长期以来受城乡二元体制影响，乡村土地管控体系和建设规划体系的建设，严重滞后于广大农村地域的经济社会发展转型，乡村规划缺失和空间管制缺位等原因使我国农村居民点呈现出“散、大、乱”的空间格局，土地利用愈加粗放①。从村镇空间布局看，随着农民收入提高，改善住房的经济能力日益增强，村镇住房建设规模不断提高。2010 年末，村镇地域系统中，镇年末实有住房建筑面积 45.1 亿平方米，乡年末实有住房建筑面积 9.7 亿平方米，村庄年末实有住房建筑面积 242.6 亿平方米，合计 297.4 亿平方米，比 1990 年增长了 60.4%，如表 8—2 所示。

① 刘彦随、刘玉、翟荣新:《中国农村空心化的地理学研究与整治实践》,《地理学报》2009 年第 10 期。

表 8—2 我国历年镇、乡、村庄年末实有住房建筑面积

年份	镇年末实有住房建筑面积（亿 m^2）	乡年末实有住房建筑面积（亿 m^2）	村庄年末实有住房建筑面积（亿 m^2）	全国镇乡村年末实有住房建筑面积（亿 m^2）
1990	12.3	13.8	159.3	185.4
1995	18.9	12.7	177.7	209.3
2000	27	12.6	195.2	234.8
2001	28.6	12	199.1	239.7
2002	30.7	12	202.5	245.2
2004	33.7	12.5	205	251.2
2005	36.8	12.8	208	257.6
2006	39.1	9.1	202.9	251.1
2007	38.9	9.1	222.7	270.7
2008	41.5	9.2	227.2	277.9
2009	44.2	9.4	237	290.6
2010	45.1	9.7	242.6	297.4

数据来源：《中国城乡建设统计年鉴 2010》。

现实中，农户往往选择在村庄外围新建宅院，以致分布散、规模小的村庄向外围的农田迅速扩张，“建新不拆旧”造成村庄内部的旧宅基地逐渐空置、废弃，村庄景观呈现农村建设用地不断向外部扩张进而蚕食耕地，传统村落内部逐渐空心的特征。这种“空心村”现象在全国日益普遍，数据显示，伴随我国城镇化进程的快速推进，农村常住人口逐步向城镇迁徙，我国乡村常住人口和农业户籍人口数量分别在 1995 年和 2000 年达到 8.6 亿和 9.14 亿的历史最高水平，其后分别年均减少 1121 万人和 579 万人，但与农村人口日益减少不相符现象是农村居民点用地却仍在增长，这种“人减地增”的现象正是空心村不断蔓延的佐证。据全国土地现状数据，1996—2008 年农村居民点用地由 1647 万 hm^2 增加到 1653 万 hm^2，年均净增长 0.54 万 hm^2；乡村人均居民点用地由 1996 年的 $194m^2$ 增加到 2008 年的 $229m^2$。① 乡村空间布局的这种趋势，不仅加剧了盲目扩张建房，消耗了过多的建筑材料，而这些行业大多为高能耗高污染的行业，如水泥、钢铁，而且蚕食耕地影响国家粮食生产安全，并侵占生态用地削弱了乡村的生态服务功能，降低了提供生态产品的能力和效率。

① 郭丽英、刘玉、李裕瑞：《空心村综合整治与低碳乡村发展战略探讨》，《地域研究与开发》2012 年第 1 期。

4. 环境整治

农村基础设施的数量和质量相对落后，供水、供电、垃圾处理等人居环境要素相对薄弱，加之近年来农村点源污染与面源污染叠加、生活污染和工业污染并存，且城市污染向农村转移的趋势，加剧了农村环境的污染负荷，尤其是垃圾随意堆放，未经无害化处理，导致发酵形成甲烷的排放源[①]，这些都是影响乡村构建低碳发展模式的一个重要方面。

农村的污染源主要包括养殖业、种植业、工业污染和生活污水。一个值得关注的现象是，农村专业化养殖日益盛行，带动了农民致富，但养殖业废弃物成为重要污染源。在传统养殖业中，一家一户作为养殖的主体，牲畜的粪便尿液等用来积肥，直接回田，既增加了土壤肥力，牲畜废弃物也得到了有效处理。随着社会发展，农村养殖业模式发生了很大变化，农业生产方式也有很大的改变。农民很少使用农家肥，废弃物未得到有效处理和回用，造成养殖场臭气袭人，污水直接排入环境。种植业造成的面源污染归咎于为了追求高产和高效益，农民长期过量使用大量农药、化肥，使污染物在土壤中残留。土壤污染具有累积性、滞后性和不可逆性，对生态环境、食品安全和农业持续发展构成威胁。工业污染源从城市逐渐转向农村。目前，一些发达地区和城市落后产能向农村转移，一些高耗能、高污染、资源性和产能过剩项目在农村地区建设，构成农村点源污染叠加，进一步加剧农村环境污染。生活污水得不到有效处理。由于长期农业生产，农村缺少基础设施建设，生活污水大部分得不到有效处理而任意排放。一些村庄没有集中供水，没有排水沟渠和污水处理设施。村庄呈现出污水乱泼洒、顺街自然流的现象。既影响水质，又给日常生活带来不便。此外，一些农村地区成为垃圾场集散地。一些城镇产生的生活垃圾运往农村进行填埋处理，农村成为城市的垃圾场。一些农村被垃圾场所包围，不仅污染土地，也污染水源。

根据《中国城乡建设统计年鉴 2010》的数据，2010 年底，全国有集中供水的行政村 294749 个，占全部行政村数量的 52.3%；开展生活污水处理的行政村只有 33807 个，占全部行政村数量的 6%；全国有生活垃圾收集点的行政村数量为 212025 个，占全部行政村数量的 37.6%；对生活垃圾进行处理的行政村数量为 117095 个，占全部行政村数量的 20.8%。可见，乡村基础设施、环境治理投入都有待加强。

---

① 陈卫洪、漆雁斌:《农业产业结构调整对发展低碳农业的影响分析——以畜牧业和种植业为例》,《农村经济》2010 年第 8 期。

二、低碳乡村的评价

已有对低碳乡村的研究成果，理论分析较多，定量实证分析较少，原因在于我国农村数量众多，经济社会发展水平各异，且目前基于乡村口径的统计数据相对有限，针对乡村能源与碳排放的数据更是空白，而抽样调查因样本数量呈现结论差异，且囿于区域发展水平而缺乏代表性。

（一）评价体系现状

尽管已有的实证分析较少，但还是有些学者试图构建低碳乡村的评价指标体系，以期通过定量化指标评判乡村发展的低碳化程度。如董魏魏等人从产业结构低碳化、农业生产低碳化、能源结构低碳化、基础设施低碳化、科技发展低碳化、生活方式低碳化、废物处理低碳化、乡村环境低碳化 8 个方面构建评价指标体系[①]，如表 8—3 所示。

表 8—3　董魏魏构建的低碳乡村的评价指标体系

目标层	准则层	指标层
低碳乡村评价指标体系	产业结构低碳化	传统农业的低碳改造率；高效农业产业比重；乡村旅游服务业比重
	农业生产低碳化	农业单位面积碳排放量；土地植被覆盖率；低碳农药化肥使用率；优良品种普及率
	能源结构低碳化	石化能源占总能源比重；清洁煤占煤能源比重；再生能源和新能源占总能源比重
	基础设施低碳化	乡村规划的合理性；乡村建筑密度；乡村交通通达度；节能建筑设计率；建筑节能改造比重；自来水普及率、道路节能灯改造使用率
	科技发展低碳化	低碳技术及循环经济 R&D 投入比重；低碳建筑改造技术；传统能源的改造技术；智能节能技术；生态农产品设计技术
	生活方式低碳化	乡村居民对低碳知识普及度；居民对节能消费认同度；教育消费支出比重和文化娱乐消费支出比重；节能家用电器普及率；绿色出行人口比例；一次性用品使用率
	废物处理低碳化	乡村垃圾无害化处理率；乡村生活污水处理率；秸秆回收利用处理率
	乡村环境低碳化	人均绿地面积；乡村草地覆盖率；乡村林地覆盖率；乡村空气环境质量；乡村水环境质量

① 董魏魏、马永俊、毕蕾：《低碳乡村指标评价体系探析》，《湖南农业科学》2012 年第 1 期。

此外，我国住房城乡建设部、财政部、国家发改委于2011年联合制定了《绿色低碳重点小城镇建设评价指标（试行）》（建村[2011]144号），旨在根据指标体系的量化考核，遴选低碳生态型小城镇，引导低碳乡村发展。该指标体系从社会经济发展水平、规划建设管理水平、建设用地集约性、资源环境保护与节能减排、基础设施与园林绿化、公共服务水平、历史文化保护与特色建设七个大的方面设置百分制评价小城镇的低碳化发展水平，如表8—4所示。

表8—4 绿色低碳重点小城镇建设评价指标（试行）

类型	项 目	指 标	总分
一、社会经济发展水平（10分）	1. 公共财政能力	（1）人均可支配财政收入水平（%）	2
	2. 能耗情况	（2）单位GDP能耗	2
	3. 吸纳就业能力	（3）吸纳外来务工人员的能力（%）	2
	4. 社会保障	（4）社会保障覆盖率（%）	2
	5. 特色产业	（5）本地主导产业有特色、有较强竞争力的企业集群，并符合循环经济发展理念	2
二、规划建设管理水平（20分）	6. 规划编制完善度	（6）镇总体规划在有效期内，并得到较好落实，规划编制与实施有良好的公众参与机制	2
		（7）镇区控制性详细规划覆盖率	2
		（8）绿色低碳重点镇建设整体实施方案	1
	7. 管理机构与效能	（9）设立规划建设管理办公室、站（所），并配备专职规划建设管理人员，基本无违章建筑	2
	8. 建设管理制度	（10）制定规划建设管理办法，城建档案、物业管理、环境卫生、绿化、镇容秩序、道路管理、防灾等管理制度健全	2
	9. 上级政府支持程度	（11）县级政府对创建绿色低碳重点镇责任明确，发挥领导和指导作用，进行了工作部署，并落实了资金补助	4
	10. 镇容镇貌	（12）居住小区和街道：无私搭乱建现象	1
		（13）卫生保洁：无垃圾乱堆乱放现象，无乱泼、乱贴、乱画等行为，无直接向江河湖泊排污现象	2
		（14）商业店铺：无违规设摊、占道经营现象；灯箱、广告、招牌、霓虹灯、门楼装璜、门面装饰等设置符合建设管理要求	2
		（15）交通与停车管理：建成区交通安全管理有序，车辆停靠管理规范	2

续表

类型	项　目	指　　标	总分
三、建设用地集约性（10 分）	11. 建成区人均建设用地面积	（16）现状建成区人均建设用地面积（平方米 / 人）	2
	12. 工业园区土地利用集约度（注：无工业园区此项不评分）	（17）工业园区平均建筑密度	1
		（18）工业园区平均道路面积比例（%）	1
		（19）工业园区平均绿地率（%）	1
	13. 行政办公设施节约度	（20）集中政府机关办公楼人均建筑面积（平方米 / 人）	2
		（21）院落式行政办公区平均建筑密度	2
	14. 道路用地适宜度	（22）主干路红线宽度（米）	1
四、资源环境保护与节能减排（26 分）	15. 镇区空气污染指数(API 指数)	（23）年 API 小于或等于 100 的天数（天）	1
	16. 镇域地表水环境质量	（24）镇辖区水Ⅳ类及以上水体比例（%）	1
	17. 镇区环境噪声平均值	（25）镇区环境噪声平均值（dB(A)）	1
	18. 工矿企业污染治理	（26）认真贯彻执行环境保护政策和法律法规，辖区内无滥垦、滥伐、滥采、滥挖现象	1
		（27）近三年无重大环境污染或生态破坏事故	1
	19. 节能建筑	（28）公共服务设施（市政设施、公共服务设施、公共建筑）采用节能技术	3
		（29）新建建筑执行国家节能或绿色建筑标准，既有建筑节能改造计划并实施	1
	20. 可再生能源使用	（30）使用太阳能、地热、风能、生物质能等可再生能源，且可再生能源使用户数合计占镇区总户数的 15% 以上	3
	21. 节水与水资源再生	（31）非居民用水全面实行定额计划用水管理	1
		（32）节水器具普及使用比例（%）	1
		（33）城镇污水再生利用率（%）	1
	22. 生活污水处理与排放	（34）镇区污水管网覆盖率（%）	2
		（35）污水处理率（%）	2
		（36）污水处理达标排放率 100%	1
		（37）镇区污水处理费征收情况	1
	23. 生活垃圾收集与处理	（38）镇区生活垃圾收集率（%）	2
		（39）镇区生活垃圾无害化处理率（%）	2
		（40）镇区推行生活垃圾分类收集的小区比例（%）	1

续表

类型	项　目	指　　标	总分
五、基础设施与园林绿化（18分）	24. 建成区道路交通	（41）建成区道路网密度适宜，且主次干路间距合理	2
		（42）非机动车出行安全便利	2
		（43）道路设施完善，路面及照明设施完好，雨箅、井盖、盲道等设施建设维护完好	2
	25. 供水系统	（44）饮用水水源地达标率（%）	1
		（45）居民和公共设施供水保证率（%）	2
	26. 排水系统	（46）新镇区建成区实施雨污分流，老镇区有雨污分流改造计划	2
		（47）雨水收集排放系统有效运行，镇区防洪功能完善	2
	27. 园林绿化	（48）建成区绿化覆盖率（%）	1
		（49）建成区街头绿地占公共绿地比例（%）	2
		（50）建成区人均公共绿地面积（平方米 / 人）	2
六、公共服务水平（9分）	28. 建成区住房情况	（51）建成区危房比例（%）	1
	29. 教育设施	（52）建成区中小学建设规模和标准达到《农村普通中小学校建设标准》要求，且教学质量好、能够为周边学生提供优质教育资源	2
	30. 医疗设施	（53）公立乡镇医院至少1所，建设规模和标准达到《乡镇卫生院建设标准》要求，且能够发挥基层卫生网点作用，能够满足居民预防保健及基本医疗服务需求	2
	31. 商业（集贸市场）设施	（54）建成区至少拥有集中便民集贸市场1座，且市场管理规范	2
	32. 公共文体娱乐设施	（55）公共文化设施至少1处：文化活动中心、图书馆、体育场（所）、影剧院等	1
	33. 公共厕所	（56）建成区公共厕所设置合理	1
七、历史文化保护与特色建设（7分）	34. 历史文化遗产保护	（57）辖区内历史文化资源，依据相关法律法规得到妥善保护与管理	1
		（58）已评定为“国家级历史文化名镇”，并制定《历史文化名镇保护规划》，实施效果好	2
	35. 城镇建设特色	（59）城镇建设风貌与地域自然环境特色协调	1
		（60）城镇建设风貌体现地域文化特色	1
		（61）城镇主要建筑规模尺度适宜，色彩、形式协调	1
		（62）已评定为“特色景观旅游名镇”，并依据相关规划及规范进行建设与保护	1

（二）评价体系与方法

1. 评价体系构建

笔者基于低碳乡村内涵与影响因素，兼顾数据的可获得性与完整性，从能源结构、生产结构、空间布局、环境整治四个方面构建低碳乡村的评价指标体系。为避免乡村规模大小不同导致低碳程度的差异，选取的指标均为人均指标或比例，提高乡村间的可比性。如表 8—5 所示。

表 8—5　低碳乡村评价指标体系

目标层	功能层	指标层	指标单位
低碳乡村评价指标体系	乡村能源结构	X1 乡村人均生活消费煤炭量	万吨 / 万人
	乡村生产结构	X2 第一产业单位产值的煤炭消耗	万吨 / 亿元
		X3 单位有效灌溉面积的化肥施用强度	吨 / 公顷
	乡村空间布局	X4 有建设规划的行政村占全部行政村比例	%
		X5 有建设规划的自然村占全部自然村比例	%
		X6 村庄整治各级各类村庄整治占比	%
	乡村环境整治	X7 行政村中对生活污水进行处理的比例	%
		X8 行政村中有生活垃圾收集点的比例	%
		X9 行政村中对生活垃圾进行处理的比例	%

乡村能源结构衡量乡村能源消耗的构成，低碳乡村要求清洁能源在能源消费中的占比不断提升，传统薪柴、秸秆、煤炭等能源比例趋于下降。选择乡村人均煤炭消费量作为测度指标，参考《中国能源统计年鉴》中能源平衡表，用乡村生活消费的终端煤炭消费量除以乡村人口总数，得到人均指标。

乡村生产结构衡量乡村生产领域的能源消耗与排放，尽管乡村非农产业逐步壮大，考虑到第一产业仍是乡村的主要产业部门，且随着主体功能区战略的实施，乡村提供农产品和生态产品的主体功能会日益清晰，所以选择第一产业单位产值的煤炭消耗作为具体指标，计算方法为用农、林、牧、渔业的煤炭终端消费量除以第一产业产值。此外，盲目追求高产和过度使用农药化肥也是导致二氧化碳排放的增长源，纳入单位有效灌溉面积的化肥施用强度指标，计算方法为化肥施用量除以有效灌溉面积。

乡村空间布局衡量乡村土地利用的集约程度，村庄分布散乱、建设扩张无序都会助长粗放发展，蚕食耕地挤占碳汇，消耗建筑材料间接导致二氧化碳排放增长。近年来随着村镇规划由重视到付诸实施，可以有效引导村庄发展的有序进行，高效利用土地，形成紧凑、集约型开发格局来缓解二氧化碳排放强度。因此，选择有建设规划的村庄占行政村和自然村的比例、村庄整治各级各类村庄整治占比作为测度指标，该项统计指标参照《中国城乡建设统计年鉴 2011》。

乡村环境整治衡量乡村基础设施完善程度，尤其是污水处理、垃圾回收和处置的设施对环境保护的贡献明显，这些基础设施的完善程度直接决定了乡村的人居环境优劣，也影响着乡村的二氧化碳排放。选取行政村中对生活污水进行处理的比例、行政村中有生活垃圾收集点的比例、行政村中对生活垃圾进行处理的比例三项指标进行测度，该三项指标均取自《中国城乡建设统计年鉴 2011》。

2. 模型方法

指标体系建立后，对各项指标赋予权重是评价结果准确、科学的重要方面。已有对指标赋权的方法可以分为主观赋权法和客观赋权法。主观赋权法需要有专家咨询打分，对一些难以量化的指标具有适用性，如层次分析法；客观赋权法包括主成分分析法、信息论熵值法等。客观赋权法有自身优势，可以反映原始数据自身的信息并克服主观判断带来的随意性，它的原理是根据已知数据揭示的差异程度来区分不同指标对整体系统的贡献，如熵值法，但它的局限性在于对一些变异程度过大的指标数据，评价结果会无限放大差异，进而影响最终评价结果的科学性。

对低碳乡村的评价方法，拟用熵值法赋权，但该指标体系中存在变异程度过大的统计项目，如乡村人均生活消费煤炭量、第一产业单位产值的煤炭消耗指标、村庄整治各级各类村庄整治占比、行政村中对生活污水进行处理的比例四项指标数据的极值率均超过 100，影响了评价的准确性，故采用层次分析法和德尔菲法，对各项指标赋权。鉴于该指标体系中功能层和指标层的数量，对各项功能层采用平均权重。指标层中的（X_1）、（X_2）、（X_3）为逆向指标，采用极小值标准化 $x'_{ij}=x_{min}/x_{ij}$；指标层中的（X_4）、（X_5）、（X_6）、（X_7）、（X_8）、（X_9）为正向指标，采用极大值标准化 $x'_{ij}=x_{ij}/x_{max}$。

（三）实证结果分析

依据上述建立的评价指标体系对我国省域单元做实证分析，原始数据取自《中国能源统计年鉴 2012》、《中国城乡建设统计年鉴 2011》、《中国统计年鉴 2012》。其中，乡村人均生活消费煤炭量、第一产业单位产值的煤炭消耗、单位有效灌溉面积的化肥施用强度三项指标为2011年数据，其余为2010年数据。西藏因数据缺失而未列入，海南省的第一产业煤炭消费量和乡村生活消费煤炭总量指标缺失，采用与之地理条件相似的广西与广东的均值替代。各项指标的全国数据纳入计算，得到全国整体的平均水平。

限于篇幅，此处仅列出浙江一个省域的计算过程，其他区域类同。首先遴选省域间各指标数据的极小值与极大值对初始指标标准化，浙江省各指标在标准化后的序列为:[X1, X2, …X9]=[0.1261, 1, 0.5478, 0.7878, 0.6539, 0.3342, 0.6481, 0.8258, 0.8344]；其次，依据各功能层平均权重在指标层分解后得到各指标的权重 ωi 分别为：[ω1, ω2, …ω9]=[1/4,1/8,1/8,1/12,1/12,1/12,1/12,1/12,1/12]；浙江省四个功能层得分分别为：[X1ω1, X2ω2+X3ω3, X4ω4+X5ω5+X6ω6, X7ω7+X8ω8+X9ω9]=[0.0315,0.1935,0.1480,0.1924]，由此得出浙江省低碳乡村发展总体水平为：0.0315+0.1935+0.1480+0.1924=0.5654。

1. 总体水平

实证结果显示，浙江省乡村低碳发展水平最高，得分0.5654，江苏省排在第二位，得分0.4811，北京、上海两市紧随其后；甘肃、重庆、云南、湖南、贵州等省市乡村低碳发展水平落后，得分最低的贵州为0.1102；全国平均水平得分为0.2113。在全部30个评价省域中，得分超过全国平均水平的有16个，其他省域单元均在全国平均水平之下。如表8—6所示。

表8—6　我国省域间低碳乡村发展水平得分

区域	乡村能源结构	乡村生产结构	乡村空间布局	乡村环境整治	总得分
浙江	0.0315	0.1935	0.148	0.1924	0.5654
江苏	0.1239	0.0659	0.1382	0.1531	0.4811
北京	0.0009	0.0682	0.2023	0.198	0.4693
上海	0.0199	0.0962	0.0841	0.25	0.4502
广西	0.25	0.096	0.0392	0.0304	0.4156
天津	0.0031	0.0616	0.2039	0.1432	0.4118
江西	0.0137	0.0785	0.1774	0.0935	0.3632
山东	0.0145	0.0595	0.1839	0.0999	0.3578
福建	0.0134	0.043	0.0986	0.1371	0.2921
广东	0.0747	0.048	0.0687	0.0966	0.2879
宁夏	0.0033	0.0639	0.1454	0.0609	0.2736

续表

区域	乡村能源结构	乡村生产结构	乡村空间布局	乡村环境整治	总得分
海南	0.115	0.0456	0.0548	0.0474	0.2628
四川	0.0058	0.152	0.0368	0.0463	0.2408
黑龙江	0.0097	0.0884	0.0864	0.0473	0.2318
湖北	0.009	0.0333	0.1299	0.0468	0.219
青海	0.0018	0.1354	0.0675	0.0139	0.2187
全国	0.0058	0.0557	0.0853	0.0645	0.2113
安徽	0.0169	0.0589	0.0895	0.0456	0.2109
新疆	0.0043	0.1002	0.0736	0.0311	0.2092
陕西	0.0047	0.0435	0.1091	0.0422	0.1995
河北	0.0034	0.0769	0.0805	0.0344	0.1952
辽宁	0.0076	0.0573	0.071	0.0557	0.1916
吉林	0.0163	0.0556	0.0739	0.0451	0.1908
河南	0.0048	0.0416	0.0992	0.0382	0.1838
山西	0.0016	0.0514	0.0448	0.0725	0.1703
内蒙古	0.0014	0.0757	0.0563	0.0147	0.1481
甘肃	0.0026	0.0688	0.0436	0.0175	0.1325
重庆	0.0045	0.0334	0.0553	0.0379	0.131
云南	0.006	0.0397	0.0492	0.0325	0.1274
湖南	0.0053	0.0526	0.0355	0.0247	0.1181
贵州	0.0029	0.0589	0.021	0.0274	0.1102

运用 ArcGIS9.3 软件描述省域间低碳乡村发展水平的空间格局，东部区域整体水平较高，东部 10 个省市中有 6 个属于乡村低碳发展高水平类型，福建、广东、海南 3 个属于较高水平，河北属于较低水平。中部区域和西部区域空间分异明显，中部六省中仅有江西属于高水平类型，湖北属于较高水平类型，山西、河南、安徽属于较低水平，湖南属于低水平。西部地区的广西是乡村低碳发展水平最高的省份，也是西部唯一一个属于高水平类型的区域，宁夏、四川、青海属于较高水平区域，新疆、陕西属于较低水平区域，内蒙古、甘肃、重庆、云南、贵州属于低水平区域。东北三省中，黑龙江属于较高水平，吉林与辽宁属于较低水平类型。如图 8—3 所示。

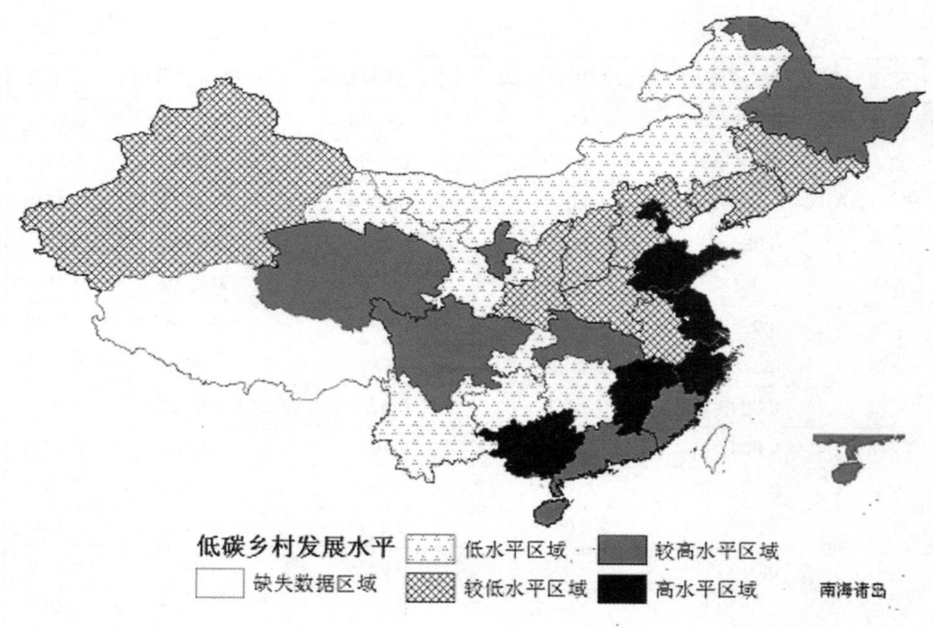

图 8—3　我国省域间乡村低碳发展整体水平

2. 分项得分

引入标准差（σ）和变异系数（δ）来测算省域间各子系统的绝对差异和相对差异：σ= $\sqrt{\sum(x_i-x^*)^2/n}$；δ= $\sqrt{\sum(x_i-x^*)^2/n}/x^*$。式中 x_i 为 i 省在各子系统的分项得分，x^* 为 30 个省域单元在该子系统的均分，n=30。σ 越大则表明省域间在该子系统得分的绝对差异越大；δ 越大则表明省域间在该子系统得分的相对差异越大。我国 30 个省域单元在各功能层上的绝对差距由大到小依次为：乡村环境整治（σ=0.0599）> 乡村能源结构（σ=0.0517）> 乡村空间布局（σ=0.0508）> 乡村生产结构（σ=0.0354）。相对差距由大到小依次为乡村能源结构（δ=2.0586）> 乡村环境整治（δ=0.8285）> 乡村空间布局（δ=0.5518）> 乡村生产结构（δ=0.4992）。可见，乡村能源结构与乡村环境整治水平是影响省域间乡村低碳发展程度的重要因素，受自然地理条件和经济社会发展水平的影响，我国省域间在低碳发展起点的能源结构，终端的污水、垃圾处理上呈现较大差异，在低碳乡村发展的区域统筹方面，需要加强清洁能源推广和乡村环境整治力度。

从分项得分来看，我国省域间乡村能源结构水平差异明显，浙江水平最高，得分为 0.0315；广西位居第二，得分为 0.25；江苏排名第三，得分为 0.1239；北京、内蒙古、山西水平最低，得分依次为 0.0009、0.0014、0.0016。省域间乡村能源结构水平的空间分布整体呈现南高北低、东高西低的格局，表明受自然气候和地理条件影响，南方乡村居民人均生活消耗煤炭整体低于北方，而东部整体经济发展水平高于西部，东部乡村居民生活中对煤炭的依赖程度要低于西部乡村居民。乡村能源结构水平空间格局如图 8—4 所示。

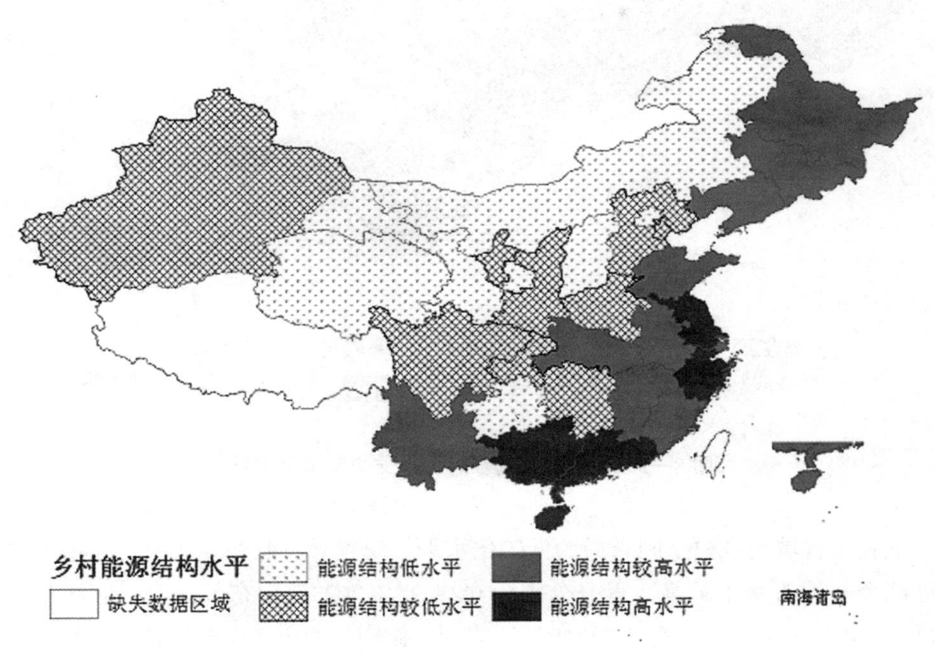

图 8—4　我国省域间乡村能源结构低碳化水平

我国省域间乡村生产结构的低碳化水平呈现差异，但差异相对较小。浙江低碳水平最高，得分 0.1935，四川、青海位居其次，得分分别为 0.152 和 0.1354；此外，新疆、上海、广西、黑龙江等省市得分也属于高水平区域。湖北、重庆、云南三省市排名位居最后，得分分别为 0.0333、0.0334、0.0397。我国省域间乡村生产结构的低碳化水平呈现东部西部高、中部低的空间格局，说明东部整体发展水平和产业结构层次决定了该区域第一产业的能耗水平和施用农药化肥的强度相对较低，西部以新疆、青海、四川、广西等省、区为代表，乡村生产结构的低碳化水平也较高。中部地区尤其是湖北、河南作为农业大省，但指标反映出第一产业的能耗水平和农药化肥的施用强度均为最高，制约了该区域乡村低碳发展水平的提升，需要转变农业发展方式，强化能耗约束与绿色生态种养模式。如图 8—5 所示。

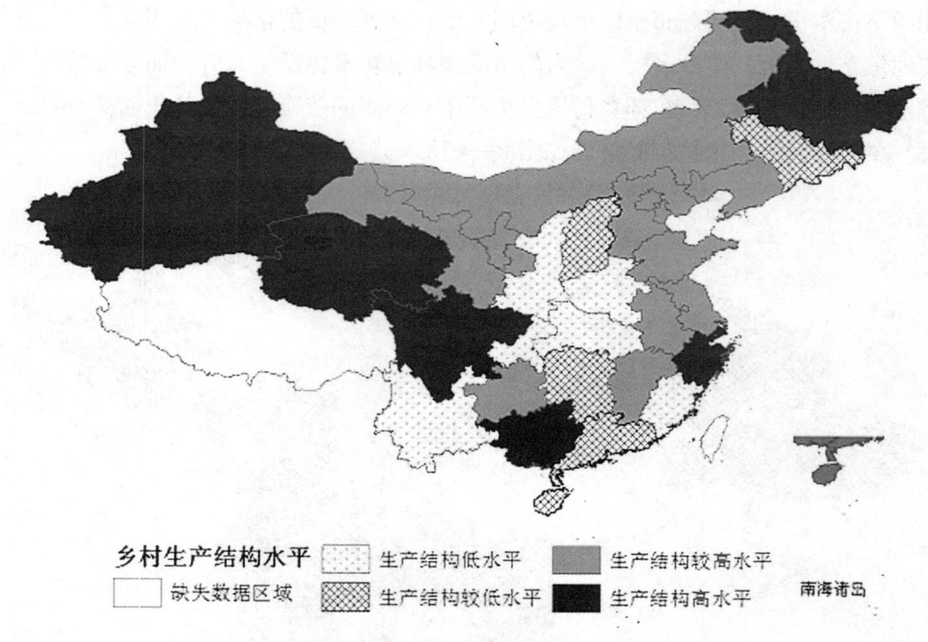

图 8—5　我国省域间乡村生产结构低碳化水平

我国省域间乡村空间布局的低碳化水平呈现差异，但差异适中。天津和北京两个直辖市水平最高，得分分别为 0.2039、0.2023，山东、江西、浙江、宁夏、江苏、湖北等省得分也相对较高；贵州、湖南、四川、广西等省、自治区水平最低，得分分别为 0.021、0.0355、0.0368、0.0392。从空间格局看，我国省域间乡村空间布局的低碳化水平呈现东部、中部相对较高，西部相对落后的特征。东部地区整体较高，但广东、河北相对水平较低，表明该区域要注重村庄的规划引导，以规划来规范生产、生活、生态的空间利用，促进在发展基底上形成紧凑有序、高效利用土地的格局，以此推进乡村低碳发展。中部地区的湖北和江西属于高水平，河南和安徽属于较高水平，但山西和湖南属于低水平区域，表明中部地区乡村规划的完备程度不尽相同，在统筹城乡发展过程中需要注重乡村规划的引导作用，尤其对中部地区而言，承担着国家粮食生产基地的职能，更需要协调好耕地保护与改善农村人居环境的多重任务，高效利用乡村的土地资源。西部地区除宁夏和陕西外，其他省份均为低水平和较低水平区域，表明这些区域与东部中部人多地少的区情不同，人均土地资源相对充裕，乡村规划的覆盖面还相对有限，今后需要逐步完善村镇规划，以规划引导土地集约使用、村民集中居住，既有利于提供基础设施和公共服务，也有利于西部地区立足主体功能定位提供更多

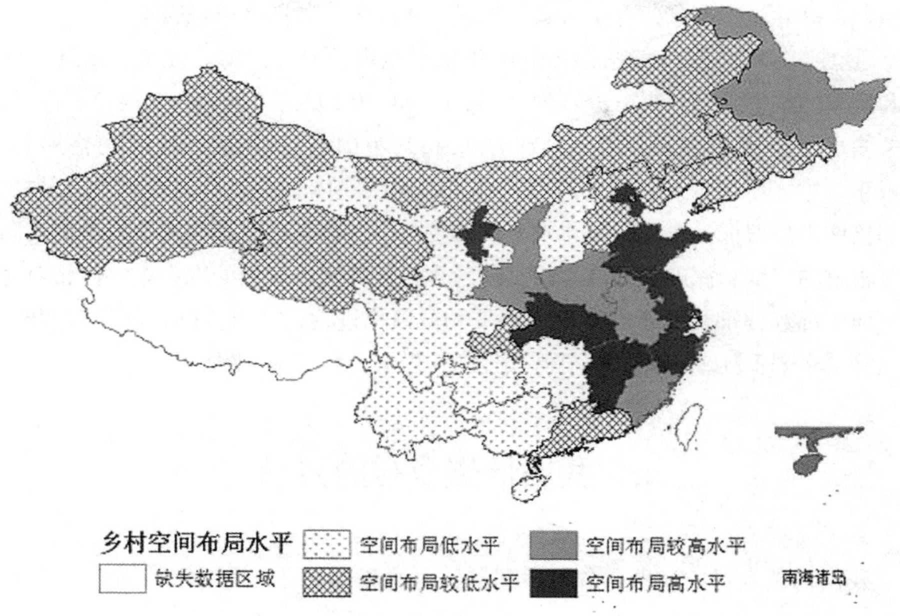

图 8—6　我国省域间乡村空间布局低碳化水平

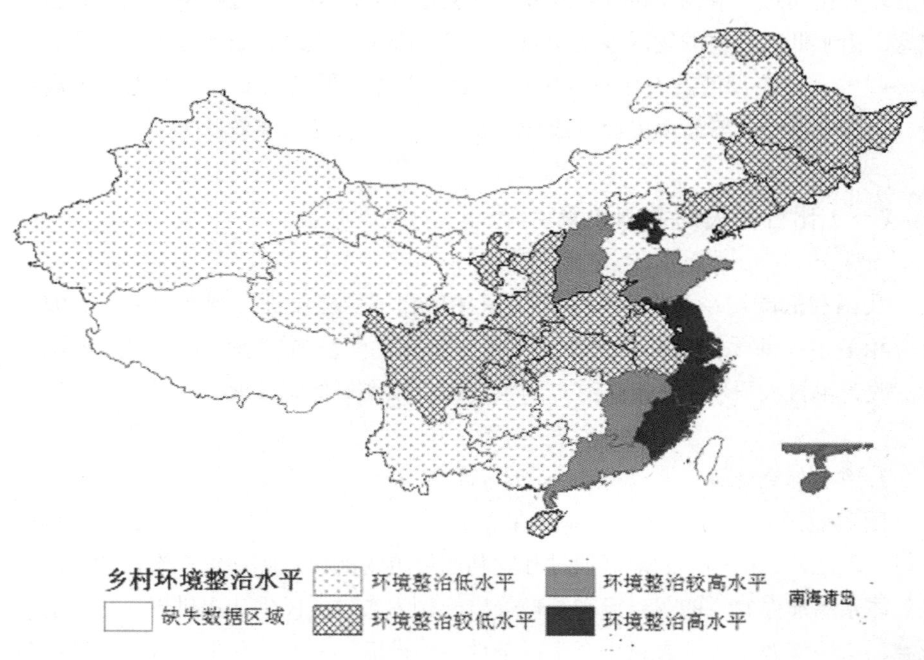

图 8—7　我国省域间乡村环境整治低碳化水平

优质农产品和生态产品，并扩大碳汇促进低碳发展，如图 8—6 所示。

我国省域间乡村环境整治的低碳化水平呈现差异，上海、北京、浙江、江苏和天津的水平最高，得分分别为 0.25、0.198、0.1924、0.1531、0.1432；青海、内蒙古、甘肃水平最低，得分分别为 0.0139、0.0147、0.0175。从空间格局看，呈现东、中、西部依次递减的特征，即东部地区整体水平相对较高，中部次之，西部整体水平偏低。东部城镇化水平整体较高，城镇基础设施和城镇生活方式向乡村辐射的广度和深度都较高，东部地区乡村的污水、垃圾处理设施整体相对完善，而中部和西部受制于经济发展水平和城镇化进程，乡村基础设施相对薄弱，环境整治水平不高，制约了乡村低碳生态化发展，如图 8—7 所示。

三、我国低碳乡村的实践

我国低碳乡村的实践是伴随乡村经济社会发展进步过程中不断注入新的理念要求，实现乡村经济、社会、生态和谐发展的过程。受制于我国乡村整体发展水平的制约，不同区域乡村在建设低碳乡村、实现低碳发展方面不断探索适合各地的差异化模式，兼顾农村经济发展、社会进步和环境改善过程中融入低碳生态理念，由于低碳乡村的发展涉及能源、产业、环境、土地、投入等各个方面，国内一些省份在建设低碳农村过程中均注重发展现代低碳农业、改善农村人居环境、提高农民整体素质多方面形成合力，巩固低碳农村的成效。

（一）出台相关的条例政策

我国在低碳城乡建设过程中，国家住房和城乡建设部、国家能源局、农业部等相关中央部委出台一系列条例政策，旨在优化乡村能源结构、发展低碳产业、改善乡村人居环境、发挥试点示范作用引领乡村低碳发展。

1. 乡村绿色能源

国家能源局、财政部、农业部在 2010 年遴选了首批国家绿色能源示范县，选择示范区域，引领广大地区通过开发利用可再生能源资源、建立农村能源产业服务体系、加强农村能源建设和管理等措施，为农村居民生活提供现代化的绿色能源、清洁能源，改善农村生产生活条件，建设低碳乡村，首批 108 个国家绿色能源示范县名单如下：

北京：延庆县

天津：宁河县

河北：围场满族蒙古族自治县、平山县、承德县、张北县、藁城市

山西：平陆县、广灵县、垣曲县

内蒙古：杭锦后旗、杭锦旗、松山区、五原县

辽宁：桓仁县、法库县、昌图县

吉林：公主岭市、农安县

黑龙江：海林市、依兰县、桦南县

上海：崇明县

江苏：如东县、东台市、东海县、泗阳县、句容市

浙江：温岭市、景宁市、龙游县

安徽：霍山县、青阳县、休宁县、肥东县、潜山县

福建：屏南县、德化县、南靖县

江西：定南县、鄱阳县、上高县、上犹县

山东：寿光市、文登市、诸城市、荣成市、禹城市、单县、临朐县

河南：洛宁县、辉县市、夏邑县、沁阳市、鹿邑县、新县、临颍县

湖北：通山县、大悟县、谷城县、鹤峰县、利川市、房县

湖南：桃江县、临澧县、桑植县、花垣县、沅陵县、澧县、江永县

广东：饶平县、东源县、揭西县、乳源县、阳山县

广西：恭城瑶族自治县、武鸣县、灌阳县、融安县

重庆：云阳县、酉阳土家族苗族自治县

四川：九寨沟县、射洪县、德昌县、安岳县、苍溪县、犍为县

贵州：威宁县、开阳县、西秀区、水城县

云南：盈江县、洱源县、腾冲县、大姚县、双柏县、永胜县、金平县

陕西：定边县、彬县、周至县

甘肃：玉门市、庄浪县、迭部县

青海：大通县

宁夏：青铜峡市

新疆：达坂城、哈密市

2011 年 5 月，国家能源局、财政部、农业部联合发布《绿色能源示范县建设管理办法》（国能新能 [2011]164 号），该《办法》提出，绿色能源示范县建设要按照“统筹规划、完善机制、管建并重、持续发展”的要求，建立健全农村能源管理体系，推动项目建设规模化、专业化、市场化发展，形成可持续发展机制

和自我发展模式，促进农村能源产业持续健康发展。

2. 乡村整治规划

2013 年 12 月 17 日，住房城乡建设部发布《村庄整治规划编制办法》（建村[2013]188 号），该《办法》在保障村庄安全和村民基本生活条件方面、在改善村庄公共环境和配套设施方面、在提升村庄风貌方面提出了各有侧重的规划内容。例如，在村庄环境卫生整治上，确定生活垃圾收集处理方式；引导分类利用，鼓励农村生活垃圾分类收集、资源利用，实现就地减量；对露天粪坑、杂物乱堆、破败空心房、废弃住宅、闲置宅基地及闲置用地提出整治要求和利用措施；确定秸秆等杂物、农机具堆放区域；提出畜禽养殖的废渣、污水治理方案；提出村内闲散荒废地以及现有坑塘水体的整治利用措施，明确牲口房等农用附属设施用房建设要求。村庄节能改造上，确定村庄炊事、供暖、照明、生活热水等方面的清洁能源种类；提出可再生能源利用措施；提出房屋节能措施和改造方案；缺水地区村庄应明确节水措施。

3. 乡村建筑节能

2013 年 12 月 18 日，住房和城乡建设部、工业和信息化部联合发布《绿色农房建设导则（试行）》（建村 [2013]190 号），体现了生态文明背景下，推进“安全实用、节能减废、经济美观、健康舒适”的绿色农房建设，推动“节能、减排、安全、便利和可循环”的绿色建材下乡，为低碳乡村建设中保障建筑节能提供了规划建设依据。该《导则》中提出了绿色农房建设的主要任务，兼顾质量安全、建筑功能、气候分区与建筑节能、环境与健康等方面。在“气候分区与建筑节能”中明确提出：

（1）绿色农房的建筑节能应与地区气候相适应，选址、布置、平立面设计应按照不同的气候分区进行选择，根据所在地区气候条件执行国家、行业或地方相关建筑节能标准。

（2）严寒和寒冷地区绿色农房应有利于冬季日照和冬季防风，并应有利于夏季通风。夏热冬冷地区绿色农房应有利于夏季通风，并应兼顾冬季防风。夏热冬暖地区应有利于自然通风和夏季遮阳。

（3）严寒和寒冷地区绿色农房建筑体形和平立面应相对规整，卧室、客厅等主要用房布置在南侧，外窗可开启面积不应小于外窗面积的 25%，但也不宜过大，宜采用南向大窗、北向小窗。夏热冬冷、夏热冬暖地区绿色农房建筑体形宜错落以利于夏季遮阳和自然通风，采取坡屋顶、大进深，外窗可开启面积不应小于外窗面积的 30%。

（4）严寒和寒冷地区绿色农房出入口宜采用门斗、双层门、保温门帘等保温措施，设置朝南外廊时宜封闭形成阳光房，采用附有保温层的外墙或自保温外墙，屋面和地面设置保温层，选用保温和密封性能好的门窗。夏热冬冷地区和夏热冬暖地区绿色农房外墙宜用浅色饰面，东西向外墙可种植爬藤或乔木遮阳，采用隔热通风屋面或被动蒸发屋面，外窗宜设置遮阳措施。

（5）绿色农房应提升炊事器具能效。炉灶的燃烧室、烟囱等应改造设计成节能灶，推广使用清洁的户用生物质炉具、燃气灶具、沼气灶等，鼓励逐步使用液化石油气、天然气等能源。有供暖需求的房间推广采用余热高效利用的节能型灶连炕，房间面积小的宜推广采用散热性能好的架空炕，房间面积大的宜推广采用火墙或落地炕。

（6）绿色农房建设应将可再生能源应用作为重要内容。在太阳能资源较丰富的地区，宜因地制宜通过建造被动式太阳房、太阳能热水系统和太阳能供热采暖系统充分利用太阳能。在具备生物质能转化技术条件的地区，应将生物质能源转换为清洁燃料加以利用，优先选择生物质沼气技术和高效生物质燃料炉。有条件的地区应用地源热泵技术时应进行可行性论证，并聘请专业人员设计和管理。

这些具体规定，体现了根据不同气候类型区域采取差异化的农房设计，充分尊重自然、顺应自然，遵循节能减排降碳的总体要求。

4. 乡村污水治理

国家住房和城乡建设部于 2014 年 1 月 9 日发布《县（市）域城乡污水统筹治理导则（试行）》（建村 [2014]6 号）。该《导则》着眼于改善农村人居环境和区域水环境的实际，将县域城乡污水统筹治理作为农村污水治理的发展方向，破解农村污水治理难题、保障污水处理设施建设和运行的解决方式，按照统一管理、统一规划、统一建设和统一运行的原则，提出县（市）域城乡污水统筹治理的导向要求，并在各地经验基础上提炼出农村污水治理适宜技术及选择。

农村污水户用处理适宜技术包括化粪池、厌氧生物膜池、生物接触氧化池、土地渗滤、沼气池五种。这五种技术有各自的优点和缺点，也有各技术的环境、经济、技术适用性。

化粪池的特点是：污水通过化粪池的沉淀作用去除大部分悬浮物（SS），通过微生物的厌氧发酵作用可降解部分有机物，池底沉积的污泥可用作有机肥。通过化粪池的预处理可有效防止管道堵塞，亦可有效降低后续处理单元的有机污染负荷。其优点体现为结构简单、易施工、造价低、维护管理简便、无能耗、运行费用省、卫生效果好。缺点表现在处理效果有限，出水水质差，不能直接排放水体，需经后续好氧生物处理单元或生态净水单元进一步处理，且污水易泄漏。地区适宜性上适用于东北、西北、华北、西南、东南、中南地区，对地形无要求。经济条件适宜性上，适用于经济条件一般或资金相对短缺的村庄。技术要求不高，广泛应用于农村污水的初级处理，特别适用于旱厕改造后水冲式厕所粪便与尿液的预处理。环境要求适宜性上，适用于环境要求较低地区的村庄。适用规模在每天小于 10 吨，造价指标在 0.17 万—0.21 万元。

厌氧生物膜反应池是指通过在厌氧池内填充生物填料强化厌氧处理效果的一种厌氧生物膜技术。污水中大分子有机物在厌氧生物膜反应池中被分解为小分子有机物，能有效降低后续处理单元的有机污染负荷，有利于提高污染物的去除效果。正常运行时，对 COD 和 SS 的去除效果一般能达到 40%—60%。其优点是投资省、施工简单、无动力运行、维护简便；池体可埋于地下，其上方可覆土种植植物，美化环境。缺点是对氮磷基本无去除效果，出水水质较差，须接后续处理单元进一步处理后排放。地区适宜性上，适用于东北、西北、华北、西南、东南、中南地区，对地形无要求。经济条件适宜性上，适用于经济条件一般或资金相对短缺的村庄。技术要求不高，广泛应用于经化粪池处理后，人工湿地或土地渗滤处理前的处理单元。环境要求适宜性上，适用于环境要求较低地区的村庄。适用规模在每天小于 10 吨，造价指标就是在化粪池的基础上加上填料费用。

生物接触氧化池是生物膜法的一种。其特征是池体中填充填料，污水浸没全部填料，通过曝气充氧，使氧气、污水和填料充分接触，填料上附着生长的微生物可有效去除污水中的悬浮物、有机物、氨氮和总氮等污染物。其优点是结构简单，占地面积小；污泥产量少，无污泥回流，无污泥膨胀；生物膜内微生物量稳定，生物相丰富，对水质、水量波动的适应性强；操作简便、较活性污泥法的动力消耗少；对污染物去除效果好。缺点是加入生物填料导致建设费用增高；可调控性差；对磷的处理效果较差。地区适宜性上，适用于东北、西北、华北、西南、东南、中南地区，对地形无要求。经济条件适宜性上，适用于有一定经济承受能力的村庄，对技术也有一定要求。环境要求适宜性上，适用于环境要求相对较高的地区。对总磷指标要求较高的农村地区应配套深度除磷设施。适用规模每天小于 2 吨，造价指标在数百至数万元之间。

土地渗滤处理系统是一种人工强化的污水生态工程处理技术，它充分利用在地表下面的土壤中栖息的土壤微生物、植物根系以及土壤所具有的物理、化学特性将污水净化，属于小型的污水土地处理系统。其优点是结构简单，出水水质好，投资成本低，无能耗或低能耗，运行费用省，维护管理简便。缺点是负荷低、污水进入前需进行预处理、占地面积大，处理效果随季节波动。地区适宜性上，适用于西北地区，对地形也有要求，适用于土地资源较丰富的平原、高原、盆地。经济条件适宜性上，适用于资金短缺的村庄，技术要求不高。适用规模在每天小于10吨，造价指标在每平方米100—400元。

沼气池是采用厌氧发酵技术和兼性生物过滤技术相结合的方法，在厌氧和兼性厌氧的条件下将生活污水中的有机物分解转化成甲烷、二氧化碳和水，达到净化处理生活污水的目的，并实现资源化利用。其优点是污泥减量效果比化粪池明显，有机物降解率较高，处理效果好；可以有效利用沼气。缺点是处理污水效果有限，出水水质差，一般不能直接排放，需经后续技术进一步处理；需有专人管理，与化粪池比较，管理较为复杂。可应用于一家一户或联户农村污水的初级处理。如果有畜禽养殖、蔬菜和果林种植等产业，可形成适合沼气、沼液、沼渣利用模式。地区适宜性上，适用于华北、西南、东南、中南地区，对地形无要求。经济条件适宜性上，适用于经济条件一般或资金相对短缺的村庄，有一定技术要求。环境要求适宜性上，适用于环境要求较低地区的村庄，适用规模在每天小于2吨。

（二）浙江建设美丽生态乡村①

浙江省作为我国东部地区的经济发达省份之一，在统筹城乡发展、建设社会主义新农村方面锐意改革、率先突破，注重乡村环境整治和人居环境改善，为优化农村发展环境、发展现代农业奠定了坚实基础，在顺应低碳乡村、美丽乡村的发展趋势下，浙江省乡村经济社会发展面貌大为改观，美丽乡村也成为浙江的一张新名片，乡村旅游为浙江农村经济发展贡献了新的增长点，浙江省的成功模式与做法为其他区域提供了经验借鉴。

1. 发展阶段演进

浙江省的村庄整治和美丽乡村建设可以划分为三个阶段。

第一个阶段是从2003年到2007年，这一时期主要任务是从整治村庄环境脏乱差问题入手，着力改善农村生产生活条件，经过5年的努力，建成“全面小康建设示范村”1181个、整治村10303个，农村局部面貌发生了大的变化。

第二个阶段是从2008年到2012年，这一阶段主要是按照城乡基本公共服

---

① 参见《住房城乡建设部关于印发浙江等地新农村建设经验的通知》（建村函[2013]163号）。

务均等化要求，以生活垃圾收集、生活污水治理等为重点，从源头推进农村环境综合整治，经过 5 年努力，完成 16486 个村环境整治，全省绝大多数村庄得到较好整治，农村面貌发生了大的变化。

第三个阶段是从 2010 年至今，这一阶段主要是按照生态文明和全面建成小康社会的要求，明确提出美丽乡村建设这一决策，明确了从内涵提升上推进“四个美”（科学规划布局美、村容整洁环境美、创业增收生活美、乡风文明身心美）和“三个宜”（宜居、宜业、宜游）的建设，到 2012 年底已经成功培育美丽乡村创建先进县 24 个，农村面貌逐步发生质的变化。

经过三个阶段的努力，到 2012 年底，浙江省已经完成了 2.6 万个村的环境综合整治，培育美丽乡村创建先进县（市、区） 24 个，全省村庄整治率达到 89%，农村生活垃圾集中收集处理行政村覆盖率达到 93%，生活污水治理行政村覆盖率达到 62.5%。

2. 做法与成效①

（1）坚持规划科学编制和切实执行相统一，科学绘就美好发展蓝图。

浙江在村庄整治、美丽乡村建设中历来重视规划工作，充分发挥规划对实践的目标引领和规范指导作用。按照“不规划不设计、不设计不施工”的理念，要求各地在工程初期用七分力量抓规划、三分力量搞建设，初步形成了以美丽乡村建设总体规划为龙头，县域村庄布局规划、村庄整治建设规划、中心村建设规划、历史文化村落保护利用规划等专项规划相互衔接的规划体系，保障了美丽乡村建设的有序推进。截止到 2012 年，全省 85% 的规划保留村、43 个历史文化村落保护利用重点村、217 个历史文化村落保护利用一般村、200 个中心镇、3468 个中心村完成了规划编制。

加强对编制工作指导。浙江省专门安排了村庄建设规划的补助资金，每年举办村庄整治规划、美丽乡村建设规划设计大赛，组织开展百家规划设计单位进农村活动，向市县和基层推荐优秀规划设计单位，向广大农户发放农村建房规范图集。

注重上下联动做规划。村庄整治、美丽乡村建设实际上就是规划设计从墙上画到地上物的转变。浙江既强调规划的高立意，更强调规划的接地气。积极推广著名规划设计单位与市县规划设计中心、县乡村干部相互协作的规划编制模式，要求县乡政府、有关部门及村两委要全身心地参与到村庄整治、中心村培

① 湖北考察团：《浙江省美丽乡村建设考察报告》，《政策》2013 年第 10 期。

育、古村落保护、美丽乡村建设等规划编制工作中去，提高基层干部参与规划编制的深度，避免“一脚踢”地把规划编制包给规划设计单位。

强调规划执行到位。在规划编制中，尊重已有基础和原有机理，避免大拆大建，积极拓展美丽乡村建设的用地空间，努力做到空间布局优化、功能定位合理、梯次衔接有序、实施落地可行。开展阳光操作，把农民群众的参与贯穿于美丽乡村建设规划编制与实施的全过程，确保让农民群众了解规划、支持规划并参与规划的实施。

（2）坚持点上整治和全面建设相结合，农村整体面貌显著改观。

推进村庄整治建设，点上整治是基础，面上改观是目标，彰显美丽是方向。在村庄整治建设的第一阶段，浙江优先对条件基础较好的村进行了整治，一大批示范村和整治村的环境得到了明显改善，但效果是点式的、局部的。从 2008 年以来，浙江加快村庄整治覆盖的同时，注重从根源上、区域整体视角化解农村环境脏乱差问题，加快村庄整治由以点为主向点线面块整体推进转变。

突出环境整治重点。突出垃圾处理、污水治理、卫生改厕、村庄绿化、村道硬化等环境整治重点，将环保、卫生、建设、农业、水利、交通、林业等部门的相关资金整合起来，在市县村庄整治建设这一综合平台上统筹使用，逐村推进五大项目建设。2008 年以来，全省新增村内主干道 2.5 万公里，添置垃圾箱（池、房） 40 万个，改造农户厕所 172.4 万户，建设改造农村公厕 1.7 万个，实现生活污水治理 235.6 万户，种植绿化苗木 1902.7 万株。积极探索适合农村特点的生活垃圾和生活污水治理方法，推行“分类减量、源头追溯、定点投放、集中处理”的分类处理模式，不断提高农村垃圾减量化、无害化、资源化处理水平。采取污水村域统一处理、联户处理等多种办法，提高农村污水无害化处理水平。实行建设和管理两手抓，逐步把工作重心向后期管理和维护转移，探索农村物业化管理机制，加强农民文明素质教育，全面建立了农村卫生长效保洁机制，县和乡镇每年安排保洁经费约 12 亿元。

推进串点连线成片。为切实改变“走过几个垃圾村来到一个新农村”的问题，每年启动约 200 个乡镇的整乡整镇环境整治，将所有村庄一次性打包，按照“多村统一规划、联合整治，城乡联动、区域一体化建设”的要求，开展村与村、村与镇、镇与镇之间等区域性路网、管网、林网、河网、垃圾处理网、污水治理网等一体化规划和建设，整体推进村庄的整治和沿线的整治改造，浙江全省累计约有 40% 的乡镇、7600 个村开展了整乡整镇的整治，3 年投入整治资金 21.3 亿元。大力推进“四边三化”（公路边、铁路边、河边、山边等区域洁化、绿化、美化）和农村“双清”行动，全省已拆除国省道沿线违法广告 4648 个，清除陈年生活、建筑垃圾3805处，新增河道保洁3000公里，完成通道绿化里程4777公里。

创建"四美三宜"美丽乡村。在环境整治的基础上，努力彰显乡村独有的美丽风貌。建立美丽乡村县乡村户四级创建联动机制，按照"四美三宜"的目标要求，从树立品牌、设计方案、定制政策、安排项目、打造样板入手，努力把县域建成美丽景区，把交通沿线建成风景长廊，把村庄建成特色景点，把农户庭院建成精致小品。重点开展以安吉为代表的浙北美丽乡村风光带，以千岛湖、富春江为代表的杭州西部美丽乡村风光带，以仙居、磐安为代表的浙中山区美丽乡村风光带，以及衢州、丽水浙西南美丽乡村风光带和舟山等沿海地区美丽渔村风光带的创建。目前，浙江全省已成功打造了两批共24个美丽乡村创建先进县，规划建设了60多条景观带、240多个整乡整镇创建乡镇和180多个特色精品村落。

（3）坚持人口规模和公共服务相匹配，城乡基本公共服务均等化水平明显提高。

围绕城乡基本公共服务均等化的要求，按照建设美丽乡村与推进新型城市化双轮驱动的理念，把中心村作为统筹城乡发展的基础节点和推进基本公共服务均等化的有效载体，加快推进村庄整治从治脏治乱向治小治散并重转型，推动公共资源要素向农村特别是中心镇中心村配置，促进了产业布局合理化、人口居住集中化和公共服务均等化。

优化城乡布局体系。围绕加快形成长三角中心城市、省域中心城市、县城和中心镇、一般镇、中心村和一般村等梯次合理、衔接紧密的城乡体系，组织召开全省村镇规划工作会议，明确村镇规划工作规范。全省共规划培育中心镇200个，率先启动27个中心镇培育建设小城市试点；全省规划中心村3468个，规划保留村约2万个，确立了重点建设中心村、全面整治保留村、科学保护特色村、控制搬迁小型村整治建设思路，形成了科学的整治建设次序。

培育建设了一批中心村。出台了《关于培育建设中心村的若干意见》，启动了1500个中心村的培育建设，浙江省对重点培育示范中心村给予每村40万到60万元的补助。各地还积极创新社会管理，完善农村信贷担保体系，推进社区股份合作制改造，为人口集聚、农房建设创造了条件。目前全省居住在规划确定的中心村人口占农村总人口的30%左右。

加快公共服务覆盖。在统筹城乡公共服务上，发挥中心村这一联结点作用，引导城镇基础设施和农村公共服务设施向农村延伸、覆盖；依托中心村辐射带动周边3—5个行政村，打造公交、医疗、卫生、教育、文化、社保等30分钟公共服务圈，便捷的农技服务圈、教育服务圈、卫生服务圈、文化服务圈正在形成。截至2012年，全省行政村等级公路实现了"村村通"，广播实现"村村响"，用电实现了“户户通、城乡同价”，客运班车通村率达到 93%，安全饮用水覆盖率达到 97%，农村有线电视入户率达到 91%。

（4）坚持建设村庄和经营村庄相促进，农民创业就业更有门路。

村庄整治建设在提高农民生活质量的同时，也为村庄长远发展特别是农民增收创造了条件。把美丽乡村建设与农村新型业态培育、促进农民创业就业紧密结合起来，借助生态资源发展生态产业，促进了农民创业就业和财产性收入不断增加、达到了美村富民的好效果。

农村新型业态不断涌现。按照生态与经济协调发展的理念，把生态富民贯穿到美丽乡村建设的全过程，坚持“规划、建设、管理、经营、服务”并重，在美丽乡村建设中，各地涌现出以休闲观光、度假体验等为主的旅游经济，以民宿避暑、养老养心等为主的养生经济，以运动探险、拓展训练等为主的运动经济，以寻根探史、写生创作等为主的文创经济，推进美丽乡村与农民增收的互联互动，把生态优势转化为发展优势。

农家乐发展不断壮大。把美丽乡村建设与现代农业、农家乐发展紧密结合起来，形成了美丽乡村与农家乐互促互动的良好关系，农家乐成为旅游经济新的增长点和农民增收的重要来源。尤其是历史文化村落保护利用的启动，使得古村游成为农家乐发展的新亮点。截至 2012 年底，全省累计发展农家乐特色旅游点 2800 多个，农家乐经营从业人员 11.5 万人，2012 年直接营业收入 88.4 亿元，这些农家乐经营点大都是在村庄整治、历史文化村落保护和美丽乡村建设的基础上发展起来的。

农民就业门路不断拓展。把美丽乡村作为提供就业岗位、增加收入的重要机会，支持建设单位多用本地、本村农民工，开拓了农民就业门路。不少地方还通过利用宅基地整理、村级留用地政策发展物业经济，涌现出大批的来料加工集聚点和淘宝经济专业村，成为农村经济新的增长点、农民致富的新渠道和村级集体经济发展的新途径。

（5）坚持保持风貌和改善人居相兼顾，古村落保护初见成效。

在推进新型城市化和新农村建设的过程中，一方面要加快改善农村基础设施和公共服务条件，让农民过上高品质的现代生活，又要切实加强传统文化特别是历史文化村落的保护利用，防止千村一面和城乡同质化低质化。从浙江情况看，农村历史遗存十分深厚、部分村落保护较好，但整体状况依然堪忧，保护任务非常艰巨。浙江全面启动了历史文化村落保护利用工作，第一批 43 个重点村和 217 个一般村的各项工作已经顺利展开。

明确了建设方向。改变过去那种单一保护、盲目开发、见物不见人的保护方式，把“修复优雅传统建筑、弘扬悠久传统文化、打造优美人居环境、营造悠闲生活方式”作为历史文化村落保护利用的建设方向，整体推进古建筑与存有环境的综合保护、优秀传统文化的发掘传承、村落人居环境的科学整治、乡村休闲旅游的有序发展，努力保存历史的真实性、凸显风貌的完整性、体现生活的延续性以及保护利用的可持续性，力争把历史文化村落培育成为与现代文明有机结合的美丽乡村。

形成了目标体系。组织开展了全省历史文化村落普查工作，明确了古建筑村落、民俗风情村落、自然生态村落普查登记条件，摸清了全省971个历史文化村落的种类分布、建造年代、建筑类型、古树名木、民俗风情、集体经济等现状，确定了历史文化村落保有重要市、集中县、重点村和一般村，明确各地历史文化村落保护利用的目标值、路线图和时间表，形成了时间纵向明确、重点区域突出、任务衔接紧密的历史文化村落保护利用目标责任体系。

强化了政策扶持。明确按项目制开展历史文化村落保护利用重点村建设、按绩效制开展历史文化村落保护利用一般村建设的项目分类，围绕古建筑修复、村内古道修复与改造等项目建设，对历史文化村落保护利用重点村分别给予每村500万—700万元的资金扶持；对一般村，每村也给予30万—50万元左右的支持。考虑到科学处置严重影响历史文化村落整体风貌建（构）筑物，以及合理安排确需改善居住条件农民建房等实际需要，省里给予每个重点村15亩建设用地指标支持，同时明确当年可用新增建设用地指标以及城乡建设用地增减挂钩指标，要优先满足历史文化村落保护利用的需要。

（6）坚持政府主导和农民主体相补充，投入建设机制不断健全。

充分发挥公共财政的引领作用和政府协调各方的优势，形成了政府主导、部门协作、社会参与和农民主体的推进机制。

加强领导部署。浙江省历届省委省政府高度重视村庄整治和美丽乡村建设工作，坚持规划先行、完善机制，一张蓝图绘到底，一届接着一届干，一年接着一年抓，每年把村庄整治、美丽乡村建设列入政府为群众办的十大实事之一，纳入党政干部政绩考核和社会主义新农村建设考核内容，并先后出台了3个政策性文件。每年召开一次全省性现场会，省委、省政府主要领导做工作部署，并表彰工作先进县（市、区），每五年隆重表彰一次工作先进单位和个人。通过十年的实践，全省上下形成了主要领导亲自抓、分管领导具体抓、牵头部门综合协调、专业部门紧密配合、一级抓一级、层层抓落实的推进机制。

加强要素保障。10年来浙江投入村庄整治和美丽乡村建设的资金已经超过1200多亿元，省财政安排的专项资金从起初的4000万元增加到目前的5.6亿元，每年还另外安排 1 个亿的资金用于美丽乡村创建的以奖代补；全省当年新增建设用地指标总量的 10% 以上用于新农村建设，城乡建设用地增减挂钩周转指标优先满足美丽乡村建设。

引导社会参与。充分发挥新闻媒体的引导作用和政策的调节作用，积极引导浙商回归参与美丽乡村建设，形成了村企结对、军地结对、市校合作等多种合作模式。发挥村集体和农民在美丽乡村建设中的主体作用，引导村民通过村级重大事项民主决策机制，投工投劳、出资出智，以勤劳的双手建设美好家园，2003 年以来，村集体和农民投入占总投入的 57%。

四、促进低碳乡村发展的对策

（一）推广清洁能源

自 20 世纪 80 年代以来，国家持续实施了一系列农村能源建设工程，取得了重要成就。全国累计安排农村电网建设与改造，以及无电地区电力建设投资 5270 多亿元，农村电力服务基本达到城市同等水平，农村电价大幅度降低，大大减轻了农民负担。全国沼气用户累计达到 4000 万户，年产沼气约 140 亿立方米。建设了 200 万千瓦农林剩余物直燃发电厂，年发电量超过 100 亿千瓦时，消耗农林剩余物约 1000 万吨，增加农民收入约 30 亿元。积极支持各类太阳能技术应用，全国农村已累计安装太阳能热水器约 5000 万平方米，建成太阳房 1700 多万平方米，太阳灶保有量达到 140 多万台。建成太阳能独立光伏电站 800 多座，安装太阳能户用光伏系统 10 万余套，为解决偏远地区居民基本生活用电发挥了积极作用。

但也要认识到，我国广大农村的能源结构依然比较低端，以秸秆、薪柴、煤炭为主，尤其是北方乡村地域，冬季取暖也靠一家一户单独进行，加剧了对传统能源的需求，对乡村低碳发展形成很大制约。发展清洁能源，可以降低传统能源粗放利用带来的二氧化碳高强度排放，促进乡村低碳化发展转型①。

2011 年 7 月，国家能源局、财政部、农业部在北京联合召开全国农村能源工作会议，这次会议是我国近 30 年来第一次围绕农村能源召开的专题会议，这

① 《全面推动农村能源建设着力改善农村民生促进农业农村发展》,《中国能源》2011 年第 7 期。

次会议提出坚持“政府引导、市场运作、统筹规划、因地制宜、多能互补、清洁高效”的原则，在农村能源领域重点加强四个方面的工作：一是，全面启动绿色能源示范县建设。要抓好规划编制、示范工程、项目实施，发挥示范效应，并适时启动第二批绿色能源示范县的建设工作。到2015年，要建成200个绿色能源示范县。二是，加快实施新一轮农网改造升级工程。进一步加大升级改造投入，使全国农村电网普遍得到改造，农村居民生活用电得到较好保障，农业生产用电问题基本解决，城乡用电同网同价目标全面实现，基本建成安全可靠、节能环保、技术先进、管理规范的新型农村电网。三是，切实解决无电人口用电问题。通过扩大电网覆盖面与使用小型分散可再生能源开发利用，到2015年力争全部解决500万无电人口的用电问题。四是，大力发展农村可再生能源。通过合理布局生物质发电项目、推广应用生物质成型燃料、稳步发展非粮生物液体燃料、积极推进生物质气化工程、大力推广太阳能热利用技术，明显改善农村居民照明、炊事、取暖条件。到2015年生物质发电装机达到1300万千瓦、集中供气达到300万户、成型燃料年利用量达到2000万吨、生物燃料乙醇年利用量达到300万吨，生物柴油年利用量达到150万吨。建成1000个太阳能示范村。

我国进入新世纪以来，随着统筹城乡力度的加大和社会主义新农村建设的推进，广大的农村地域在推广应用清洁能源方面不断探索和开拓，优化了乡村的能源结构，助推了乡村低碳化发展转型。农村清洁能源主要来源于农村太阳能、风能、水能和沼气能等生物能源，农村清洁能源的有效开发带来的效应是多方面的，既可以改善乡村居民的生活水平，体现城镇化文明和城镇生活方式向农村的延伸，也可以带来可观的经济效益，如风能、水能、太阳能的利用，实现清洁发电、降低了煤炭消耗，节约了电费支出、并提高了农民的可支配收入；沼气的开发应用，节约了能源购买支出、还为发展有机农业提供了循环链条，顺应低碳生态化发展趋势①。

在发展农村新能源中需要重视沼气的建设与发展，把农村沼气作为低碳乡村建设、发展现代农业、推进新农村建设，促进节能减排，改善农村环境、提高农民生活水平的一项全局性、战略性、长远性的系统工程，注重建管并重、强化服务，综合利用、提高水平，优化农村能源结构。农村沼气的发展，首先需要加大投入力度、统筹资金管理。加大各级财政投入力度，进一步提高财政资金在农村清洁能源建设中的比重，特别对经济基础差的村要给予重点扶持。综合考虑农户实际困难、物价上涨和资金可能等因素，进一步提高农村沼气中央补贴标准，

① 颜新华：《农村能源建设全面提速》，《中国电力报》2011年7月23日。

减轻经济欠发达地区和边疆少数民族地区尤其是困难群众的自筹压力。针对沼气建设资金多头管理的问题，要积极整合财政、农林等部门的项目和资金，提高资金使用效益，确保新能源成为农民增收的有效途径，进一步提高农民建设新能源的积极性、主动性和创造性。其次，坚持建管并重，优化配套服务。沼气池建设必须按照国家、行业、地方有关技术标准和规范，实行标准化、专业化施工，合同化管理，确保安全和质量。继续支持户用沼气和小型沼气建设的同时，进一步加大对向农民集中供气的养殖场大中型沼气和秸秆沼气工程的支持力度。抓紧建立以县级站为龙头、区域站点为支撑、村级网点为窗口的三级服务网络，创新服务机制，推广全托管和建管用一条龙等市场化运营模式或与基层农技推广体系相结合的公益性服务模式。进一步加强农村沼气科技创新，围绕制约农村沼气发展的最紧迫、最关键的瓶颈问题，加大研发攻关力度，加快新工艺、新材料、新设备的更新换代。第三，发展循环农业，提高综合效益。要充分利用农村沼气池建设，因地制宜开展沼液、沼渣综合利用，发展循环经济，最大限度地提高资源和环境的配置效率。要把调整农业产业结构，增加农民收入与改善生态环境有机结合起来，培育养殖、沼气、种植“三位一体”的生态农业体系，逐步实现农业产业结构合理化、技术生态化、生产清洁化和产品优质化，让广大农民真正从新能源建设中得到更多实惠①。

（二）发展低碳农业

低碳乡村的发展必须要由产业支撑，需要有符合低碳发展要求、立足乡村产业特点的低碳农业模式相匹配。低碳农业是低能耗、低污染、低排放，在农业产前、产中、产后采取有利于降低温室气体排放措施的农业生产方式。低碳农业是现代农业的延伸和升华，将农业限定在最少耗费物质能量的前提下生产，满足为人类提供食品、纤维和木材的功能系统，同时也保持为人类提供生态服务的功能。

2014年中央一号文件《关于全面深化农村改革加快推进农业现代化的若干意见》中，在“建立农业可持续发展长效机制”下提出，“促进生态友好型农业发展。落实最严格的耕地保护制度、节约集约用地制度、水资源管理制度、环境保护制度，强化监督考核和激励约束。分区域规模化推进高效节水灌溉行动。大力推进机械化深松整地和秸秆还田等综合利用，加快实施土壤有机质提升补贴项

① 黄霞:《绿色能源示范县撬动农村新能源建设》,《中国科技投资》2012年第1期。

目，支持开展病虫害绿色防控和病死畜禽无害化处理。加大农业面源污染防治力度，支持高效肥和低残留农药使用、规模养殖场畜禽粪便资源化利用、新型农业经营主体使用有机肥、推广高标准农膜和残膜回收等试点。”阐明了农业可持续发展需要体现低碳农业的思想，兼顾农业生产与资源、环境的关系。

符合低碳农业发展要求的具体实现形式有多种，例如节水节能模式、立体种养模式、有机生态模式、循环产业链模式等。

现代农业发展中，农业机械化的普及应用与低碳农业倡导的节能减排似乎存在矛盾，因此推广农业机械化过程中，需要贯穿节能减排的思想，注重农机化技术的研发与应用，农机化技术直接关系到节肥、节药、节水、节种和秸秆综合利用等技术的普及和推广，是推进农业农村节能减排的载体和手段。做好农机节能工作，不仅能够推进农机化发展方式的转变，而且对整体推进农业农村节能减排，发展低碳农业具有重要意义。要加快研发农机节能减排新产品，大力推广农机节能减排技术，进一步优化农机装备结构，还要不断提高农机作业服务组织管理水平，实现农业低碳发展。此外，低碳农业倡导的节约能源、降低温室气体减排，需要各地区结合本地自然条件，合理利用可再生能源，如温室大棚建造中充分利用太阳能的热量，推广集约、高效、生态畜禽养殖技术，降低饲料和能源消耗。利用太阳能和地热资源调节畜禽舍温度，降低能耗。建设好沼气池及相关的产业，发挥沼气的农村能源替代效应、肥料替代效应、饲料替代效应及改善农村人居环境的综合效应。

发展节水农业，从我国国情看，我国水资源总量仅占世界的6%，人均不足世界平均水平的1/4，但随着全球气候变暖和城镇化进程的推进，农业用水资源紧缺矛盾越来越突出，据测算我国灌溉用水缺口约为300多亿立方米。全国农田灌溉面积9.05亿亩，这其中，工程设施节水面积仅占44.3%。在23亿亩农作物播种面积中，农艺节水面积仅占17.4%。我国农业用水利用率比发达国家低20个百分点，据有关专家测算，通过推广农田节水技术，在灌区小麦和水稻生产上具有节水360亿立方米的潜力，相当于新增灌溉面积8200万亩，按每亩增产300斤粮食计算，可新增粮食生产能力246亿斤①。在旱作区提高自然降水利用率，具有260亿立方米的潜力。发展节水农业，首先要加强基础设施建设。抓住国家高度重视农田水利建设有利时机，整合资源，加强田间节水农业基础设施建设。与高标准农田建设结合，加强耕地质量建设，改善农田水源保障条件，配套田间节水基础设施，形成蓄、保、集、节、用一体化的节水农业新格局。其次，

① 李晓勇、秦海生：《我国农业节水灌溉发展研究》，《农机市场》2013年第10期。

加快技术示范推广。深入开展节水农业示范活动，建立示范展示平台。充分利用粮棉油糖高产创建和园艺作物标准园创建等平台，针对不同地区的生产条件、资源特点和耕作制度，突出优势农作物，强化农田节水示范区建设，集成示范一批新的简便实用节水技术模式，开展节水技术装备推广应用。再次，推行适应性种植方式。针对不同区域水资源状况，统筹规划，因水布局，合理安排农作物种植结构，促进水资源可持续利用。调整优化种植作物和品种结构，充分利用自然降雨，使作物生长需水期与雨季同步，变被动抗旱为主动避旱。培育、推广高产耐旱品种，改进耕作栽培制度，提高作物水分利用效率，实现节水增产和节水增效目标①。

农业的立体种养也是符合低碳农业的发展要求。农业立体种养是依据不同作物的不同特性，利用它们在生长过程中的时空差，合理地实行科学的套种、间种、混种、复种、轮种等配套种植，形成多种作物、多层次、多时序的立体交叉种植结构。立体种养模式可以集约利用土地、凭借作物间的互补效应减少农药化肥的施用，充分利用光能、水源、热能等能源，提高单位面积的综合产出能力。例如大棚内的立体种植，可以节约土地，提高大棚的“容积率”。桑田秋冬套种蔬菜、桑田夹种玉米的农桑结合。意杨林中套种小麦、大豆、棉花等农作物的农林结合，苗木合理科学夹种的苗木立体种植。淡水养殖与水田种植的结合，如稻田养殖、菱蟹共生、藕鳖共生、藕鳝共生的农渔结合，稻田养鸭的农牧结合，意杨树下种牧草，养殖羊、鸭、鹅的林牧结合，水网地区的渔牧结合等。例如湖北作为水产大省，潜江市的小龙虾产量在全国名列前茅，潜江市在水稻种植的水田区域推进“虾稻共生”模式，在稻田的四周挖深沟，将在稻田养殖的小龙虾赶到稻田四周的水沟里继续育肥，这样就解决了小龙虾养殖与水稻种植时间上的冲突问题。同时，小龙虾本身对水质要求就比普通鱼类都要高，在小龙虾的养殖水域，稻农严禁滥用农药和化肥，必须使用生物农药和无公害农药才可保证小龙虾正常生长，水稻生长过程中产生的微生物及害虫为小龙虾的发育提供了充足的饵料，而小龙虾产生的排泄物又为水稻生长提供了良好的生物肥。在这种优势互补的生物链中，小龙虾及水稻的品质都得到了保障，生产的稻米是一种接近天然的生态稻。所以，这种模式又促进了水稻的无公害生产，确保了水稻的生态品质。

有机生态农业，是指在保护改善农业生态环境的前提下，遵循生态学、生态经济学规律，运用系统工程方法和现代科学技术，集约化经营的农业发展模式，能够获得较高的经济效益、生态效益和社会效益的现代化农业。符合有机农

① 渠玉英、李靖、潘皓月:《农村环境综合整治要抓重点》,《中国环境报》2012 年 7 月 12 日。

业、低碳农业的内涵要求，就需要在农业生产过程中，控制化肥施用量、减少农药的喷洒量，既可以保证食品安全，也是维护土壤作物系统的微生物系统平衡。推行农业生产新技术，提高农村资源利用效率，保护生态环境。通过开展测土配方施肥和平衡施肥，提高肥料利用率。可以利用粪肥、秸秆堆肥等有机肥替代化肥，利用冬闲田推广种植紫云英等绿肥，利用生物防治法防治病虫害等，有效减少化肥、农药使用量，有效控制农业面源污染和土壤退化，减轻农业发展中的碳含量，减少大量温室气体排放。利用农村丰富的可再生资源发展清洁能源，综合利用农副业剩余物、废料等，通过热解、气化充作燃料。大力推广沼气技术，促进沼液的循环利用。杜绝焚烧秸秆，通过秸秆还田，提高土壤的有机质含量。尽量采用免耕法种植，以免常年翻耕，造成水土流失；尽量种植多年生植物。充分利用荒山荒坡滩涂地种植人工牧草，发展草食畜牧业；以草代木发展食用菌产业、扩展食品的来源。大力发展经济林产业和长效经济林专用肥料，提高林业木材的积累量和产量，向经济林要效益，提高农业生态系统的固碳能力。

（三）推进村庄整治

低碳乡村的发展需要以人为本，即体现低碳发展与改善农村居民生产生活条件相统一。推进村庄整治就是改善农村人居环境、优化农村布局、完善服务设施、彰显农村生态田园风貌的具体手段。

习近平总书记在2013年底召开的中央城镇化工作会议上强调，“要注意保留村庄原始风貌，慎砍树、不填湖、少拆房，尽可能在原有村庄形态上改善居民生活条件。”这就要求我们在建设美丽乡村、低碳乡村过程中充分尊重农村既有的发展基础和自然条件，从农村实际考虑出发，兼顾好整治的力度、建设的强度、推广的进度和地方财力的承受程度，避免大拆大建，注意因势利导、试点示范带动推广。

2014年中央一号文件《关于全面深化农村改革加快推进农业现代化的若干意见》中，在“健全城乡发展一体化体制机制”下明确提出，“开展村庄人居环境整治。加快编制村庄规划，推行以奖促治政策，以治理垃圾、污水为重点，改善村庄人居环境。实施村内道路硬化工程，加强村内道路、供排水等公用设施的运行管护，有条件的地方建立住户付费、村集体补贴、财政补助相结合的管护经费保障制度。制定传统村落保护发展规划，抓紧把有历史文化等价值的传统村落和民居列入保护名录，切实加大投入和保护力度。提高农村饮水安全工程建设标准，加强水源地水质监测与保护，有条件的地方推进城镇供水管网向农村延伸。

以西部和集中连片特困地区为重点加快农村公路建设，加强农村公路养护和安全管理，推进城乡道路客运一体化。因地制宜发展户用沼气和规模化沼气。”

按照《村庄整治规划编制办法》的规定，发挥规划的基础性作用，不断完善规划编制、规划实施的各项机制，科学处理好各级政府、设计单位、建设业主与农民群众在规划建设过程中的关系，把规划贯穿到建设的全过程。科学把握好各类规划的定位和衔接，努力达到总体规划明方向、专项规划相协调、重点规划有深度、建设规划能落地的要求。推进村庄整治，重点做好以下几方面工作。

一是以村容整洁为基础。全面处理农村垃圾和污水，持久地保持农村环境的干净整洁，这是低碳乡村、美丽乡村的基本条件。建立“村收集、乡镇转运、县处理”的农村生活垃圾处理模式和卫生保洁制度，提高村民爱护卫生、保持洁净的素质，让广大村民成为村庄保洁的参与主体和保洁维护人。

首先，合理处置农村生活污水和垃圾。各区域积极争取项目资金建设集镇乡村的污水处理设施和垃圾转运体系，采用技术经济合理、符合当地承受能力的处理技术，避免生活垃圾、污水处置不当造成环境污染和二氧化碳排放上升。其次，治理产业发展造成的污染。严格控制高污染、高排放的工业企业转移到村镇以逃避环境治理，对引入的产业需要进行节能环保的技术改造后才可落地，村镇在发展养殖业过程中，合理规划养殖规模、养殖污染物处理体系，避免过度养殖、随意排污造成环境污染。再次，发展现代低碳农业。借助技术手段，推广测土配方施肥，引导农民使用有机肥、生物农药或高效、低毒、低残留农药，积极推广生态立体种养和资源综合利用，从源头及生产过程中减少污染物产生。最后，加强宣传教育，提高农民爱护环境、保护生态的觉悟，养成良好的生活、工作习惯，形成村镇卫生环境共建共管的良性发展局面。

二是体现以人为本的要求，优化农村公共服务配置。以中心村为平台，优化农村人口布局，提高农村建设投资效率，缩小城乡在基础设施、公共服务设施供给能力和水平的差距。按照“引导农村人口集聚、优化农村要素配置、促进城乡统筹发展”的要求，深入推进中心村培育建设，切实把中心村培育作为城乡基本公共服务均等化的主要抓手，大力推进中心村人口集聚平台和公共服务平台建设。结合农村土地整治，科学规划建设农民集聚区，通过农房改造、村庄整理等途径，推动自然村落整合和农居点缩减，配套建设水、电、路、广播、通信等农村基础设施。进一步扩大中心村公共服务平台建设的内容和辐射范围，全面建设便民服务、教育培训、文体活动、卫生健康、商贸流通五大中心，进一步提升农村公共服务水平。

三是彰显乡村的美丽元素。以干净整治为基础，大力推进美丽乡村建设，围绕“净（面上洁净）、形（肌理有型）、景（村点出彩）、品（文化彰显）”的原则，农村住宅的建设与改造遵循“传统建筑现代化、现代建筑本土化、居住条件人性化”，促进农村建筑与自然山水相协调。

四是强化历史文化村落保护利用。历史文化村落是中华民族的文化记忆和文化标志，精心保护古村落的建筑形态、自然环境、传统风貌以及民俗风情，彰显美丽乡村的乡土特色和人文特点，是美丽乡村、低碳乡村建设的重要内容。要合理规划古村落的核心保护区、建设控制地带和搬迁安置区，做到管放有度，切实改善农民群众的生产生活条件。要在坚持保护优先前提下，进行科学有序的开发利用，实行古建筑的活态传承，努力实现“保护促利用、利用强保护”的良性循环。

五是大力发展农村生态产业。充分运用美丽乡村建设的成果，坚持美村富民，大力发展乡村休闲旅游等农村新型产业，把低碳乡村、美丽乡村的综合效益回馈给广大村民。按照“生产发展、生活富裕、生态良好”的要求，坚持规划、建设、管理、经营并重，充分发挥农村田园风光、山水资源、农耕文化、特色产业、森林景观等优势，编制农村特色产业发展规划，发展新兴产业，构建高效的农村生态产业体系。

第九章　世界低碳城乡发展经验与借鉴

1997 年在日本京都召开的《气候框架公约》第三次缔约方大会上通过的《京都议定书》，成为被世界普遍接受的温室气体减排方案。随着低碳经济成为应对全球气候变化的世界共识，包括发达国家、发展中国家在内的世界各国纷纷顺应未来低碳经济发展趋势，提出发展低碳经济、建设低碳社会的战略目标。对于已经完成工业化、城镇化的发达国家而言，在低碳经济发展意识、经济技术水平上均比发展中国家具备优势，了解低碳经济先行国家的成功做法对我国低碳城乡发展具有借鉴与启示意义。

一、新加坡低碳城市建设

新加坡作为东南亚的岛国，国土仅有 714 平方公里，2011 年人口规模达 526 万人，属于城市型国家。自 1965 年独立以来，抓住国际范围内欧美及日本的产业转移机遇，成为亚洲四小龙之一，实现了国家经济社会的起飞与快速发展。新加坡在世界格局中形成了重要的集装箱中心、世界第二的电子中心、世界第三的炼油中心、世界第四的外汇中心、世界第五的金融中心。2011 年经济总量为 2600 亿美元，居世界第 39 位，人均 GDP 达 50714 美元，位居世界第 11 位。

低碳经济作为一个新兴命题，尽管新加坡明确提出发展低碳经济与建设低碳社会的时间不算很长，但新加坡经济发展长期受到国土面积狭小、能源资源匮乏的制约，故该国在确定国家发展战略与培育国家竞争力的过程中，始终坚持挖掘自身独特优势、培育竞争力，并且取得了明显的成绩。新加坡发展低碳经济、建设低碳城市的主要做法包括：

（一）发展低碳产业来节能减排

新加坡经济结构主要是制造业与服务业两大部门，为保证国家整体经济效益与资源的最优化配置，该国在产业结构政策上，严格限制制造业的比例，将制造业结构比例控制在30%以内，以留出更多的空间与资源要素发展比较效益更高的第三产业，尤其是现代性、高端服务业。高端服务业包括：物流、金融、旅游、总部经济、教育培训等各类现代服务业部门。比如，依托马六甲海峡的区位优势发展港口物流产业，凭借亚洲成为世界制造业中心而兴起的结算业务支撑了新加坡国际金融中心的地位，营造卫生优雅的花园城市赢得世界游客的青睐，高度自由、完善的市场经济地位与优良的商务秩序环境成为总部经济集聚地，新加坡廉洁高效的政府为世界所称赞，由此吸引世界各国政党、企业团体来新加坡考察、培训，由此刺激新加坡教育培训产业的蓬勃发展。这些现代服务业部门决定了新加坡的国际竞争力，也让新加坡摆脱了依靠能耗要素消耗等传统产业支撑发展的模式，实现了产业结构的高端化、服务化、低碳化转型。

此外，在既定产业结构低碳化的基础上，还顺应低碳技术、低碳经济的趋势，政府加大了对清洁能源产业的扶持，2006年以来，引进世界级低碳企业入驻狮城，包括英国劳斯莱斯投巨资研发燃料电池，欧洲最大的太阳能公司与本地企业合作设立亚洲总部，澳大利亚公司在裕廊岛兴建世界最大的生物柴油制造厂，丹麦风力发电机制造商在新设立研发中心等。新政府还成立了清洁能源执行委员会，具体负责推动和协调清洁能源研发、实验项目，为相关的重点计划提供支持和资助，以便在新加坡建立世界一流的研究中心，培养清洁能源领域专门人才。

（二）提高绿化密度来固碳增汇

新加坡在建国初期，深知自身缺乏资源要素的吸引力，唯有营造良好的自然生态环境、打造适宜人居、企居的城市，塑造卫生、优雅的形象方能吸引人才和外资入驻新加坡。因此，早在20世纪60年代开始，便引入“花园城市”的理论，并坚持不懈地予以实施，不同时期建设的重点与步骤也各有侧重。如20世纪60年代以植树绿化为主要工作，种植符合当地气候的各种树木以美化环境、调节气候；20世纪70年代在上一阶段的基础上，提出道路绿化，强制设定道路规划中的绿化带，控制城市建设开发对自然生态的侵蚀，并且对人行天桥、机动车立交桥、沿道路两侧裸露墙壁进行绿化覆盖；20世纪80年代提出公园计划，即在植树、道路绿化基础上，建设各种类型公园，包括邻里公园、社区公园、植物园、海岸公园等各种类型，为居民提供游憩、休闲；20 世纪 90 年代提出建设绿道网络，对前期建成的各种公园，通过绿道网络进行连接，方便居民散步锻炼、休闲健身。花园城市战略的坚持实施，使新加坡实现了从地面到空中、从平面到立体、从独立绿地到绿道网络的完整绿化系统，既对净化空气、调节温度发挥了重要作用，又极大地提高了固碳增汇能力，实现了降低温室气体排放的目标。

（三）优化空间资源来减少通勤需求

城市病的一个突出表现是交通拥堵导致城市效率的丧失，而造成交通拥堵的原因并非表象的机动车数量和道路面积配比关系，而是深层次上城市规划决定的城市空间格局，过分强调土地功能分区的结果是导致职住分离，产生大量的通勤需求，额外地增加了能源消耗与时间浪费。新加坡政府充分认识到城市发展中空间资源优化配置的重要性，并且提高城市规划在引导城市发展中的严肃性、持续性、约束性，使城市在发展的初始规划和源头上提高了科学性，降低了能源消耗与温室气体排放。为优化城市空间资源配置，缓解职住分离产生的矛盾，新加坡在居民区附近设置低污染的工业区，对减少通勤需求、缓减交通拥挤起到积极作用。并且，新加坡实施的组屋计划，组屋是政府出资建造以成本价格面向全体国民出售的住房，组屋并不是全部位于城市周边郊区，在市中心及各个组团都有政府组屋用地，即使在最繁华的商业区也配置有组屋，全体公民都拥有在工作地就近购买组屋的权利，这样客观上减少了无谓的通勤需求，降低了能源消耗与温室气体排放。

（四）构建绿色交通来降低能耗

新加坡较早就意识到本国的国情决定了新加坡不可能走完全小汽车化的交通模式，为节约土地、能源，需要构建可持续发展的绿色交通体系。新加坡的绿色交通体系包括快速高效的公共交通和控制小汽车增长的管理政策。

公共交通系统由地铁、轻轨、公交车线路构成。地铁是公交系统的主干，目前有 90 个车站，8 个转车站，148.9 公里的长度基本覆盖全国主要地区，承担了连接主要地区间频繁交通干线上的大部分客流，保证了整个交通系统宏观运行的效率和稳定。轻轨是对地铁线路的补充和拓展，连接地铁车站与主要商业区、住宅区。公共汽车系统的主要作用是承担区域内部和相邻区域间的近距离交通，所有公共汽车均采用上车刷卡、下车刷卡的精确计段收费，提高了运行效率。

便捷、高效的公共交通系统为国民出行提供了首选，也为控制私家车快速增长提供了前提。管理小汽车快速增长的政策包括汽车拥车证政策，电子道路收费系统。汽车拥车证是新加坡政府于 1990 年 5 月 1 日开始引入车辆配额系统，政府每年根据当前交通状况和道路容量公布本年度车辆增长率，即车辆配额，欲购买小汽车的车主首先要竞拍拥车证，竞拍成功后方能购买汽车进行注册，这样就提高了个人拥有小汽车的成本，抑制了机动车的快速增长。电子道路收费系统（ERP）是在高峰时段和拥堵路段收取拥堵费，在中心商业区（CBD）的一定路段和容易发生阻塞的高速公路上实施，以防止这些地区的道路出现过载现象，有效调节私家车的过度使用。

因此，车辆配额系统增加用户购车的固定成本，道路收费系统则增加使用车辆和道路的动态成本。通过两者的结合，新加坡政府有效地进行了对交通需求长期和短期，静态和动态的调控，有力地保证了以公交系统为导向的交通发展战略的实施，对构建绿色交通体系、实现节能减排发挥积极作用。

（五）廉洁高效的政府做低碳表率

低碳城市建设离不开政府的引导和表率，低碳城市的实现需要有低碳政府的参与，而低碳政府即确立节能和环保的基本理念，追求低碳价值目标，以规制低碳化的生产方式和消费方式为重要职能，全面贯彻执行低碳法律，并在行政活动中带头遵守低碳排放标准的政府。新加坡政府作为世界廉洁透明程度很高的形象代表，在推进节能、智能化和低碳城市建设中发挥至关重要的作用。政府不仅精简机构，减少会议，以达到降低行政成本的目的，也在政府购买、推行电子政务过程中贯彻低碳节能理念，并且政府通过不同形式的宣传教育和社会活动来宣传低碳社会的福祉与公民自律行为。

新加坡政府在城市发展过程中，尊重规划的严肃性，时至今日仍沿用建国初期（20 世纪 70 年代）联合国协助编制的城市总体规划，只是每隔十年顺应外部形势变化做一次修编。尊重规划的严肃性和权威性，避免了城市规划的频繁变更和大拆大建，既珍惜了社会财富也保留了城市的特色与历史风貌，达到了节约能源资源的目的。新加坡政府也是全球公认的电子政务发展最为领先的国家。新加坡的电子政务在服务广度上仅次于美国，在服务深度上位居全球第一。长期以来，为了推动电子政务的发展进程，新加坡建立了管理委员会，各部门也不遗余力地推行集成化、一体化的电子服务。作为一个只有 500 多万人口的城市国家，新加坡的政府上网规模甚至超过了法国。新加坡的政府机构目前已全部上网。新加坡电子政务如今可以为其公民提供200项以上的电子政务服务，公民可以在“电子公民中心”的站点轻松获取医疗保健、商务、法律法规、交通、家庭、住房、就业等各项网上信息和服务。另外，新加坡政府在公共住房（组屋）的建设和维护全过程中，注重运用节能型建筑材料、装饰材料和灯具，对居民生活用电、用水量进行统计，对家庭水电气消耗量递减的住户予以奖励和表彰，以鼓励和推动家庭节约能源，建设低碳社会。

二、瑞典低碳城乡建设

瑞典作为北欧发达国家之一，领土面积45万平方公里，2011年人口规模为941万人，GDP为5700亿美元，居世界第20位；人均GDP达61098美元，位居世界第8位。瑞典的工业化进程起始于19世纪后半期，因瑞典奉行中立政策免受两次世界大战的破坏，在第二次世界大战后的20世纪60年代，瑞典经济已迈入发达国家行列，到1970年瑞典以其占世界总数约0.2%的人口，创造出占世界经济总产值1.4%的产品，出口量达世界总出口的2.2%。

但瑞典油气资源匮乏，本国经济发展对能源尤其是石油的依赖程度很高，在遭受20世纪70年代两次石油危机对瑞典经济的冲击后，瑞典政府就意识到，摆脱对外部能源的依赖是本国立足世界强国的根本。因此，虽然瑞典并非第一个提出低碳概念的国家，但该国从20世纪70年代起便在摆脱石油依赖、发展新能源方面开始了积极的探索，在能源效率（热电联供、区域集中供热、节能建筑等）和可再生能源（风电、水电、地热、垃圾发电、生物燃料等）方面进行了大量的投资，逐步向清洁生产、循环利用和低碳经济转型。

1990年至2008年，瑞典削减了12%的二氧化碳排放量，大大超出了京都议定书确定的目标，同时实现了48%的实际经济增长。在国际能源署成员国中，瑞典拥有最低的单位GDP二氧化碳排放量和次低的人均二氧化碳排放量，这主要是因为瑞典的化石燃料在其一次能源供应中所占的比重最小①。得益于电力和集中供热的广泛使用，瑞典的能源使用效率很高，瑞典是世界上人均用电量最高的国家之一（Energy Policies of IEA Countries:Sweden,2008）。瑞典能源消费总量从1970年的381亿千瓦时增长到2007年的404亿千瓦时，也就是说在37年里，瑞典的

① 尹希果、霍婷:《国外低碳经济研究综述》,《中国人口——资源与环境》2010年第9期。

能源消费总量只增长了6%。自从20世纪70年的石油危机之后，瑞典能源政策的重点之一就是减少石油的使用，瑞典在1970年时还有77%的能源来自石油，但2007年这个数字却只有31%。从20世纪90年代初，瑞典能源消耗中可再生能源的比重稳步提高，2008年达到44.4%，这是欧盟27国平均水平（10.3%）的4倍多。在所有欧盟成员国中，瑞典使用可再生能源的比例居首位，高达43%①。

瑞典向低碳经济转型的成功做法主要有以下几个方面②。

（一）提高可再生能源的应用比例

长久以来，瑞典以发展可再生能源为重点，大力开发利用风能、太阳能、生物质能等新能源，推进可再生电力的并网互联，以及为使风电达到30亿千瓦时的规划框架等政策措施，力求实现到2020年彻底摆脱对化石燃料依赖的宏伟目标。根据瑞典发展可再生能源的目标，到2020年，可再生能源将占全国能源消耗量的50%，比欧盟总体目标高出了30个百分点。如今，沼气、太阳能、地热等清洁能源的使用已经逐步融入了人们的日常生活。其他促进可再生能源发展的措施包括：推进生物燃料热点联产（1991—1997），地方投资计划（1998—2002），气候投资计划（2003—2008），排放权交易系统（2005—），支持独栋住宅取消电取暖和油取暖以及支持公共场所的能源转换（2005—）等。为鼓励使用新兴能源，瑞典的能源税和二氧化碳税使生物燃料比化石燃料具有价格上的优势，自1990年以来，化石燃料的能源税持续增加，从而提高了生物燃料的竞争力。

为促进可再生能源的发展，瑞典推出绿色电力证书计划，即对使用风能、太阳能、波浪能、地热能、某些生物燃料和某些水力发电，将会被赋予绿色电力证书，而所有电力供应商和某些电力使用者在电力销售量或使用量上，必须符合证书规定的绿色电力的份额，该计划有效激励发电企业采用可再生能源或者使用新技术。在竞争市场上，证书的价格主要取决于证书的供求状况。该计划的目标是到2020年，使用可再生能源和泥煤生产的电力比2002年提高25亿千瓦时。

（二）加大节能增效力度

瑞典除了对能源生产系统提高可再生能源的应用比例外，还积极采取多种

① 李严波：《瑞典向低碳经济转型之路》，《金融经济》2012年第4期。

② 李严波：《瑞典向低碳经济转型之路》，《金融经济》2012年第4期。

措施，旨在通过促进企业、交通、建筑等低碳领域的节能增效，控制能源需求的增长。

1. 工业节能

通过《能效促进计划》法案，使能源密集型工业提高能源使用效率。在这项计划下，能源密集型企业可以通过减少能源消耗、提高使用效率换取政府减免的税收。自 2004 年开始实施以来，参与该计划的 94 家公司通过改进生产工艺、提高能源使用效率，均完成了节能目标，且高于初期制定的节能目标值，在减免税收的利益驱动下，这些公司自觉地参加了该计划的下一个五年计划。该计划的首个五年计划中，每年节约电力 1.4 亿千瓦时，这相当于 80000 套采用电取暖的独立式住宅的年用电量或者乌普萨拉市（Uppsala）的年用电总量。此计划的成功实施和已加入公司的示范效应，使得后来成立的新公司也自愿加入。

2. 建筑节能

瑞典地处北欧，冬季季节较长且气温较低，对建筑物保暖性能要求高，故取暖耗能多。瑞典建筑节能从 70 年代开始，80 年代以后发展迅速，效果明显。目前建筑节能已渗透到企业和民众的日常理念中。瑞典在建筑节能技术研发、使用和推广方面在全球业界居领先地位。瑞典的建筑节能具有比较完善的法律、法规体系。1967 年瑞典就发布了第一部住宅标准法规。2005 年 11 月 3 日，瑞典住宅建筑规划委员会又公布了修订后的建筑法规、强制性规定和建议性法规，包括节能的条款。为鼓励节能技术的推广和发展，瑞典通过补贴、免税等经济激励措施，且根据技术和市场的变化情况动态调整补贴数量，甚至取消。这些经济手段的综合运用，减少了能源的消耗，提高了可再生能源的比例。此外，瑞典政府、商协会、企业密切合作，以市场化手段推广建筑节能技术，取得较好成效。瑞典政府规定建筑能源消耗规范，由市场选择具体的节能技术，使得具有经济可行性的技术推广迅速。

3. 交通节能

瑞典政府重视交通领域的能耗及温室其他排放，着力于打造绿色、节能、高效的交通系统。如在开发汽车可再生燃料技术，用无污染酒精燃料替代石油燃料的同时，开发低能耗燃料车。瑞典政府还引入了一项"绿色汽车返还 1 万瑞典克朗"的行动，目的是刺激燃油效率型汽车和使用可替代燃料的汽车的需求。2007 年 8 月 1 日起，在首都斯德哥尔摩征收永久性拥堵费，对环境产生了积极影响。为了发展更多的环境友好型汽车，2008 年政府投入 4 亿瑞典克朗在研发上，政府正在与企业界一道投入 6200 万克朗发展并论证插电式混合动力技术项目，即可以从墙壁插座直接充电的下一代混合动力汽车。

4. 低碳城市建设

瑞典在建设低碳城市的过程中，以可再生能源开发利用为主导，加快调整能源消费结构；以废物回收再利用为依托，努力实现“变废为宝”；以普及节能设备为重点，切实提高能源利用效率；以环保技术研发为支撑，不断增强污染防治能力；以政府资助为动力，积极推进各城市向低碳发展模式转变。瑞典马尔默是从工业城市成功转型为知识生态城市的典范。该市的西港区，更是著名的生态城。这个城市的其中一个特点就是 100% 的能源是来自可再生能源，包括太阳能、风能，还有用垃圾来发电。

（三）加大低碳技术的研发投入

瑞典作为创新型国家，历来重视科技进步、技术创新对经济发展的驱动作用。瑞典在 OECD 国家中是研发投入占 GDP 比重最高的国家，2007 年瑞典在研发领域的投入达 1100 亿克朗，较 2005 年增加 7%，约占 GDP 的 3.6%，在全世界位居第二，仅低于以色列（该国研发投入占 GDP 的比重为 4.7%）。顺应低碳经济发展的需要，瑞典对低碳技术的研发投入更是作为低碳经济发展的技术支撑。瑞典政府于 1995 年发布了政府能源研究、发展计划，自此能源研发成为瑞典能源政策重要的组成部分。2007 年瑞典政府提出议案，加大对能源研发项目的指导和投资，内容涵盖能源研究、开发、示范以及能源技术商业化运作等议题。瑞典优先发展的技术包括大规模可再生能源发电和电网、电动汽车和混合动力驱动系统等，与此相对应的是瑞典科技研发政策关注的主要是交通系统，可再生能源发电以及能源使用效率的提高。

（四）运用税收政策工具

瑞典推行低碳经济发展中，重视财政政策的引导，通过征收能源税和碳税来约束企业和团体的能源消耗与碳排放。2009 年，瑞典的能源税和二氧化碳税的收入达到 730 亿瑞典克朗，占全部财政收入的 9.3%。同时，瑞典还对符合低碳减排的主体实行税收减免优惠政策，2009 年税收减免总额达到 400 亿瑞典克朗。

瑞典从1991年开始征收二氧化碳税，该税种根据二氧化碳的排放量，针对除生物燃料和泥煤之外的燃料征收，征收的对象是交通、热力和非热电联产的热力生产部门。2005年这个税种的一般税率水平是每公斤二氧化碳征收0.91瑞典克朗，而到2010年则达到1.05瑞典克朗(Swedish Energy Agency,2010)。

三、日本低碳社会建设

日本是太平洋西侧的岛国，国土面积37.78万平方公里，2011年人口规模为1.26亿。日本作为世界资源极度匮乏的国家之一，在二战后通过一系列经济政策和体制变革实现了快速的崛起与复兴。2011年日本经济总量为5.86万亿美元，居世界第三位；人均GDP为45920美元，位居世界第18位。日本国家发展长期受制于资源、环境的约束，从政府到社会，从国家元首到全体国民都充满发展的危机意识，很早就意识到节约资源、环境保护对国家可持续发展的重大意义，在低碳城市发展方面为世界做出了表率①。日本低碳社会建设的做法表现在以下方面。

（一）政府主导低碳战略的顶层设计

日本是《京都议定书》的发起和倡导国，历届政府均积极倡导低碳社会建设，政府重视低碳战略的顶层设计和总体行动方案规划。2004年，日本环境省发起的“面向2050年的日本低碳社会情景”研究计划，该计划是为2050年实现低碳社会目标而提出的具体对策。2008年5月发布的《面向低碳社会的12大行动》，对住宅、工业、交通、能源转换部门等都提出了减排目标，并有相应的技术与制度支撑。2008年6月，时任日本首相福田康夫提出日本新的防止全球气候变暖的对策，即著名的“福田蓝图”，其中包括应对低碳发展的技术创新、制度变革及生活方式的转变，这是日本低碳战略形成的正式标志，并提出具体的减排目标：到2050年日本的温室气体排放量比2007年减少60%—80%。2008年7月，日本内阁通过了依据“福田蓝图”制订的《低碳社会行动计划》。2008年3月，日本经济产业省制订并公布了“凉爽地球能源技术创新计划”。该计划是到2050年的日本能源创新技术发展的路线图，明确了高效天然气火力发电、高效燃煤发

① 陈志恒：《日本构建低碳社会行动及其主要进展》，《现代日本经济》2009年第11期。

电技术、二氧化碳的捕捉和封存技术等21项重点发展的创新技术。2009年4月，日本环境省公布了名为《绿色经济与社会变革》的政策草案，该草案除环境、能源措施刺激经济外，还提出了实现低碳社会、实现与自然和谐共生的社会中长期方针①。

（二）加大低碳技术研发力度

日本政府历来重视技术研发、科技进步推动经济发展，低碳社会发展中也不例外。2006年6月，日本出台了《国家能源新战略》，把工作的重点放在节能技术和能源消费的多样化方面。2008年日本内阁公布了“低碳技术计划”，提出了实现低碳社会的技术战略以及环境和能源技术创新的促进措施，内容涉及超燃烧系统技术、超时空能源利用技术、节能型信息生活空间创生技术、低碳型交通社会构建技术和新一代节能半导体元器件技术等五大重点技术领域的创新。日本政府还制定了技术战略图，根据“技术战略图”动员政府、产业界、学术界构成的国家创新系统调动国家和民间的资源，建立官、产、学密切合作的国家研发体系，全方位立体地开展低碳技术的创新攻关②。经过这几年的努力，日本在以煤的清洁减排为主的减碳技术、核能太阳能为主的无碳技术、以二氧化碳捕捉和埋存为主的去碳技术等方面都取得了较大的成就。单位GDP能耗下降了约35%，对石油的依赖度下降了近3个百分点③。

（三）创建环境模范型低碳城市

2008年7月，日本政府选定了6个地方城市作为“环境模范城市”。其中有人口超过70万的“大城市”横滨、九州，人口在10万人的“地方中心城市”带广市、富山市，以及人口不到10万的“小规模市县村”熊本县水俣、北海道下川町等，这些城市如横滨、水俣都存在不同程度的环境问题。这些选定的城市根据各自的特点，充分利用当地的现有资源，大力发展可再生能源如风能、太阳能，推广环境可持续发展的交通体系，通过大量普及节能式住宅、最大限度地利

① 王新、李志国:《日本低碳社会建设实践对我国的启示》,《特区经济》2010年第10期。

② 李靖、石龙宇、唐立娜、戴东宝:《日报发展低碳经济的政策体系综述》,《中国人口资源与环境》2011年第8期。

③ 景跃军、杜鹏:《中日低碳技术合作现状及前景探讨》,《现代日本经济》2011年第3期。

用生物资源、完善公共交通体系，尽可能降低人流和物流的碳排放量，实施二氧化碳的减排，以促进社会低碳化，实现了城市在城市规划、建设、管理的全过程低碳转型，在城市发展的同时最大限度地减少对环境的危害。以日本著名的港口城市——横滨市为代表，从2003年起就和市民制定了由市民和企事业单位联手削减垃圾、推进废物利用的“G30”行动，主要目的是削减生活垃圾对环境的污染。这种先发展城市，在城市的带动下推动周边地区的发展模式，加快了日本建设低碳型社会的步伐①。

（四）制度创新规范引导社会主体节能减排

日本在建设低碳社会过程中，除突出低碳技术创新外，还特别重视制度创新，通过制度规范社会主体的碳排放行为，引导他们向低碳环保方向转型②。具体包括：

一是试行碳排放权交易制度。该制度规定，国内企业根据企业规模、行业特征、技术水平来设定排放总量。如果企业减排至排放上限以下，可将剩余部分作为排放权出售，而达不到减排目标的企业要从其他企业购买排放权进行弥补。二是实行“领跑者”制度。遴选同类产品中耗能最低的企业产品作为领跑者，然后以此产品为规范树立参考标准，引导行业其他企业在一定期限内节能减排至参考标准。该项制度已在汽车、空调、冰箱、热水器等21种产品领域实行，有效提高了企业节能减排、加大技术研发的积极性。三是推行节能标识制度，即按能耗级别在产品上加贴标识，以给消费者提供能源消耗信息。从节能标识标签上，消费者可以了解到能效等级、每年的能源消费量、节能标准达标率、能源运行费用、生产厂商、产品名称和型号等内容。四是推广“碳足迹”制度。所谓碳足迹制度是指计算和标注出一项服务或一个产品从生产、运输，到使用后丢弃整个生命周期的温室气体排放数值。日本经济产业省决定在2009年度试行“碳足迹”制度，对食品、饮料和洗涤剂等商品将标示从原料调配、制造、流通（销售）、使用、废弃（回收）五个阶段排出的碳总量。使消费者更加直观了解消费行为的碳排放量。五是加强对企业的约束。鼓励企业和消费者减少制造温室气体，日本以《节约能源法》为基础，确立了从政府到民间、从企业到个人全方位的减排机

---

① 刘国斌、张令兰：《日本低碳社会建设对吉林省的启示》，《现代日本经济》2012年第4期。

② 王新、李晓萌：《他山之石：日报低碳社会建设经验及其借鉴》，《中外企业家》2010年第12期。

制，企业将节能视为企业核心竞争力的表现。日本节能中心每隔半年向社会公布一次节能产品排行榜，顾客在同等情况下都优先选择节能产品①。

（五）宣传教育提高国民践行低碳的自觉性

低碳经济不能仅局限在生产领域与企业层面，通过对国民的宣传教育，让全体民众都加入建设低碳社会的行动中，可以发掘服务业和消费生活领域节能减排的巨大潜力。日本国民历来具有国家发展的危机意识，在国家宣传教育及制度约束下已内化为国民自觉的节约与环保行为。为应对低碳的时代背景，日本制定了“21 世纪环境教育方案”，并实行“可持续开发教育”，在一切层面和场合的教育中贯穿低碳社会和可持续社会的建设理念。在学校教育中，通过修订学习指导大纲及各种体验活动推进适于各教育阶段的环境教育，学习并实践建设低碳社会的各种具体措施。高等教育中，通过“环境领导者培育项目”的实施、“产业界和大学官方与民间合作联营企业”等培养环境人才。同时开展“协同负 6% 活动”、“凉爽地球日”、“每人每日减少 1kg 二氧化碳挑战宣言”、“环保积分制度”等活动，通过音乐、电影、时装、运动等多种途径宣传低碳意识，呼吁国民重新认识环境的重要性，促进国民意识向低碳转换②。

四、世界低碳城乡发展的借鉴

低碳作为一个全新的时代命题，对发达国家和发展中国家都意味着机遇与挑战。发达国家在经济基础、产业结构演化阶段、能源利用效率、低碳技术水平等方面比发展中国家具备优势，发展中国家具有引进发达国家资金、技术和人才、“干中学”的后发优势。中国在发展低碳经济、建设低碳社会过程中，需要借鉴发达国家和地区在节能减排、生态环保方面的有益经验和成功做法，避免重走弯路，实现经济成长与绿色发展的同步合一、协调推进。综观发达国家和地区的成功实践，对我国的启示主要有：

---

① 王新、李志国:《日本低碳社会建设实践对我国的启示》,《特区经济》2010 年第 10 期。

② 邵冰:《日本建设低碳社会的举措对吉林省发展低碳经济的启示》,《长春大学学报》2010 年第 7 期。

（一）编制规划做好顶层设计

低碳经济的发展和低碳社会的建设是一项系统工程，面临着高碳产业与低碳产业的增量与存量调整、经济增长与能源消耗及环境保护的平衡、政策应用与企业居民行为应对等诸多方面的关系。因此，编制好低碳发展规划做好顶层设计尤为重要。如日本政府在推进低碳经济发展和社会建设中，陆续制定《面向低碳社会的 12 大行动》、《福田蓝图》、《低碳社会行动计划》、《绿色经济与社会变革》等一系列宏观的战略规划和实施对策，对引导全社会积极参与、调整生产生活行为、弥补市场机制不足发挥了重要作用，也从整体上把握了低碳发展的主要方向、重点领域及推进步骤，提高了全社会建设低碳社会的科学性、有序性与系统性，避免了盲目推进和重复建设带来的资源浪费①。

（二）加大对产业、企业的能耗约束

生产领域是温室气体排放的主要源头，第三产业相对于第二产业在比较效益、能源消耗、污染排放方面均具有优势，但工业化是各国实现现代化不可逾越的阶段，尤其对未完成工业化的发展中国家而言，更不可能摒弃工业一味追求服务业，这就需要在继续推进工业化进程中转变传统的发展方式，推广可再生能源、清洁生产、循环利用废弃物、废弃物排放达标等一系列环节的低碳化。因此，发展低碳经济的宏观部署中，应强化在中观层面的产业结构调整方面加大力度，推进产业结构在夯实农业与工业的基础上向高端化、服务化方向演进，微观层面应强化对市场主体——企业的能耗与排放约束，运用财政、税收、投资、土地等各类政策工具鼓励企业加大技术改造、工艺改进，推广清洁生产和循环利用废弃物的生产模式，并通过量化设定不同行业和企业的排放限额以约束企业的能源消耗与温室气体排放。如瑞典通过《能效促进计划》法案，鼓励企业加入该节能减排计划，企业自觉通过节能减排获得税收减免，对其他企业产生示范效应，使得更多的企业加入该计划，推动了整个行业的提高能源利用效率、减少温室气体排放的低碳化转型。

---

①　李芙蓉:《低碳消费引导的国际经验及我国政府的现实选择》,《经济论坛》2011 年第 10 期。

（三）切实提高国民的低碳意识

低碳社会的建设离不开全体公民的参与，公民既是社会生活能耗排放的主体，公民在就业中成为企业主或员工的角色也对企业实现低碳生产发挥重要的组织和参与的作用，公民在日常生活中是普通居民的身份，在工作中是企业管理者或员工的身份，公民的节能环保意识增强，可以在生活、生产领域都能发挥人的主观能动性，培养低碳生活方式和清洁生产方式的形成。因此，通过宣传、教育切实让国民树立低碳理念和环保意识至关重要。如日本、新加坡等国，均具有国土狭小、资源能源匮乏、生态环境脆弱的特征，但这些国家公民自小接受的教育就包含对国情的科学认知和危机意识，使国民从小就树立了节约资源能源、保护珍视环境的品格，有助于日常生活和工作领域，都能够约束自己的行为和纠正不良的生活习惯，实现社会各领域的节能减排。例如，日本政府基于对社会整体效益的考虑，严格控制和管理生活垃圾，避免城市发展受垃圾困扰，设置了居民不同日期可丢弃垃圾的种类和数量，以至于居民需要对照日历表来丢弃垃圾，从生活垃圾源头规范和约束居民产生垃圾的行为，为后期的垃圾回收处理和焚烧提供了方便，极大地降低了整个社会处理垃圾的成本，也有效地控制了垃圾增长和能耗排放。

（四）综合运用政策工具

发展低碳经济和建设低碳城市均要在市场经济体制下进行，因此需要尊重市场经济规律，综合运用政策工具来影响市场主体和社会民众。综观发达国家向低碳经济社会转型过程中，都是基于市场经济规律成功运用政策工具才能够达到预期的目标。在产业政策上，一方面推进产业结构优化升级，另一方面对现有产业进行低碳化改造，降低能源消耗和碳排放，制定各产业能源消耗的上限边界，约束各产业的技术改造和循环工艺设计；投资政策上，限制高能耗、高污染行业的投资和扩大生产，鼓励低碳技术研发应用和推广清洁生产工艺的投资；财政政策上，提高对清洁能源生产、低碳技术研发、节能产品推广的补贴，理顺资源性产品的定价机制，运用税收杠杆反映能源资源的稀缺程度以调节能源消耗，抑制高能耗、高污染产品的生产和消费。

（五）政府做低碳表率

政府活动自身受低碳标准的约束，在低碳经济社会建设中负有重要的引导作用和示范效应。政府行政活动的过程本身也是碳排放的过程，在建立低碳社会的过程中，政府要以身作则、率先垂范，受到低碳排放责任的约束，将节能减排作为规范行政行为自身的标准之一，进入行政绩效考核指标体系中。这应当体现在行政机构、行政程序、行政行为所使用的办公用品及办公环境等各个方面。行政机构低碳化，要求机构设置、人员配备精简高效，职能分工统一协调明晰，有合理的工作协调机制，能有效减少冲突矛盾；行政程序低碳化，要求程序科学、高效、简便与节省，避免因行政过程繁文缛节而产生的行政成本浪费和不必要能源消耗，这都能大大减少碳排放。行政行为所使用的办公用品与办公环境的低碳化，包括行政机关建造和使用符合节能标准的办公建筑，节约使用土地、水、电、气等能源；公务活动使用节能型公共设施、设备，使用节能环保型交通工具，使用低碳化材料制成的制服、纸张等各种办公用品。同时，行为生态环境也应该实现低碳化，如实现办公垃圾的环保排放与回收，加强办公区域的绿化建设等等①。

---

① 方世荣:《低碳社会与低碳政府》,《湖北日报》(理论版)2011年1月13日。

参考文献

顾朝林、于涛方、李王鸣等:《中国城市化格局、过程、机理》,科学出版社 2008 年版

牛文元:《中国新型城市化报告 2011》,科学出版社 2011 年版

世界环境委员会:《我们共同的未来》,王之佳、柯金良等译,吉林人民出版社 1997 年版

中国发展研究基金会:《中国发展报告:促进人的发展的中国新型城市化战略》,人民出版社 2010 年版

仇保兴:《应对机遇与挑战——中国城镇化战略研究主要问题与对策》(第二版),中国建筑工业出版社 2009 年版

仇保兴:《复杂科学与城市的生态化、人性化改造》,见《中国低碳生态城市发展报告 2010》,中国建筑工业出版社 2010 年版

仇保兴:《兼顾理想与现实——中国低碳生态城市指标体系构建与实践示范初探》,中国建筑工业出版社 2012 年版

国务院发展研究中心课题组:《主体功能区形成机制和分类管理政策研究》,中国发展出版社 2008 年版

朱传耿等:《地域主体功能区划——理论、方法、实证》,科学出版社 2007 年版

丁四保:《主体功能区的生态补偿研究》,科学出版社 2009 年版

李小建:《经济地理学》,高等教育出版社 1999 年版

邓聚龙:《灰色系统理论教程》,华中理工大学出版社 1990 年版

刘耀彬:《资源环境约束下的适宜城市化进程测度理论与实证研究》,社会科学文献出版社 2011 年版

张泉等:《城乡统筹下的乡村重构》,中国建筑工业出版社 2006 年版

徐建华:《现代地理学中的数学方法》,高等教育出版社 2002 年版

孔祥智:《聚焦三农》,中央编译出版社 2004 年版

孙家秀:《统筹城乡经济社会一体化发展研究》,电子科技大学出版社 2008 年版

龚胜生、敖荣军:《可持续发展基础》，科学出版社 2009 年版

崔亚伟、梁启斌、赵由才:《可持续发展——低碳之路》，冶金工业出版社 2012 年版

周岚等:《低碳时代的生态城市规划与建设》，中国建筑工业出版社 2010 年版

中国科学院可持续发展战略研究所:《2005 年中国可持续发展战略报告》，科学出版社 2005 年版

陶良虎:《中国低碳经济——面向未来的绿色产业革命》，研究出版社 2010 年版

中华人民共和国住房和城乡建设部编:《中国城市建设统计年鉴 2012》，中国计划出版社 2013 年版

中华人民共和国国家统计局编:《中国统计年鉴 2013》，中国统计出版社 2013 年版

孙少华:《基于城乡居民收入差距视角的城乡文化产业发展研究》，南华大学 2013 年硕士学位论文

尹贞姬:《教育公平视域下的城乡教育差异及对策》，《教育探索》2013 年第 6 期

曾广录:《城乡公共基础设施投入不均的消费差距效应》，《消费经济》2011 年第 4 期

白永秀、王颂吉、吴振磊:《城乡经济社会一体化发展研究文献述评》，《经济纵横》2010 年第 10 期

刘志林、戴亦欣、董长贵、齐晔:《低碳城市理念与国际经验》，《城市发展研究》2009 年第 6 期

解振华:《我国生态文明建设的国家战略》，《行政管理改革》2013 年第 6 期

姜作培:《城乡一体化: 统筹城乡发展的目标探索》，《南方经济》2004 年第 1 期

李红玉:《从绿色发展视角看统筹城乡发展》，《学习与探索》2012 年第 10 期

汪光焘:《积极应对气候变化，促进城乡规划理念转变》，《城市规划》2010 年第 1 期

吴豪光:《可持续发展理念对城市规划的影响》，《中华建设》2012 年第 5 期

李松志、董观志:《城市可持续发展理论及其对规划实践的指导》，《城市问题》2006 年第 7 期

纪江明:《缩小城乡公共服务资源的现实差距》，《中国经济时报》2011 年 1 月 10 日第 5 版

蒲松林:《城镇体系构建与城乡经济一体化发展研究》，西南财经大学 2010 年博士学位论文

颜华:《我国统筹城乡发展问题研究》，东北农业大学 2005 年博士学位论文

庞元正:《如何理解以人为本的科学内涵》，《解放日报》2006 年 3 月 13 日

陈云芝:《论以人为本的发展理念》，中共中央党校 2006 年博士学位论文

金碚:《以人为本是新型城镇化的实质》，人民日报 2013 年 1 月 13 日

王富平:《低碳城镇发展及其规划路径研究》，清华大学 2010 年博士学位论文

赵晓娜:《中国低碳社会构建研究》，大连海事大学 2012 年博士学位论文

王群会:《以城市群为主体形态推进城市化健康发展——第二次中国城市群发展研讨会观点综述》,《中国经贸导刊》2005 年第 19 期

叶裕民:《中国城市化质量研究》,《中国软科学》2001 年第 7 期

李成群:《南北钦防沿海城市群城市化质量分析》,《改革与战略》2007 年第 8 期

王忠诚:《城市化质量测度指标体系研究》,《特区经济》2008 年第 6 期

许宏、周应恒:《云南城市化质量动态评价》,《云南社会科学》2009 年第 5 期

李明秋、郎学彬:《城市化质量的内涵及其评价指标体系的构建》,《中国软科学》2010 年第 12 期

常阿平:《我国城市化质量现状的实证分析》,《统计与决策》2005 年第 6 期

王家庭、唐袁:《我国城市化质量测度的实证研究》,《财经问题研究》2009 年第 12 期

王德利、赵弘、孙莉、杨维凤:《首都经济圈城市化质量测度》,《城市问题》2011 年第 12 期

王钰:《城市化质量的统计分析与评价——以长三角为例》,《中国城市经济》2011 年第 20 期

方创琳、王德利:《中国城市化发展质量的综合测度与提升路径》,《地理研究》2011 年第 11 期

王洋、方创琳、王振波:《中国县域城镇化水平的综合评价及类型区划分》,《地理研究》2012 年第 7 期

袁晓玲、王霄、何维炜等:《对城市化质量的综合评价分析——以陕西省为例》,《城市发展研究》2008 年第 2 期

何文举、邓柏盛、阳志梅:《基于“两型社会”视角的城市化质量研究——以湖南为例》,《财经理论与实践》2009 年第 6 期

韩增林、刘天宝:《中国地级以上城市城市化质量特征及空间差异》,《地理研究》2009 年第 6 期

余晖:《我国城市化质量问题的反思》,《开放导报》2010 年第 1 期

王德利、方创琳、杨青山等:《基于城市化质量的中国城市化发展速度判定分析》,《地理科学》2010 年第 5 期

于涛、张京祥、罗小龙:《我国东部发达地区县级市城市化质量研究——以江苏省常熟市为例》,《城市发展研究》2010 年第 11 期

徐素、于涛、巫强:《区域视角下中国县级市城市化质量评估体系研究——以长三角地区为例》,《国际城市规划》2011 年第 1 期

陈明:《中国城镇化发展质量研究评述》,《规划师》2012 年第 7 期

张春梅、张小林、吴启焰等:《发达地区城镇化质量的测度及其提升对策——以江苏

省为例》,《经济地理》2012 年第 7 期

郑亚平、聂锐:《从城市化质量认识省域经济发展差距》,《重庆大学学报》(社会科学版)2007 年第 5 期

马林靖、周立群:《快速城市化时期的城市化质量研究——浅谈高城市化率背后的质量危机》,《云南财经大学学报》2011 年第 6 期

冯奎:《突出农民工问题提升城镇化质量》,《中国发展观察》2012 年第 1 期

檀学文:《稳定城市化——一个人口迁移角度的城市化质量概念》,《中国农村观察》2012 年第 1 期

郝华勇:《试论我国城市化发展理念的转变》,《湖北行政学院学报》2010 年第 1 期

郝华勇:《山西省市域城镇化质量实证研究》,《理论探索》2011 年第 6 期

郝华勇:《武汉城市圈旅游发展战略研究》,《长江论坛》2011 年第 4 期

郝华勇:《基于主成分分析的我国省域城镇化质量差异研究》,《中共青岛市委党校学报》2011 年第 5 期

郝华勇:《论湖北特色的城镇化模式》,《学习月刊》2011 年第 22 期

郝华勇:《论城市圈旅游发展理念与原则》,《理论建设》2011 年第 6 期

郝华勇:《基于熵值法的湖北省地级市城镇化质量实证研究》,《湖北行政学院学报》2011 年第 6 期

郝华勇:《中部六省新型工业化与城镇化协调发展评价与对策》,《湖南行政学院学报》2012 年第 1 期

郝华勇:《湖北城镇体系发育障碍与优化对策》,《江汉大学学报》(社会科学版)2012 年第 1 期

郝华勇:《基于主成分法的湖北省市域城镇化质量评价与对策》,《湖北社会主义学院学报》2012 年第 1 期

郝华勇:《我国省域新型工业化发展水平差异与对策》,《经济与管理》2012 年第 1 期

郝华勇:《我国新型工业化与城镇化协调发展空间分异与对策》,《广东行政学院学报》2012 年第 2 期

郝华勇:《基于主成分分析的武汉城市圈城镇化质量实证研究》,《武汉科技大学学报》(社科版)2012 年第 2 期

郝华勇:《中部六省城镇化质量比较分析与提升对策》,《安徽行政学院学报》2012 年第 2 期

郝华勇:《东部省域城镇化质量差异评价与提升对策》,《福建行政学院学报》2012 年第 3 期

郝华勇:《城镇化科学发展水平评价与对策——以西部省区为例》,《宁夏党校学报》2012 年第 4 期

郝华勇:《新加坡经验对宜昌建特大城市的启示》,《三峡日报》2013 年 2 月 2 日

郝华勇:《欠发达地区城镇化转型》,《开放导报》2013 年第 2 期

郝华勇:《论低碳城镇化的实现路径》,《农业经济》2013 年第 7 期

郝华勇:《城镇化质量研究述评与展望》,《江淮论坛》2013 年第 5 期

郝华勇:《基于宏观中观微观规划视角的统筹城乡发展探讨》,《湖北农业科学》2013 年第 18 期

郝华勇:《我国省域城镇化质量与数量偏差的空间分异及整合对策》,《甘肃理论学刊》2013 年第 6 期

郝华勇:《湖北城镇空间结构的组织特征与优化建议》,《湖北工程学院学报》2014 年第 1 期

郝华勇:《城乡一体化发展开启新篇章——学习党的十八届三中全会精神体会》,《宁夏党校学报》2014 年第 1 期

郝华勇:《县域城镇化质量评价及与数量的 Granger 因果检验》,《广东行政学院学报》2014 年第 3 期

郝华勇:《城镇化质量的现实制约、演进机理与提升路径》,《四川师范大学学报》(社会科学版)2014 年第 3 期

郝华勇:《生态文明融入城镇化全过程的模式建构》,《科技进步与对策》2014 年第 12 期

缪细英、廖福霖、祁新华:《生态文明视野下中国城镇化问题研究》,《福建师范大学学报》(哲学社会科学版)2011 年第 1 期

杨继学、杨磊:《论城镇化推进中的生态文明建设》,《河北师范大学学报》(哲学社会科学版)2011 年第 6 期

沈清基:《论基于生态文明的新型城镇化》,《城市规划学刊》2013 年第 1 期

张涛、陈军、陈水仙:《城镇化与生态文明建设:冲突及协调》,《鄱阳湖学刊》2013 年第 3 期

秦尊文:《生态文明、城镇化与绿色 GDP》,《学习月刊》2013 年第 2 期上

杨伟民:《将生态文明融入城镇化全过程》,《宏观经济管理》2013 年第 5 期

刘肇军:《贵州生态文明建设中的绿色城镇化问题研究》,《城市发展研究》2008 年第 3 期

黄婧:《贵州黔东南生态文明试验区城镇化建设探索》,《江西农业学报》2011 年第 9 期

李志忠:《主体功能区视角下滁州市城镇化与生态文明协调发展研究》,《经济与社会发展》2012 年第 8 期

郑永平、张若男、郑庆昌:《生态文明建设视角下长汀县城镇化发展研究》,《福建农林大学学报》(哲学社会科学版)2013 年第 2 期

翟俊:《协同共生: 从市政的灰色基础设施、生态的绿色基础设施到一体化的景观基础设施》,《规划师》2012 年第 9 期

刘艳:《从普通消费者到生态公民: 生态文明建设的一种主体性策略》,《湖南师范大学社会科学学报》2012 年第 6 期

冯德显等:《基于人地关系理论的河南省主体功能区规划研究》,《地域研究与开发》2008 年第 2 期

曾菊新、刘传明:《构建新时期的中国区域规划体系》,《学习与实践》2006 年第 11 期

庄贵阳:《低碳经济引领世界经济发展方向》,《世界环境》2008 年第 2 期

夏堃堡:《发展低碳经济, 实现城市可持续发展》,《环境保护》2008 年第 2 期上

辛章平、张银太:《低碳经济与低碳城市》,《城市发展研究》2008 年第 4 期

戴亦欣:《中国低碳城市发展的必要性和治理模式分析》,《中国人口资源与环境》2009 年第 3 期

诸大建、陈飞:《上海发展低碳城市的内涵、目标及对策》,《城市观察》2010 年第 2 期

张英:《低碳城市内涵及建设路径研究》,《工业技术经济》2012 年第 1 期

张鑑、王兴海:《基于低碳模式的城市综合交通规划理念》,《江苏城市规划》2011 年第 1 期

赵国杰、郝文升:《低碳生态城市: 三维目标综合评价方法研究》,《城市发展研究》2011 年第 6 期

付允、刘怡君、汪云林:《低碳城市的评价方法与支撑体系研究》,《中国人口资源与环境》2010 年第 8 期

辛玲:《低碳城市评价指标体系的构建》,《统计与决策》2011 年第 7 期

邵超峰、鞠美庭:《基于 DPSIR 模型的低碳城市指标体系研究》,《生态经济》2010 年第 10 期

潘安敏、胡海洋、李文辉:《城市低碳消费模式的选择》,《地域研究与开发》2011 年第 4 期

李迅、刘琰:《低碳、生态、绿色——中国城市转型发展的战略选择》,《城市规划学刊》2011 年第 2 期

王海飞:《甘肃省发展低碳经济的路径研究》,《地域研究与开发》2011 年第 4 期

夏杰:《低碳城市目标下的城市发展模式转型》,《江苏城市规划》2011 年第 1 期

叶祖达:《发展低碳城市之路: 反思规划决策流程》,《江苏城市规划》2009 年第 7 期

解利剑、周素红、闫小培:《国内外"低碳发展"研究进展及展望》,《人文地理》2011 年第 1 期

袁晓玲、仲云云:《中国低碳城市的实践与体系构建》,《城市发展研究》2010 年第 5 期

王新、李志国:《日本低碳社会建设实践对我国的启示》,《特区经济》2010 年第 10 期

景跃军、杜鹏:《中日低碳技术合作现状及前景探讨》,《现代日本经济》2011 年第 3 期

邵冰:《日本建设低碳社会的举措对吉林省发展低碳经济的启示》,《长春大学学报》2010 年第 7 期

刘国斌、张令兰:《日本低碳社会建设对吉林省的启示》,《现代日本经济》2012 年第 4 期

尹希果、霍婷:《国外低碳经济研究综述》,《中国人口—资源与环境》2010 年第 9 期

李严波:《瑞典向低碳经济转型之路》,《金融经济》2012 年第 4 期

曾娜:《香港出台五大举措，打造“低碳绿色城市”》,《法制日报》2010 年 9 月 29 日

方世荣:《低碳社会与低碳政府》,《湖北日报》(理论版)2011 年 1 月 13 日

赵和楠、王亚丽、李乐:《财税政策扶持低碳农村建设的路径选择》,《中国财政》2010 年第 15 期

邓水兰、黄海良、吴菲:《低碳农村建设问题探讨——以江西为例》,《江西社会科学》2012 年第 8 期

杨晓、罗文正:《我国建设低碳农村的法律保障机制研究——以湖南省为例》,《安徽农业科学》2011 年第 28 期

陈晓春、唐姨军、胡婷:《中国低碳农村建设探析》,《云南社会科学》2010 年第 2 期

廖晓义:《“乐和家园”:一个正在试验中的低碳乡村》,《绿叶》2009 年第 11 期

何慧丽:《低碳乡建的原理与试验》,《绿叶》2009 年第 12 期

杜娴、元一帆:《财税政策扶持与低碳农村建设:问题与路径》,《中南财经政法大学研究生学报》2012 年第 2 期

王兆君、刘帅:《青岛市低碳农村实践区建设内容研究》,《安徽农业科学》2011 年第 24 期

《我国农村能源的现状如何？存在哪些问题？应向什么方向发展？》,《中国能源报》2010 年 3 月 22 日

董红敏:《中国农业源温室气体排放与减排技术对策》,《中国农业工程学报》2008 年第 10 期

刘彦随、刘玉、翟荣新:《中国农村空心化的地理学研究与整治实践》,《地理学报》2009 年第 10 期

杜涛:《我国发展低碳农村存在的问题、原因与对策探讨》，内蒙古财经学院 2008 年硕士学位论文

郭丽英、刘玉、李裕瑞:《空心村综合整治与低碳乡村发展战略探讨》,《地域研究与开发》2012 年第 1 期

陈卫洪、漆雁斌:《农业产业结构调整对发展低碳农业的影响分析——以畜牧业和种植业为例》,《农村经济》2010 年第 8 期

董魏魏、马永俊、毕蕾:《低碳乡村指标评价体系探析》,《湖南农业科学》2012 年第 1 期

渠玉英、李靖、潘皓月:《农村环境综合整治要抓重点》,《中国环境报》2012 年 7 月 13 日

后　记

《低碳城乡》作为国家“十二五”规划重点图书《低碳绿色发展丛书》之一，历时四年，数易其稿而成。在应对全球气候变化的背景下，低碳发展理念成为共识，培育低碳产业、发展低碳经济、建设低碳城市与乡村是世界各国的紧迫任务。

城市与农村作为两类地域，承担着不同职能，但从低碳发展来看，低碳城市、低碳乡村是普遍趋势，唯有城市与农村按照符合各自特征的发展模式推动低碳发展，才能实现整体的低碳发展转型。我国目前处于城镇化快速推进的机遇期，2013 年，整体城镇化率达到 53.7% 面对城镇化进程带来的人口迁移、产业结构升级、空间结构重组、社会结构转换带来的问题，需要注入低碳发展理念，才能适应发展趋势。2014 年 3 月发布的《国家新型城镇化规划（2014—2020 年)》也提出，新型城镇化的健康发展需要坚持生态文明、绿色低碳的原则。因此，统筹城乡低碳发展、走低碳型城镇化道路具有紧迫的现实意义。

本书在写作过程中，得到了《丛书》编委会的悉心指导，也得到了人民出版社、中共湖北省委党校、华中师范大学城市与环境科学学院等专家学者的帮助，特别是中共湖北省委党校常务副校长陶良虎教授提出的大量富有建设性的宝贵意见和修改建议，使本书得以顺利成篇，在此一并表示诚挚的谢意。

限于作者水平，本书对低碳城乡发展的研究广度和深度有限，希望广大同人能够关注低碳城乡的理论研究和实践推广，实现我国城乡一体化和低碳发展的目标。

编　者

2014 年 11 月

策　　划：张文勇
责任编辑：史　伟
封面设计：林芝玉
责任校对：杜凤侠

图书在版编目（CIP）数据

低碳城乡 / 范恒山，郝华勇 主编 . －北京：人民出版社，2016.2
（低碳绿色发展丛书 / 范恒山，陶良虎主编）
ISBN 978－7－01－015750－4

I. ①低…　II. ①范…②郝…　III. ①节能－基本知识　IV. ① TK01

中国版本图书馆 CIP 数据核字（2016）第 014771 号

低碳城乡
DITAN CHENGXIANG

范恒山　郝华勇　主编

人民出版社 出版发行
（100706　北京市东城区隆福寺街 99 号）

涿州市星河印刷有限公司印刷　新华书店经销

2016 年 2 月第 1 版　2016 年 2 月北京第 1 次印刷
开本：710 毫米 ×1000 毫米 1/16　印张：17
字数：305 千字

ISBN 978－7－01－015750－4　定价：39.00 元

邮购地址 100706　北京市东城区隆福寺街 99 号
人民东方图书销售中心　电话：（010）65250042　65289539